中央高校教育教学改革基金（本科教学工程）
教育部“资源勘查工程特色专业”建设基金
矿产（能源）资源勘查工程“国家级教学团队”建设基金
中国地质大学（武汉）“十三五”精品教材建设基金
联合资助

“互联网+地球科学”教材系列

周口店野外地质教学指导书

GEOLOGICAL FIELD GUIDE TO ZHOUKOUDIAN

周江羽　丁振举　胡守志　汪小妹　编著

图书在版编目(CIP)数据

周口店野外地质教学指导书/周江羽,丁振举,胡守志,汪小妹编著.—武汉:中国地质大学出版社,2018.6
("互联网+地球科学"教材系列)

ISBN 978-7-5625-4323-7

Ⅰ.①周…
Ⅱ.①周… ②丁… ③胡… ④汪…
Ⅲ.①周口店(考古地名)-区域地质-高等学校-教学参考资料
Ⅳ.①P562.613-45

中国版本图书馆CIP数据核字(2018)第138172号

周口店野外地质教学指导书		周江羽 丁振举 胡守志 汪小妹 **编著**
责任编辑:王凤林	选题策划:毕克成 唐然坤	责任校对:徐蕾蕾
出版发行:中国地质大学出版社(武汉市洪山区鲁磨路388号)		邮政编码:430074
电 话:(027)67883511	传 真:67883580	E-mail:cbb @ cug.edu.cn
经 销:全国新华书店		http://cugp.cug.edu.cn
开本:787毫米×1092毫米 1/16		字数:276千字 印张:10.75 插页:1
版次:2018年6月第1版		印次:2018年6月第1次印刷
印刷:武汉市籍缘印刷厂		印数:1—2000册
ISBN 978-7-5625-4323-7		定价:28.00元

如有印装质量问题请与印刷厂联系调换

前　言

周口店，地质学家的摇篮，以其丰富的自然人文景观、独特的大地构造属性、典型的地质现象而举世闻名，是我国重要的地质学科普和野外地质实践教学基地。

《周口店野外地质教学指导书》是继大一学生北戴河地质认识实习后，针对大二学生野外地质实践教学使用的参考书。为了加深学生对专业基础课程内容的理解，也为了大三学生在进入专业课程的学习做准备，加强学生野外和室内实践能力的培养，在已有周口店地质教学实习指导书的基础上，结合新一轮教学计划修订，针对资源勘查工程专业的教学和课程体系，进一步丰富和完善了教学内容，增加了大量图件、照片和多媒体信息，拓展了中生界路线剖面，完善了与能源和矿产资源密切相关的地质背景、海平面变化及沉积环境恢复等内容，以期达到能够适应不同地质类专业野外地质实践教学的需要。同时，本指导书也能为资源勘查工程专业大三学生配合"江夏—通山野外创新教学实习路线"开展扬子地台和华北地台地质、矿产和能源资源地质特征类比提供新的视野。

本教学指导书是在针对当前基础地质、能源和矿产资源勘探与开发中的具体应用及需求上，在总结大量前人研究成果以及我校多年科研和教学实践中不断总结经验的基础上编写而成的。我校地球科学学院和资源学院历年带队老师们为此付出了辛勤的汗水，目的是加强学生对地质专业知识的理解和巩固，提高学生的野外地质观察和实际应用技能。该实习指导书参考和引用了谭应佳等(1987)《北京周口店地质及地质教学实习指导书》，赵温霞等(2003)《周口店地质及野外地质工作方法与高新技术应用》，赵温霞等(2004)《周口店野外实践教学体系研究》，王根厚等(2010)《周口店地区地质实习指导书》，袁晏明等(2010)《周口店双语野外地质学指南》，王家生等(2011)《北戴河地质认识实践教学指导书》，赵俊明和袁晏明(2011)《周口店野外实践教学基地——经典地质现象图册》的部分成果，在此表示衷心感谢。同时衷心感谢秦松贤教授、章泽军教授、陈能松教授、洪汉烈教授、袁晏明教授、张雄华教授、姚春亮教授等提供的野外视频和多媒体教学资料。

《周口店野外地质教学指导书》由周江羽担任主编，负责教材体系的设计和统编。全书共分为6章，其中第一章、第二章由周江羽执笔，第三章由周江羽、丁振举、胡守志、汪小妹分别执笔，第四章由汪小妹执笔，第五章由周江羽、丁振举执笔，第六章由胡守志执笔。

本指导书的编写和出版得到教育部"本科教学质量工程"专项基金、教育部"资源勘查特色专业"建设基金、中国地质大学(武汉)"十三五"精品教材建设基金和"矿产(能源)资源勘查工程"国家级教学团队建设基金的共同资助。同时，该指导书也得到了中国地质大学(武汉)副校长赖旭龙教授、副校长王华教授，教务处处长殷坤龙教授、教务处庞岚副处长，周口店实习基地的张志毅站长、袁晏明教授、王国庆副教授、傅春喜老师，以及资源学院院领导、各系领导和相关老师的鼎力相助。本指导书在编写过程中参考和引用了大量的国内外专著、教材、公开出版文献、内部资料和多媒体专业网站，在此不再一一列举，一并表示真诚感谢！本指导书初稿完成后地球科学学院谢树成、龚一鸣、朱宗敏，资源学院李建威、石万忠、焦养泉、解习农、朱红涛、吕新彪、孙华山、陈红汉、梅廉夫、叶加仁、任建业、姚光庆、关振良等老师进行了审阅和指导，提出了很多有益的修改意见和建议。衷心感谢上述单位和个人的无私奉献！研究生郑运杰、王彩霞、赵谦、严聪聪、Ehsan Khalaf 参与了野外工作，在此表示感谢！

衷心感谢中国地质大学出版社在教材出版过程中所付出的辛勤劳动。

《周口店野外地质教学指导书》是一本“多媒体”教材。该教学指导书涉及内容较多，编撰体系也处于尝试阶段，因为时间紧迫，编者水平有限，书中一定存在许多不足及错误之处，敬请广大读者批评指正。

编　者

2017 年 12 月于武汉

目　录

第一章　绪　论 …………………………………………………………………… (1)
第一节　实习基地简介 ……………………………………………………………… (1)
第二节　实习区人文和自然景观 …………………………………………………… (3)
第三节　实习目的和教学程序 ……………………………………………………… (5)
第四节　教学内容和基本要求 ……………………………………………………… (6)
第五节　实习注意事项 ……………………………………………………………… (8)
第二章　区域地质概况 ……………………………………………………………… (9)
第一节　地　层 ……………………………………………………………………… (11)
第二节　构　造 ……………………………………………………………………… (23)
第三节　岩浆岩和变质岩 …………………………………………………………… (32)
第四节　矿产和能源资源 …………………………………………………………… (48)
第五节　区域地质演化史 …………………………………………………………… (54)
第三章　野外地质教学路线 ………………………………………………………… (60)
第一节　实习区踏勘 ………………………………………………………………… (61)
第二节　八角寨—拴马庄元古代地层路线 ………………………………………… (64)
第三节　黄院东山梁早古生代地层路线 …………………………………………… (71)
第四节　太平山南坡—煤炭沟晚古生代地层路线 ………………………………… (76)
第五节　太平山北坡古生代地层路线 ……………………………………………… (81)
第六节　车厂中生代地层考察路线 ………………………………………………… (83)
第七节　磊孤山—东山口侵入岩体路线 …………………………………………… (89)
第八节　车厂—龙门口房山复式岩体热动力变形路线 …………………………… (97)
第九节　164背斜褶皱构造路线 …………………………………………………… (102)
第十节　孤山口复杂褶皱及小型构造路线 ………………………………………… (105)
第十一节　萝卜顶—煤炭沟叠加褶皱构造路线 …………………………………… (108)
第十二节　官地—羊屎沟变质岩路线 ……………………………………………… (109)
第十三节　房山西断裂构造路线 …………………………………………………… (114)
第十四节　东山口—乱石垄变质岩、岩浆岩路线 ………………………………… (117)
第十五节　黄山店断裂、褶皱路线 ………………………………………………… (118)
第十六节　孤山口—十渡旅游地质及区域地质考察路线 ………………………… (120)
第十七节　长流水—上寺岭登山地质考察路线 …………………………………… (126)
第四章　实测剖面教学实践 ………………………………………………………… (128)
第一节　实测剖面的分类及目的 …………………………………………………… (128)

第二节　教学要求、准备工作和注意事项 …………………………………… (129)
第三节　实测地层剖面图编制方法 …………………………………… (130)
第四节　实测地层柱状图和综合柱状图编制原则及方法 …………………… (134)
第五章　独立填图教学实践 …………………………………… (136)
第一节　目的和意义 …………………………………… (136)
第二节　教学要求和工作方法 …………………………………… (136)
第三节　独立填图区地质简介 …………………………………… (138)
第四节　数字填图教学内容和基本工作方法 …………………………… (139)
第五节　地质图编制方法 …………………………………… (140)
第六章　实习报告编写 …………………………………… (146)
第一节　目的和意义 …………………………………… (146)
第二节　报告编写要求 …………………………………… (146)
第三节　报告格式和提纲 …………………………………… (147)
附　录 …………………………………… (152)
参考文献 …………………………………… (161)

第一章 绪 论

第一节 实习基地简介

周口店实习区位于北京市西南约50km，中国地质大学实习基地设在周口店镇内，是举世闻名的“北京猿人遗址”所在地，行政区划属北京市房山区管辖。京原铁路斜贯实习区域，京广铁路的琉璃河站则有工矿支线与周口店相连，沿线良各庄、孤山口、十渡各站均布有教学观察点。公路交通主要有莲花池—张坊、天桥—房山等干线与北京市相通，在天桥长途汽车站或者六里桥东乘917(阎村高速)路、836路到周口店路口，地铁房山线到苏庄站换乘房15路、31路到周口店路口，周口店到各实习场所均有乡村级公路通行，交通十分便利(图1-1-1)。

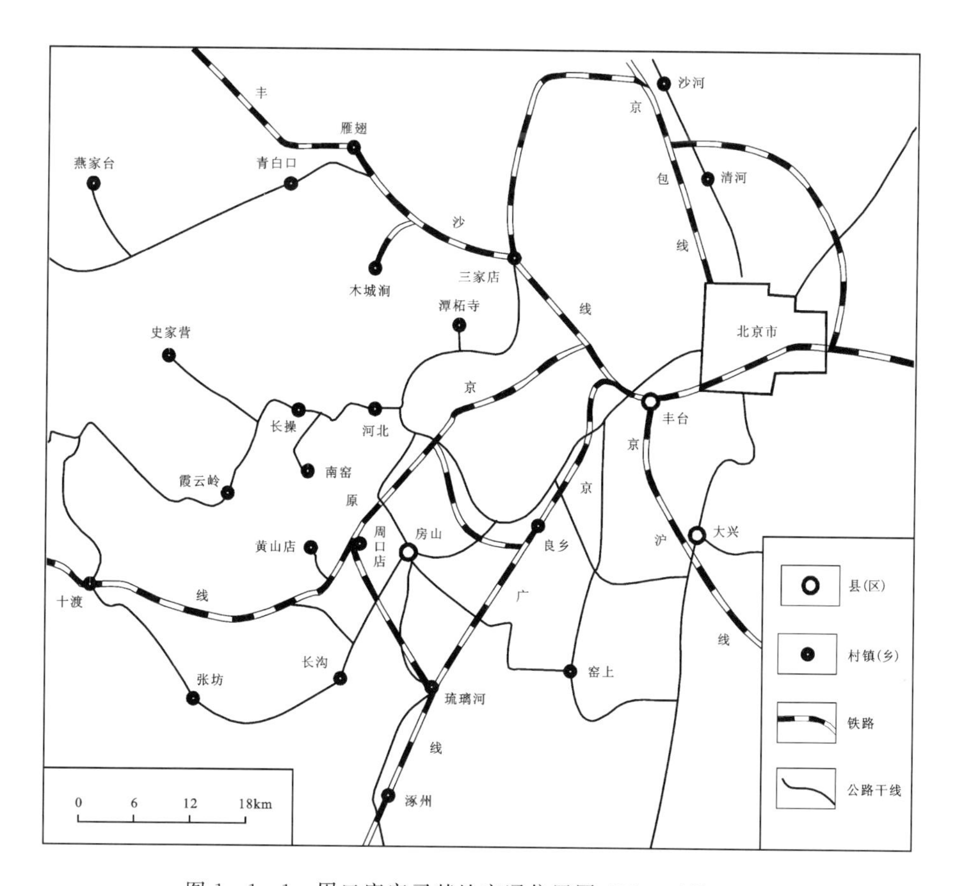

图1-1-1 周口店实习基地交通位置图(据赵温霞等，2003)

周口店实习基地经过60多年的建设，现已成为基础地质研究、地学人才培养、旅游地质、基础地质培训的重要教学和科研基地，已开发出20余条与地层、构造、岩体、变质作用、旅游地质相关的经典地质路线（图1-1-2）。作为地质工作者的摇篮，培养出众多的地质学家、地学教育家、中国科学院院士以及部分党和国家领导人，为我国基础地质实践教学做出了重大贡献，在国内外基础地质教学和科学研究中享有极高声誉。基地内部有地质陈列室、岩矿鉴定室、图书资料阅览室、信息技术处理室、学生自习室、室外地质标本和展景，以及各种文体活动场所。

实习区基础教学路线和独立实践区集中分布在房山以西、黄山店—孤山口以东的周口店镇附近，少数区域地质参观路线可北延门头沟、西至十渡等处。该区位于太行山山脉北段与华北平原的邻接处，属北京西山的一部分。地势西北高、东南低，除东南侧一小部分为平原-丘陵外，大部为中高山区。中北部的上寺岭海拔1307m，山前平原地带海拔一般为50～100m。区内河流多为间歇河，平时水量很少甚至干涸，雨季水量则较大，主要有大石河、周口河、黄山店河等。另有处于太平山、向源山、房山西之间的牛口峪水库，现已成为工业废水排泄、净化的场所。

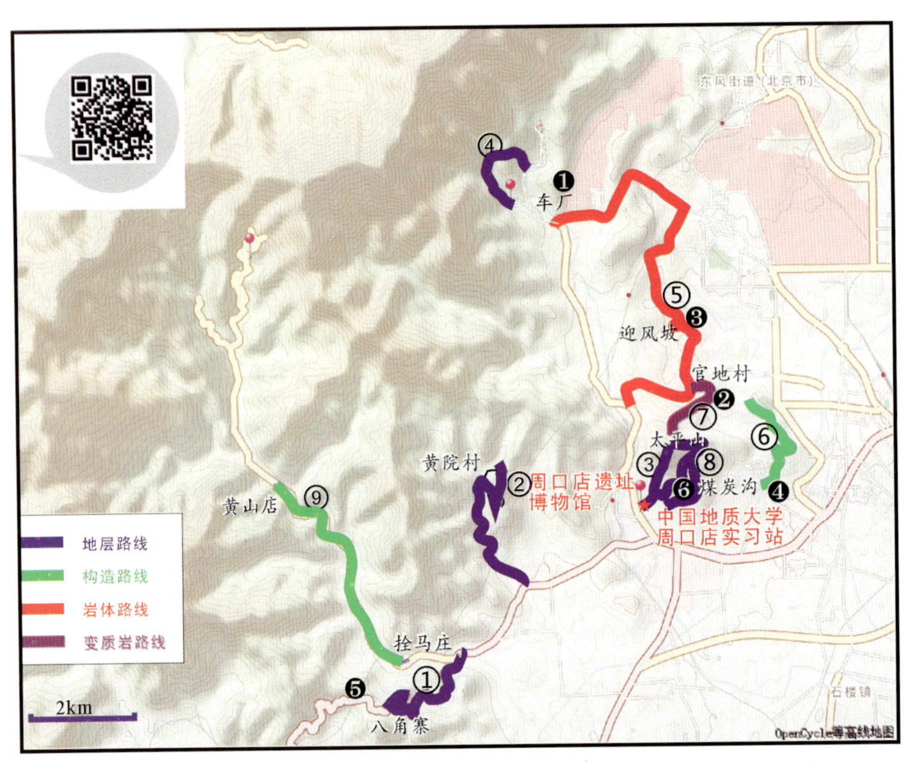

图1-1-2 周口店实习基地主要教学路线及地质观察点分布图

①八角寨—拴马庄地层观察路线（雾迷山组 Pt_2w—龙山组 Pt_3l）；②黄院东山梁地层观察路线（龙山组 Pt_3l—马家沟组 O_1m）；③太平山南坡地层观察路线（马家沟组 O_1m—石盒子组 P_2sh；④车厂地层观察路线（石盒子组 P_2sh—龙门组 J_2l）；⑤西峰坡—房山岩体观察路线；⑥房山西—牛口峪水库—山顶庙构造-岩体观察路线；⑦官地杂岩—羊屎沟变质岩—早古生代地层观察路线；⑧太平山北坡—煤炭沟晚古生代地层路线；⑨黄山店断裂-褶皱观察路线

❶房山岩体观察点；❷接触变质带观察点；❸官地杂岩观察点；❹房山西断裂观察点；❺孤山口复式褶皱观察点；❻164背斜观察点

本区属大陆性气候，温度变化较大，雨季主要在7—8月份，年降雨量650～700mm。冬季寒冷，从11月份至次年2月份常有大雪封山。

周口店及其邻区的工矿业以石油化工为主，燕山石化公司建在房山复式岩体之上，是20世纪70年代以来兴建的大型石化城。其次是煤矿，主要有长沟峪煤矿和散布于太平山—升平山等区段的小型煤矿。另外，水泥、石灰、大理石、花岗岩、耐火材料等也很著名。农业以小麦、玉米为主，山区则有较丰富的核桃、柿子、苹果等干鲜水果。本区旅游资源丰富且品位甚高，周口店龙骨山是举世闻名的“北京猿人”发源地，而云居寺、兜率寺、云水洞、石花洞以及十渡等处则是人文与自然景观游览的极佳场所。近年来，随着地质研究程度不断深入，在本区又发现了很多典型而精彩的地质遗迹，业已逐步开发出10余条集研究—教育—科普—旅游于一体的多功能地学教学路线。但由于矿山、石材厂的掠夺性开采，许多地质遗迹和景点已遭受破坏（如164背斜、房山岩体蘑菇石等），或将面临实践教学功能丧失的极大威胁。

多年的实践教学证明，周口店实习基地培养了地质人吃苦耐劳、求真务实的精神，真诚合作、相互协助的团队意识，宽容大度、虚心学习的团队精神，百折不挠、勇攀高峰的奋斗精神，以及理论联系实际的科学思维方法。它在我校发展历史上，在地学人才培养方面具有不可磨灭的历史功绩，已成为我校人才培养的重要模式。一批又一批从周口店走出来的地质学家们已遍布祖国的四面八方，行走在广袤的崇山峻岭，为我国的地质勘探事业做出了巨大贡献。艰辛与快乐伴随着他们，奉献与荣光激励着他们，祖国因他们而骄傲。

第二节 实习区人文和自然景观

周口店是人类根祖，北京人的故乡。周口店镇东邻房山，北接燕化，南连韩村河，西与十渡、霞云岭相连，全镇总面积126km^2，辖24个行政村，总人口4.2万人。周口店地势西北高、东南低。西部为石灰岩丘陵、岗地，最高点猫耳山海拔1307m。东部为山麓平原，最低点海拔44.6m。长沟峪沟、周口店河与瓦井河、挟括河自西北至东南流贯境内。气候属山前半干旱、半湿润地区。土壤类型有山地棕壤、褐土、粗骨性淋溶褐土等。黄院、龙宝峪、云峰等地分布小片橡树、栎树、胡核桃等，其余多为灌木丛。

周口店地理位置优越，物产丰富，交通便利，通信便捷，历来是商旅聚集之地。矿产资源十分丰富，具开采价值的达56种之多，尤以石灰石、大理石、花岗岩著名，西北部丘陵区蕴藏着丰富的煤炭资源。这里能源充足，土地广阔而肥沃，工农业基础力量雄厚，第三产业发达。随着市场经济的深入发展，高新科技产业、生态农业和古文化观光旅游业已成为周口店镇经济可持续发展的三大支柱。周口店地区的主要美食包括豆汁、锅贴、灌肠、冰糖葫芦、驴打滚、卤煮火烧、炒肝、爆肚、豆腐乳煮毛豆、油泼面、羊肉烩面。

周口店是历史悠久的文化和商业重镇，有着丰厚的历史文化底蕴。享誉世界的“北京人遗址”与故宫、长城、敦煌石窟一起被联合国确定为“世界自然与文化遗产”，吸引着海内外寻根访祖的华夏赤子，1988年被联合国列入世界文化遗产之一。中国最大的皇家陵寝——金陵埋葬着完颜阿骨达等17位帝王及嫔妃。以“推敲”而独步中国文坛的苦吟诗人贾岛的故居就在周口店，这里还有明朝避暑胜地——红螺三险及庄公院、宝金山、棋盘山、云峰寺，等众多名胜古迹多达22处之多。主要景点有北京人遗址、十渡岩溶峡谷、石花洞、云居寺石经、百花山、野山坡、龙门口金陵遗址、上房山溶洞与佛教圣地等风景区，众多的奇山丽水、莽川秀林与深厚的文化底蕴和现代文明交相辉映。在这里，不仅可以抚今追昔，还可以饱览大自然造化之神奇，领略山光水色的无限情趣(图 1－1－3)。

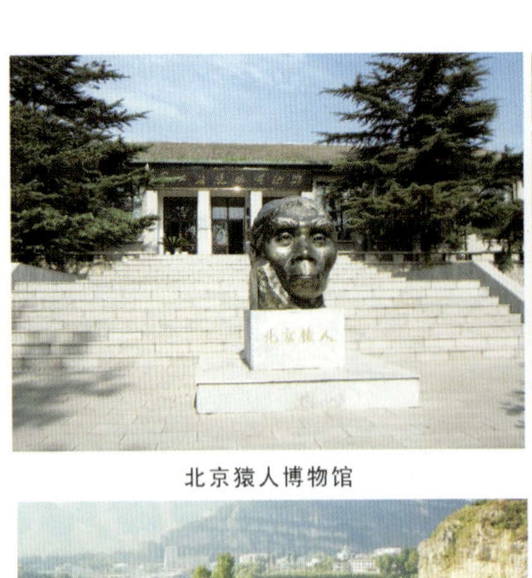

北京猿人博物馆

周口店猿人遗址

十渡风景区

拒马河风景区

坡峰岭风景区

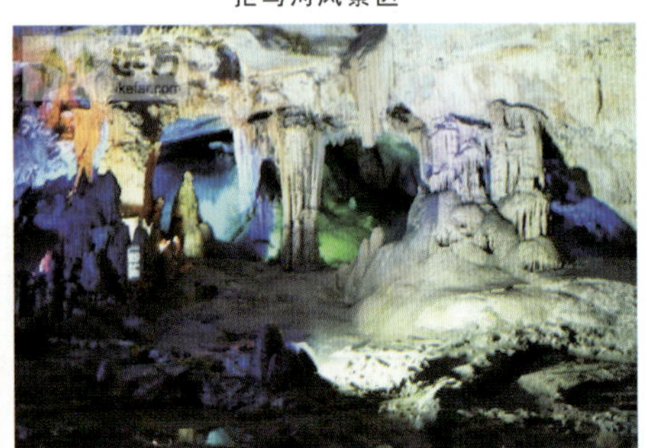

石花洞风景区

云居寺景区

圣莲山景区

图 1－1－3　周口店附近主要风景区景观

★周口店位置：http://map.sogou.com/#city=%u5317%u4eac&lq=%u5468%u53e3%u5e97&originurltype=PC_VR_Point

★周口店概况：http://zhoukd.bjfsh.gov.cn/zkdgk/zkdgk1/index.htm

★周口店北京人遗址：http://www.zkd.cn

★周口店镇百科知识：

http://baike.baidu.com/item/周口店镇/1596683?fr=aladdin&fromtitle=周口店&fromid=499788

第三节 实习目的和教学程序

一、实习目的

周口店实习是大学本科二年级的一次极为重要的野外综合实践教学活动，是在本科一年级北戴河地质认识实习、本科二年级专业基础课程学习的基础上第二次综合性的野外地质调查基本训练。通过理论和实践相结合的教学活动，学生在系统掌握常规的野外地质调查和研究所具备的基本知识、基本方法和基本技能（简称为"三基"）的同时，也能在一定程度上对现代地球科学技术发展的新思想、新理论、新方法、新技术有所了解和得到训练，为基础地质研究、矿产和能源资源的勘探打下坚实的野外工作基础。

实习过程中，特别强调的是：其一，野外实践教学的重点是培养学生的观察识别能力、动手能力、理论联系实际能力、综合分析和地质思维能力以及强化训练其语言—文字—图形表达能力；其二，周口店实践教学应体现我校办学的传统与特色，培养学生严谨求实、奋斗进取、团结协作、遵守组织纪律和主动体验艰苦的精神，因此，提高学生的综合素质亦是实习目的之一；其三，培养学生开拓创新和科学研究的意识，为后续专业课程的教学及新型地质人才的健康成长奠定良好的基础。

二、教学程序

在带队教员提前完成约2周的教学备课阶段后，周口店实习计划用6周时间，学生教学过程分为5个阶段完成。

（1）准备阶段：学生进站、与带队老师见面、实习动员，介绍周口店地质概况、野外工作安排和要求、安全注意事项、环境和地质保护等；为期1～2天。

（2）路线地质教学阶段：在带队教员的讲解和指导下，学生完成重要的地层、构造、岩体、变质作用等路线教学实习；学习野外地质观察和记录、标本采集、地质素描、GPS定点、照相等基本技能；为期14天。

（3）独立实践阶段：学生独立完成一条剖面的观察和描述、分组进行地层剖面测制和独立填图三部分内容。带队教员只参与监督，不进行直接指导；为期14天。

（4）编写实习报告阶段：每位学生在路线观察、剖面测制、独立填图的基础上，按要求独立完成编写《周口店地区地质教学实习报告》；最后，举行毕业典礼，由实习队长总结本次实习的总体情况、经验和教训，表彰优秀实习生，并颁发证书；为期 7 天。

(5)经典地质现象及小型专题研究阶段：教学过程中，教师与学生对经典地质现象进行讨论，学生对相关课题进行研究，还要穿插一些社会实践调查以及社会教育活动；为期 4 天。

第四节　教学内容和基本要求

一、实习动员及准备阶段

实习动员具体内容由带班教员负责，其中包括以下部分。

(1)认真学习实习大纲，明确实习目的、任务和要求以及各教学阶段主要教学内容、教学要点、考核评分标准等。

(2)综合考虑学习和身体状况以及组织能力，按每组 5 人左右分教学活动小组并推选组长。

(3)强调实习规章制度和注意事项，尤其是学习纪律、安全纪律、保密纪律、群众纪律以及团结协作精神。师生一律从严要求，安全第一的思想应体现在整个实习过程中。

(4)实习业务准备阶段由带班教员通过带领学生参观地质陈列室、图书资料阅览室、岩矿鉴定室、信息技术实验室和地质展景等，初步了解实习区的交通位置、自然地理概况、大地构造位置和区域地质背景及区内地质概况、地质研究历史和研究现状、基地发展史和教育史；教员应了解学生前期室内教学和野外实践教学活动情况，对基础地质理论知识掌握的程度等，以便做好教学衔接工作。

(5)实习装备准备和落实检查，其中包括：①野外装备，如工作服、登山鞋、草帽、水壶等；②个人野外实习用品，如地质包、地质锤、放大镜、罗盘、野外记录簿、图夹、铅笔、小刀、橡皮等；③个人资料，如地形图等(在教员指导下于地形图上画好每格为 $1km^2$ 的坐标方格网)；④小组实习装备或用品，如便携计算机、GPS、数码相机、样品袋、记号笔、标本纸等，需调试者应在室内及时进行；⑤小组和个人急救药品等。

带班教员应严格逐人、逐组检查落实，上述各项缺少或未完善者要采取措施予以解决，否则不得进行野外作业。

二、路线地质教学阶段

该阶段是整个教学实习的关键，在教员带教下通过 10 余条野外标准路线和典型直观的地质现象观察和描述，完成以下教学内容。

(1)了解实习区的地形、地貌、地质、资源和环境概况。

(2)学会熟练使用地形图、罗盘、GPS、数码相机、便携计算机和计算机软件系统进行野外地质工作。

(3)矿物、岩石手标本鉴定描述定名；标本和样品采集要求、方法、规格及包装。

(4)侵入体产状、规模、时代；岩石学特征；相带(或单元)划分；侵入接触关系；内部析离体、浆混体和边缘部位捕虏体特征及分布规律；不同部位原生构造、次生构造特征及组合样式；侵位机制分析等。

(5)变质岩类型、岩石学特征、标型矿物识别、变质作用的地质构造背景、变质相带划分标志及温压条件分析等。

(6)地层和沉积岩方面包括层理识别、层劈关系、原生沉积构造、化石采集鉴定与整饰、接触关系、岩性及岩石组合特征、地层划分对比及时代确定、地层厚度变化及岩相分析等。

(7)构造类型、特征、样式、序列、层次、级别及演化等。

(8)野外记录簿的描述内容及记录规范:包括典型地质现象素描图绘制,地层实测剖面的选择、测制及成图,地质路线布置,地质观察点的布置、描述和记录内容,地质界线勾绘原则和方法,熟悉并正确使用各种规范的地质代号、符号等。

为使学生尽快掌握上述各项教学内容,在教学方式、方法和手段等方面师生都应积极探索、改革和创新,以保证教学质量并为以后各阶段实习奠定良好的基础。此阶段教学重点可归纳为:

(1)虽然多数观察路线具有综合性,但在具体教学过程中应有侧重点,可按地层、岩体、构造大致将路线进行学科分类。因此,在此阶段至少安排 3～4 次室内讲课,其内容是按学科介绍野外基本工作方法或要点;同样也要安排 3～4 次阶段性的单科实习内容总结。

(2)野外观察路线以认知教学及教员带教为主,对地质现象客观介绍,对成因简单介绍,据学生实际接受能力对抽象或外延内容的讲授要适度,主讲对各类地质体或地质现象的识别和观察要领,标本、样品、地质信息或地质数据采集操作的步骤和方法。

(3)地质信息、地质数据等原始资料描述记录和图示应规范化;熟悉计算机辅助填图系统数据结构综合表,并能快速按属性进行处理或存储。

(4)“三基”训练和现代地质高新技术的运用应始终贯穿在每条教学路线中。

(5)为加强学生的主观能动性以及提高学习的热情和兴趣,以单科教学为主的观察路线,在初始的 2～3 个观察点以教员带教为主,其后若干个观察点以学生观察讨论为主,教员辅之。

(6)野外实践教学活动虽然具有一定的灵活性,但教学大纲的严肃性师生都应该认真对待。此阶段教学活动是整个实习的基础环节,师生应按要求完成各项基本教学内容并进行评分,未达标者不得进入下阶段教学实习活动。

三、独立实践教学阶段

该阶段具有考核性质,以学生独立完成为主,教师进行督导,同时可检验前阶段学生对教学内容掌握的程度以及是否已具备下阶段实习的知识和能力。教学活动是安排 1 次野外路线考查、1 次室内考核、分组地层剖面测制、独立填图。野外考查路线的选择应是综合地质内容且难易适中。

(1)个人独立考查路线:设置 1～2 条路线,学生独立完成路线观察和描述、标本采集,老师现场收集野簿。

(2)1 次室内考核:包括闭卷考试、岩石和矿物标本鉴定与描述等。

(3)太平山晚古生代地层实测剖面:分小组进行剖面测制,并绘制实测剖面图。

(4)独立填图:各班级分小组进行。采用常规地质填图方法,填图区面积为 $2km^2$ 左右,利用现代地质技术手段进行填图,其面积为 $6km^2$ 左右或更大。最终完成 1∶10 000 地质图的绘制。

四、第二课堂教学活动阶段(小型专题研究)

该项教学活动内容侧重于两个方面:其一,野外专题研究,含基础地质及农业、灾害、工程、环境、旅游地质等方面;其二,利用基地教学设施对前期各阶段野外第一手资料进行二次开发。上述活动的开展仅限学有余力者,各项基本教学要求未能达标的学生则用此学时进行补课。

开展第二课堂教学活动旨在提高学生的学习兴趣,培养科研意识和创新能力,教员应尊重学生的选题并给予指导。选题要结合实际,要综合考虑时间、经费和本人基础知识掌握的程度。此项活动可以在实习的中后期开展,亦可延续到校内进行;其成果可以体现在地质实习报告中,亦可单独成文。在研究阶段尚可组织一些不同形式的小型学术研讨会,以便交流和提高学生的求知欲。

五、地质实习报告编写阶段

该阶段是教学实习总结性环节,是培养学生对野外采集的各种地质数据、地质信息进行整理、归纳和处理的初步能力;对各种标本、样品等实物进行鉴定化验和对各种基本地质图件整饰、清绘的动手能力;运用基础地质知识和理论进行分析和培养正确的地质思维和编写地质报告的综合能力。为了进行全面训练和总结,按大纲要求,每个学生都应独立完成主要附图及若干插图的编绘任务,不得抄袭。文、图均应在教员审查合格并签字后方可定稿。

第五节　实习注意事项

有了北戴河地质认识实习的野外体验,大部分同学已经认识到野外实践教学的重要性。但仍然需要强调以下几点注意事项:

(1)安全始终是第一位的,包括旅途安全和野外实习期间的安全。最好结伴而行,到达实习基地后,班干部要负责清点人数,并向带队老师报告。野外实习期间,要服从老师安排,听从指挥。登山过程中,不要嬉笑打闹,注意来往的机动车辆、露头滚石,不要损坏庄稼,林区不得携带火种,保管好自己的财物。

(2)带好学习和生活必需用品。包括:①教学参考资料和实习用品准备。要求人手一册实习指导书,野簿、地质锤、罗盘、放大镜、三角尺、量角器、铅笔、绘图笔和橡皮等每人必须一套。②实习分组准备。每小组 5～6 人,选好组长。③生活用品和常用药品:生活用品可在实习基地小商店购买,常用药品包括感冒药、晕车药、痢特灵、正骨水、创口贴、蛇毒药、清凉油或风油精和消炎药等,并注意食品安全。

(3)注意实习基地的作息时间。每天开往实习路线的班车都会按时出发,请注意按时作息和乘车。

(4)严格遵守请假制度。不得私自外出,有事必须书面向带队老师请假。

(5)注意资料保密,尤其是地质图和地形图,违者按保密条例严肃处理。

(6)遵守实习基地的管理规定和当地风俗习惯,不酗酒,不打架,爱护公共设施,注意个人卫生,保护环境。

第二章 区域地质概况

周口店及其邻区处于北北东向太行山山脉、近东西向燕山山脉和华北平原接壤地带，大地构造处于华北板块中部，隶属于华北陆块燕山板内(陆内)构造带(图2-0-1)。区内地层发育齐全，在华北地区具有代表性，可与华北地台其他地区对比，但受后期变质、构造和岩浆作用的影响，该区整个地层序列都受到不同程度的变质和变形改造。用板块构造观点分析属于典型的板内(陆内)造山带，且在长期演化形成稳定陆块的基础上后期又被改造而成为活动区。正因为独特的大地构造位置和漫长的地质演化历史，使其不仅保存有不同阶段较为完整的地质事件记录，而且形成了丰富多彩、类型齐全、典型直观且颇具意义的各种地质构造现象，房山侵入体及围绕其分布的多期次、多类型褶皱和断层共同组合呈现出复杂的地质构造景观(图2-0-2)。

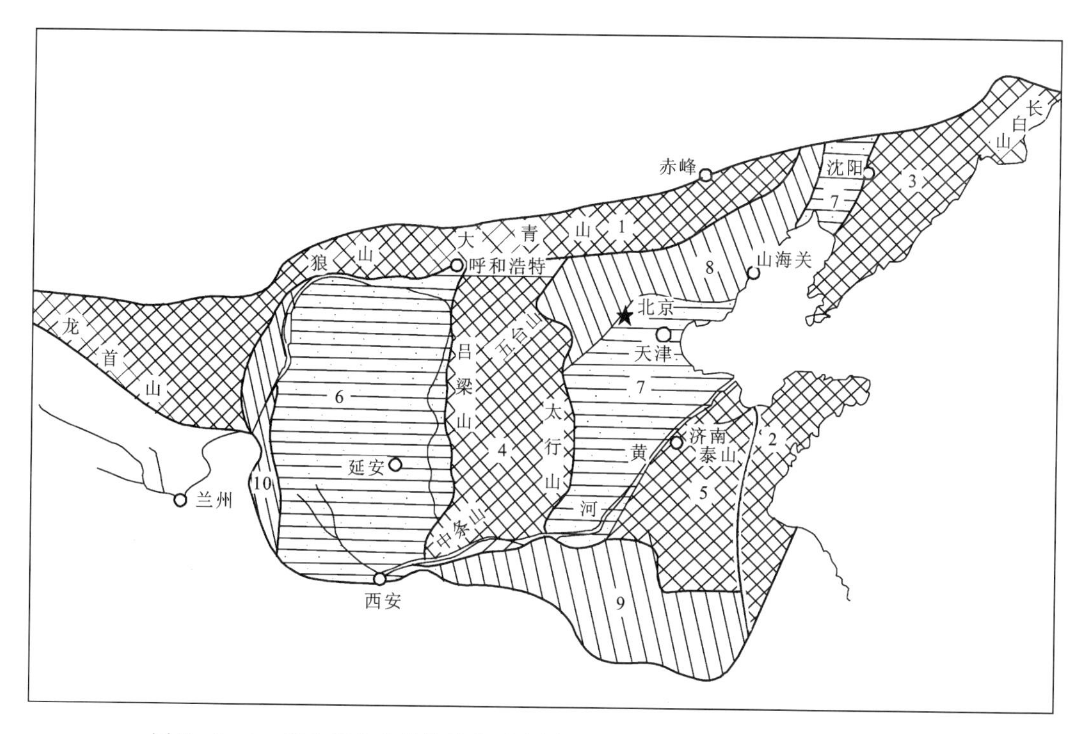

图2-0-1 华北陆块大地构造分区略图(据杨森楠，杨巍然，1985；赵温霞等，2003)

1.内蒙地块；2.鲁东地块；3.辽东地块；4.山西地块；5.鲁西地块；6.鄂尔多斯构造盆地；7.辽冀构造盆地；8.燕山板内(陆内)构造带；9.豫淮板内(陆内)构造带；10.贺兰-六盘板内(陆内)构造带

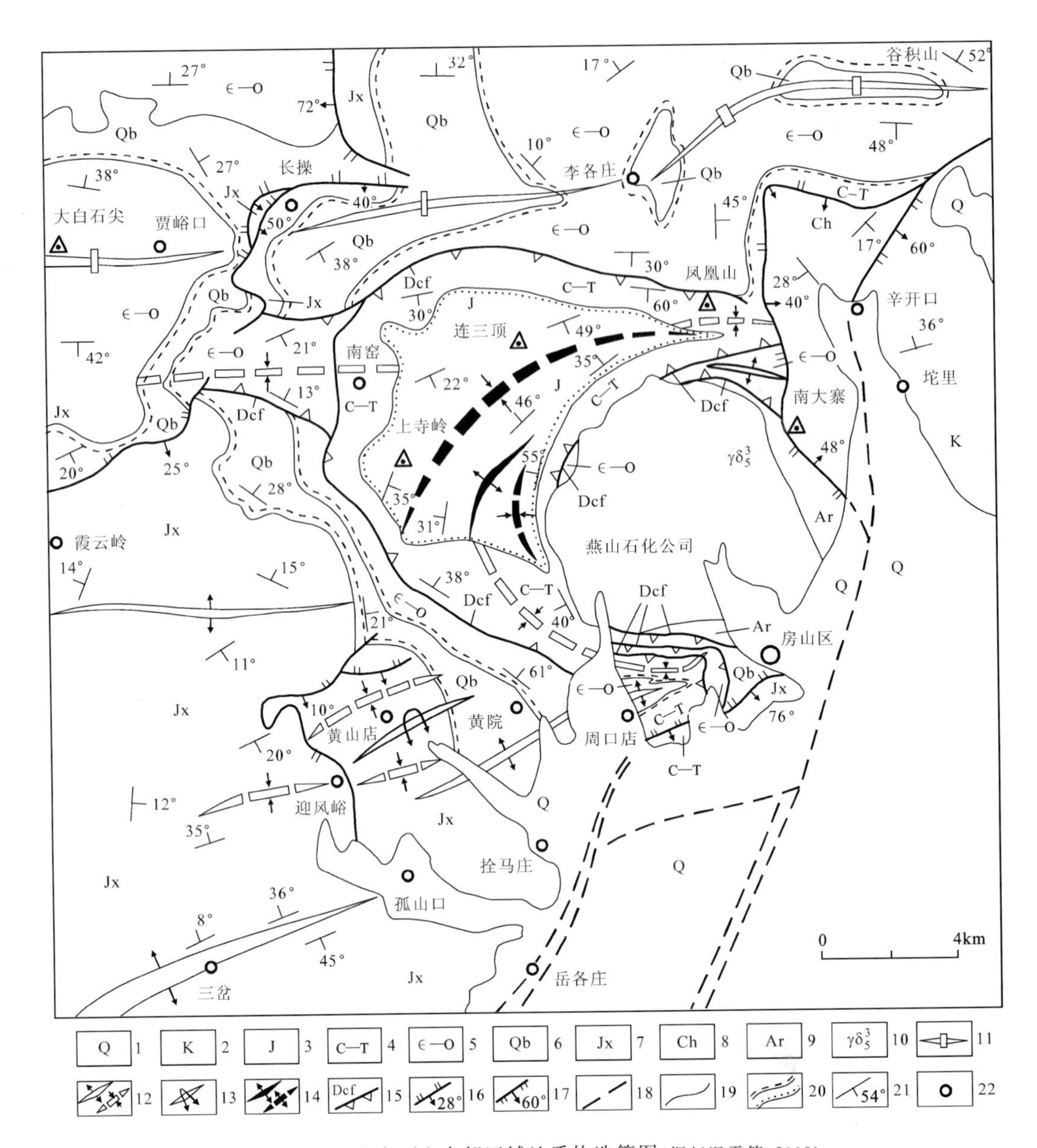

图 2-0-2 北京西山南部区域地质构造简图(据赵温霞等,2003)

构造层:1.新生界第四系山前冲积层;2.中生界白垩系山前断陷盆地沉积地层系统;3.中生界侏罗系上叠盆地沉积地层系统;4.上古生界上石炭统—中生界三叠系板内盖层型褶叠层;5.下古生界寒武系—下奥陶统板内盖层型褶叠层;6.新元古界青白口系板内盖层型褶叠层;7.中元古界蓟县系板内盖层型褶叠层;8.中元古界长城系外来岩块沉积地层系统;9.太古宙官地杂岩(结晶基底)。岩浆岩地质体:10.燕山晚期花岗闪长岩(复式岩体)。构造形迹:11.箱状背形(D_2);12.直立背形及向形(D_2);13.倒转背形(D_2);14.背斜及向斜(D_4);15.剥离断层(D_1);16.逆断层;17.正断层;18.推测断层。构造界面:19.地质界线;20.平行不整合及角度不整合;21.面理产状(主示 S_0)。其他:22.城镇及乡村居民点

第一节 地 层

周口店及其邻区属华北地层系统,出露齐全,发育新太古界、古元古界、新元古界、下古生界、上古生界、中生界、新生界(表2-1-1)。据童金南等(2013)、龚一鸣等(2016)、谭应佳等(1987)、《1∶5万周口店幅区调报告》(1988)资料,结合前人研究成果,自下而上对地层分述如下。

一、新太古界

本区新太古界零星分布在房山岩体边缘,称为官地杂岩(Arg),出露面积约0.5km²,与上覆地层呈剥离断层接触。其主要岩性为黑云母斜长角闪岩、正片麻岩、黑云母角闪变粒岩等,因遭受了强烈动力变质作用,普遍发生糜棱岩化。官地杂岩的同位素测年结果为新太古代(颜丹平等,2005;刘兵等,2008;陈能松等,2006)。

岩体南侧的关坻、山顶庙一带,岩性以黑云斜长片麻岩为主,夹有斜长角闪岩、黑云角闪变粒岩、薄层石英岩,局部地段有长英质条带混合岩,局部还见有变质基性岩脉(斜长角闪岩)贯入太古宙地层中。这套变质较深(角闪岩相)的变质岩系与邻近的中、新元古代及古生代地层均呈断层接触,而与燕山期的侵入体普遍呈侵入接触,局部为断层接触。该套深变质岩系的时代属于太古宙的可能性较大,主要理由如下。

(1)这套变质岩系与房山岩体呈明显的侵入接触关系。

(2)这套变质岩与中、新元古代及古生代地层都呈断层接触关系,且在不同地点与不同的层位接触。

(3)这套变质岩系按变质相理论可归属于角闪岩相。根据其矿物组合及变余构造分析,原岩可能是一套含碳酸盐的泥、砂质碎屑岩,或是一套含基性火山岩的泥、砂质碎屑岩。

(4)这套变质岩系曾受到叠加的混合岩化作用,其后有基性岩脉穿插,而基性岩脉又在后一次的变质作用中受到改造,并强烈变质。这种地质经历也是长城群、蓟县群和青白口群所不具备的。

官地杂岩的变质程度、变质相及时代归属等详见变质岩和构造有关章节叙述。

二、中—新元古界

(一)中元古界

在周口店地区出露广泛,主要分布在磁家务—南大寨、一条龙—房山及黄院西南地段,自下而上分为长城群常州沟组、串岭沟组、团山子组、大红峪组;蓟县群雾迷山组、洪水庄组和铁岭组,下马岭组未建系。岩石普遍轻微变质,局部地段受房山复式岩体的影响变质程度加深。

1.长城群

(1)常州沟组(Pt_2ch)。仅在南大寨及东流水一带出露。岩性为灰白色中厚层石英砂岩,内含少量斜长石,交错层理发育。厚23~30m,与下伏太古宙官地杂岩呈断层接触。

表 2-1-1 周口店地区地层简表

年代地层			岩石地层		代号	厚度(m)	岩性简述及化石
界	系	统	群	组			
新生界	第四系(Q)	全新统			Q_4	4～20	残坡积亚砂土层,洪—冲积砂砾层、土壤层
		更新统			Q_3	4～16	残积黄土状堆积层,洪—冲积砂砾层,洞穴角砾层,灰色土层,产 *Homo sapiens*(山顶洞人),*Ursus spelaeus*(洞熊)
				周口店组	Q_2zh	37.6	坡积红色角砾亚砂土层、红色土层、洪—冲积砂砾层,洞穴内多层角砾层、砂层、砂质黏土及多层灰烬层。产 *Sinanthropus pekingensis*(北京人)*Sinomegaceros pachyosteus*(肿骨鹿),*Hyaena sinensis*(中国鬣狗)
				太平山组	Q_1t	9.1	棕红色砂质黏土及红色粗砂土与砂砾互层,风化深的杂色黏土层
	新近系(N)	上新统(N_2)		东岭子组	N_2d	12.5	红色砂砾层及红色钙质胶结黏土,粉砂质黏土层
				新庄组	N_2x	1.5～4	残坡积粉砂质黏土、黏土层
				鱼岭组	N_2y	18.2	下部为黄色、灰绿色砂层及砂砾层,上部为杂色砂砾石层
中生界	侏罗系(J)	中统(J_2)		九龙山组	J_2j	>1000	上部浅灰色凝灰质砂岩、粉砂岩夹含砾火山岩屑砂岩;中部紫红色、灰绿色变质凝灰质细砂岩夹多层变质砂岩、砂岩;下部灰白色、灰绿色变质凝灰质砂岩,夹变质砾岩
				龙门组	J_2l	300	灰黑色粉砂质板岩、千枚状板岩及变质砂岩,底部为灰白色巨厚层变质砂岩
		下统(J_1)		窑坡组	J_1y	321	黑色、浅灰色中厚层变质砂岩夹黑色含碳质粉砂质板岩、千枚岩。产 *Annulariopsis simpsoni*(辛普森拟轮叶),*Tyrmia nathrorsti*(那氏特尔马叶),*Cladophlebis pekingensis*(北京枝脉蕨)
				南大组岭	J_1n	91.6	灰紫色变质玄武岩,拉斑玄武岩
	三叠系(T)			双泉组	P_3Ts	181	上部灰绿色含泥砾板岩;中部灰绿色、紫灰色凝灰质板岩;下部灰绿色中粗粒变质砂岩。下部产 *Gigantopteris shangqianensis*(双泉大羽羊齿)
上古生界	二叠系(P)	上统(P_3)					
				红庙岭组	$P_{2-3}h$	>200	肉红色及灰白色变质石英砂岩、长石石英砂岩夹多层砖红色粉砂质板岩
		中统(P_2)		杨家屯组	P_2y	70～120	灰色变质中粗粒岩屑砂岩、含砾岩屑砂岩,夹黑灰色碳质板岩,底部为灰色变质细角砾岩
		下统(P_1)		山西组	$P_{1-2}s$	90	下部为褐灰色变质中粗粒砂岩、黑色碳质板岩;上部为黑色碳质板岩及黑灰色变质细粒岩屑砂岩。含 *Lobatannularia sinensis*(中华瓣轮叶),*Sphenophyllum thonii*(汤氏楔叶)
				太原组	C_2P_1t	64	上部黑色碳质板岩与黄绿色粉砂质板岩互层,夹劣质煤层;下部灰色变质砂岩与黑灰色红柱石角岩互层。产 *Neuropteris ovata*(卵脉羊齿),*N. plicata*(镰脉羊齿)
	石炭系(C)	上统(C_2)		本溪组	C_2b	54	上部为灰色压力影板岩、红柱石角岩及透镜状生物碎屑灰岩;中部为杂色粉砂质板岩;下部为灰色红柱石角岩及硬绿泥石角岩。底部为褐铁矿、铝土矿风化壳,局部为底砾岩,产 *Fusulins* sp.(纺锤䗴),*Dictyoclostus* sp.(网格长身贝)

续表 2-1-1

年代地层			岩石地层		代号	厚度(m)	岩性简述及化石
界	系	统	群	组			
下古生界	奥陶系(O)	下统(O_1)		马家沟组	O_1m	200～300	青灰色厚层结晶灰岩、纹带状灰岩夹白云质灰岩。产 *Armeroceras* sp.(阿门角石)
				亮甲山组	O_1l	70	浅灰色中厚层结晶白云岩、白云质灰岩,夹 2～3 层膏溶角砾岩
				治里组	O_1y	67	青灰色纹带状结晶灰岩、豹皮状白云质灰岩,夹黄绿色板岩。底部普遍存在一层灰色钙质千枚岩
	寒武系(∈)	上统($\in_3$)		黄院组	$\in_3h$	123	灰黄色、黄绿色薄层泥质条带灰岩,夹少量鲕状灰岩和“竹叶状”灰岩。产 *Ptychaspis* sp.(褶盾虫),*Blackwelderia* sp.(蝴蝶虫)
		中统($\in_2$)		张夏组	$\in_2zh$	36	青灰色中厚层鲕状灰岩,夹青灰色千枚岩或二者互层,产 *Damesella* sp.(德氏虫)
				徐庄组	$\in_2x$	41	灰绿色页岩夹薄—中层灰岩
				馒头组	$\in_{1+2}m$	46	灰色、灰黄色页岩夹白云质灰岩透镜体
		下统($\in_1$)		府君山组	$\in_1f$	25～45	上部为灰色中厚层纹带灰岩夹豹皮灰岩;下部为深灰色豹皮灰岩夹白云质灰岩
新元古界	青白口系(Qb)	上统(Qb_2)	青白口群	景儿峪组	Qb_2j/Pt_3j	36～55	上部为绿灰色钙质千枚岩、钙质板岩;下部为灰白色薄—中层大理岩夹黑色大理岩
				龙山组	Qb_2l/Pt_3l	>20	上部为浅灰色千枚状板岩或斑点状板岩,下部为灰色中—厚层变质中粗粒石英砂岩
		下统(Qb_1)		下马岭组	Qb_1x/Pt_3x	120～170	上部为灰色粉砂质千枚状板岩、灰黑色碳质千枚状板岩;中部为褐灰色粉砂质板岩夹薄层变质细砂岩,小型交错层理发育;下部为褐绿色千枚状板岩、含磁铁矿粉砂质板岩。底部具古风化壳
中元古界	蓟县系(Jx)	上统(Jx_2)	蓟县群	铁岭组	Jx_2t/Pt_2t	186	上部灰色中—厚层结晶白云岩、叠层石结晶白云岩;中部为深灰色薄层含燧石条带(或结核)结晶白云岩;下部为灰白色厚层结晶白云岩。交错层理发育
				洪水庄组	Jx_2h/Pt_2h	38	灰褐色锰质板岩,顶部和底部夹含锰白云岩及白云岩透镜体
		下统(Jx_1)		雾迷山组	Jx_1w/Pt_2w	>500	灰色、浅灰色中—薄层结晶白云岩、灰质白云岩,夹较多燧石条带或团块
	长城系(Ch)	上统(Ch_2)	长城群	大红峪组	Ch_2d/Pt_2d	335	砖红色、灰白色长石石英砂岩夹灰白色石英岩
		下统(Ch_1)		团山子组	Ch_1t/Pt_2t	91	灰白色、深灰色含砂白云岩与石英岩、千枚岩互层
				串岭沟组	Ch_1c/Pt_2c	106	灰黑色砂质板岩和变质细砂岩互层
				常州沟组	Ch_1ch/Pt_2ch	20～30	灰白色中厚层石英砂岩 断层接触
太古宙				官地杂岩	Arg	>200	条带状混合岩、黑云斜长片麻岩、斜长角闪岩、角闪岩

(据赵温霞等,2003)

(2)串岭沟组(Pt_2c)。分布在磁家务—南大寨一带,未见其顶底。岩性为灰黑色薄层砂质板岩、变质粉砂岩和变质细砂岩互层,厚度大于 106m。

(3)团山子组(Pt_2t)。分布在北大寨和磁家务一带。岩性以灰色、灰黑色薄层含砂白云岩、硅质白云岩和厚层纹层或纹带白云岩为主,夹两层肉红色、浅黄色厚层中细粒石英长石砂岩和长石石英砂岩。由于含铁高,风化面常呈橘红色。厚度大于97.3m,区内可见其与下伏串岭沟组呈断层接触。

(4)大红峪组(Pt_2d)。零星分布在北大寨一带。自下而上分为3段:下段以砖红色、肉红色、灰白色厚层长石石英砂岩为主,通常含有少量长石和石英砾石,交错层理普遍发育,并见不对称波痕,厚383m;中段以灰白色中厚层—厚层石英砂岩为主,夹有多层长石石英砂岩,局部发育交错层理,厚213m;上段为红色厚层长石石英砂岩,厚8.5m。

2.蓟县群

和天津蓟县剖面相比,本群仅出露了雾迷山组上部、洪水庄组、铁岭组、下马岭组。

(1)雾迷山组(Pt_2w)。本组在区域上分为4个岩性段,自下而上为:第一段下部为泥质、砂质白云岩、硅质条带白云岩,上部为纹层藻叠层石白云岩、藻团白云岩、硅质条带白云岩;第二段为泥质白云岩及硅质条带白云岩,叠层石发育;第三段以泥质白云岩、含屑白云岩及硅质条带白云岩为主,叠层石发育;第四段以块状藻团白云岩、硅质粒屑白云岩及硅质条带白云岩为主。总厚为1616m。

本组在周口店地区西南黄山店、孤山口一带大面积分布,以孤山口至八角寨一带发育较完整。主要岩性为灰色中厚层硅质条带白云岩、泥质白云岩夹褐黄色藻层泥质白云岩,局部具含砾白云岩。第三段发育大量波纹状叠层石及锥柱状叠层石,局部可见变形层理、鲕粒及藻纹层。第四段发育硅质条带和水平纹层。就其岩性和沉积构造特征而言,其层位相当于邻区雾迷山组第三、四段。

由于普遍发育水平薄纹层和波状藻层,应属一套潮坪环境的潮下-潮间带和浅海陆架沉积,旋回性明显,显现潮下-潮间-潮上有规律的交替,水体逐渐加深。

(2)洪水庄组(Pt_2h)。分布在黄山店、八角寨一带,岩性以灰黑色含锰质板岩为主,底部和顶部夹灰黑色薄层含锰质白云岩或透镜体,可见不规则黄铁矿顺层分布,厚38m。区内本组厚度及岩性非常稳定。

由于该组沉积物细,色暗,且发育水平层理及含黄铁矿、锰结核,反映了宁静、还原的环境,属陆架氧化界面以下的低能浅海沉积。

(3)铁岭组(Pt_2t)。主要分布在黄山店、八角寨一带,一条龙、周家坡等地亦有出露,以八角寨东坡沿公路的剖面最完整。

铁岭组与下伏洪水庄组为整合突变接触。底部为灰色厚层—巨厚层含锰质白云岩夹薄层或透镜状石英岩,发育交错层理;下部为浅灰色厚层—块状结晶白云岩,发育大型板状交错层理,含少量硅质条带;中部为黑色、深灰色薄—中层结晶白云岩夹板岩、片岩,或互层;上部为灰色中—厚层结晶白云岩,含少量硅质条带和硅质透镜体;顶部为灰色中—厚层含叠层石白云岩,叠层石发育,与上覆下马岭组为平行不整合接触,厚186~215m。

铁岭组底部及下部由于单层厚,发育大型板状交错层理、双向交错层理,局部可见内碎屑,且含较高的铁、锰,代表潮下高能环境。中部单层厚度减小,具水平层理,属浅海低能环境,也可能是海侵最大时的产物,上部至顶部单层厚度增大,水平藻纹层和波状藻纹层发育,偶见鸟眼构造,叠层石发育。为一潮下高能—潮坪的海退演化序列。之后地壳一度上升遭到剥蚀,形成了平行不整合。

(4)下马岭组(Pt_3x)。岩性以千枚状板岩及粉砂质板岩为主,厚120～170m。明显四分,底部为褐绿色含磁铁矿千枚状板岩;下部为灰绿色、褐绿色千枚状板岩及粉砂质千枚状板岩,由粉砂与泥质组成的韵律层清楚,每一韵律的间距1～10cm;中部为暗绿色板岩夹灰黑色、暗色碳质板岩,或互层,含黄铁矿,水平层理发育,反映了一种富含有机质还原的潟湖环境;上部为褐灰色粉砂质板岩夹薄层变质细砂岩,发育低角度板状交错层理和小型双向交错层理(图2-1-1),反映了双向水流作用,属潮坪沉积。

下马岭组和铁岭组之间为平行不整合接触(图2-1-2),不整合面起伏不平,具1～3m厚的褐铁矿质古风化壳,是铁岭组沉积后地壳上升遭受长期风化作用导致铁质富集的结果。部分地点可见白云岩角砾形成的底砾岩层。该风化壳是"芹峪运动"隆升的标志,也是蓟县群和青白口群之间的分界面。据最新的下马岭组凝灰岩层锆石$^{207}Pb/^{206}Pb$年代学数据,为1366Ma,为中元古代(高林志等,2008)。若如此,下马岭组的地层归属应下移到中元古界蓟县群上部。

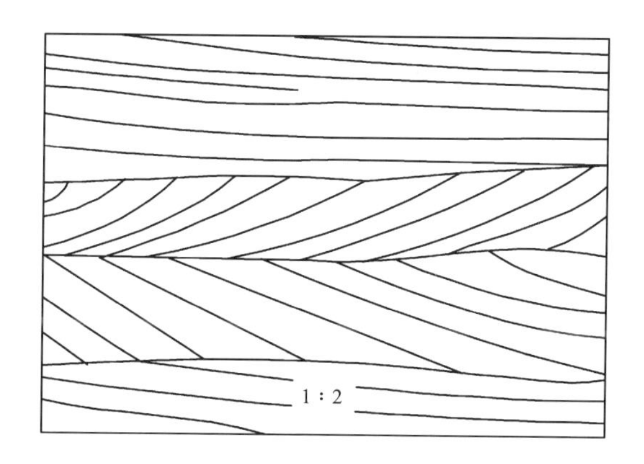

图2-1-1　双向交错层理(黄院,石英砂岩,Pt_3x)

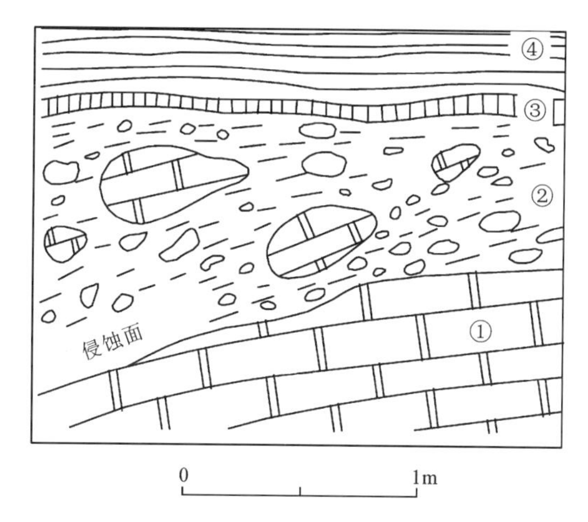

图2-1-2　Pt_3x/ Pt_2t平行不整合(风化壳)(黄山店)(谭应佳等,1987)

①白云岩;②底砾岩;③紫红色铁质角岩(古风化壳);④灰绿色含磁铁矿千枚状板岩

(二)新元古界

青白口群在本区出露齐全,分布在黄院、拴马庄、长流水以及一条龙、山顶庙和房山一带。自下而上分为骆驼岭组(相当于原先的龙山组)和景儿峪组,以长流水西沟剖面发育最全(图 2-1-3)。

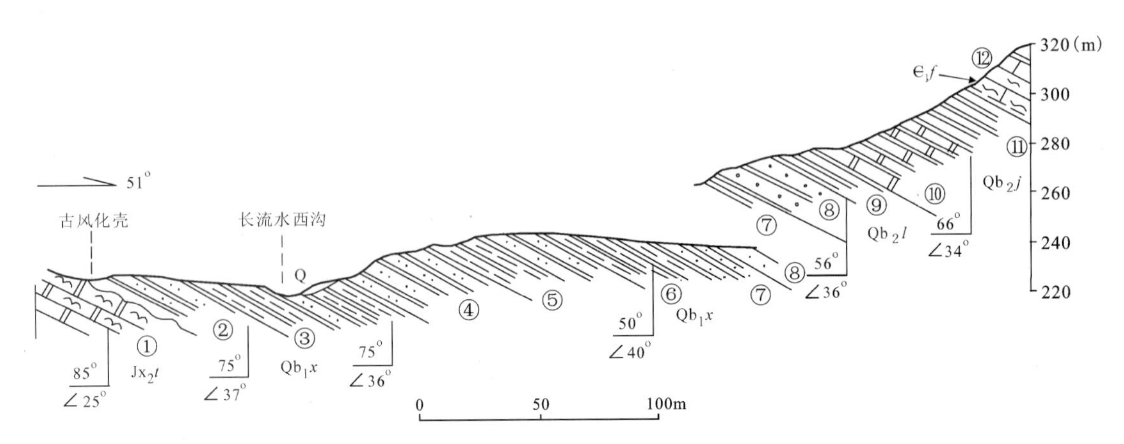

图 2-1-3 长流水西沟青白口群实测剖面图(据谭应佳等,1987;赵温霞等,2003)

①含叠层石白云岩;②含黄铁矿砂质千枚岩及千枚状板岩;③砂质千枚岩夹灰色千枚岩;④粉砂质千枚岩;⑤灰色千枚岩夹粉砂质千枚岩;⑥碳质千枚岩;⑦砂质千枚岩夹薄层石英岩;⑧厚层石英岩夹少许粉砂质千枚岩;⑨黄色粉砂质千枚岩;⑩薄—中层大理岩;⑪灰绿色钙质千枚岩夹千枚状板岩;⑫泥质灰岩及豹皮状灰岩夹纹带状灰岩

(1)骆驼岭组(龙山组)(Pt_3l/ Pt_3l)。明显分为两部分,总厚大于 20m。下部为灰色—褐灰色厚层变质中粗粒石英砂岩,局部含有海绿石,发育海滩冲洗交错层理、平行层理及波痕,属海滩砂坝沉积。上部为浅灰色千枚状板岩或斑点状板岩,发育水平层理,含黄铁矿,代表较宁静的浅海环境。

(2)景儿峪组(Pt_3j)。下部为白色薄—中层大理岩夹灰黑色薄层大理岩,风化后多呈砂糖状;上部为灰色、灰黄色钙质板岩。产 *Chauria* sp.(乔氏藻),总厚 36~55m,属一套正常浅海沉积。

三、下古生界

周口店地区下古生界只发育寒武系和中—下奥陶统,其分布较广,周口店、黄院、南窑及磁家务一带均有出露,黄院、长流水等地发育较好(图 2-1-4)。岩层遭受过轻度区域变质作用,局部受构造变形改造。根据新的国际地层划分方案,寒武系四分,底部的纽芬兰统本区缺失,第二统包括昌平组(原来的府君山组)和馒头组下部,第三统包括馒头组上部和张夏组,炒米店组(原来的黄院组,包括崮山组、长山组、凤山组)属于上部的芙蓉统。昌平组所含三叶虫化石指示为寒武纪第二世,因此本区缺失寒武纪第一世,即纽芬兰世(Terreneuvian)的沉积。奥陶系发育下奥陶统的冶里组和亮甲山组,中奥陶统的马家沟组。中奥陶世之后,本区与华北地台一起被抬升接受剥蚀近 140Ma(童金南等,2013;龚一鸣等,2016)。

(一)寒武系二统和三统

1. 昌平组(府君山组)($\in_1ch$ / $\in_1f$)

底部为青灰色薄—中厚层纹层灰岩夹灰色钙质板岩;下部为深灰色中厚—厚层豹皮(或云斑)灰岩夹白云质灰岩;上部为青灰色中厚层纹带状结晶灰岩,产三叶虫 *Redlichia chinensis Walcott*(中华莱得利基虫),厚 25~45m。

昌平组以一层约 5cm 厚的泥质风化壳平行不整合于景儿峪组钙质板岩之上,接触界面平整。根据同位素年龄测定,昌平组小于 6 亿年,而景儿峪组为(8~9)亿年,二者之间缺失了(2~3)亿年的沉积记录。

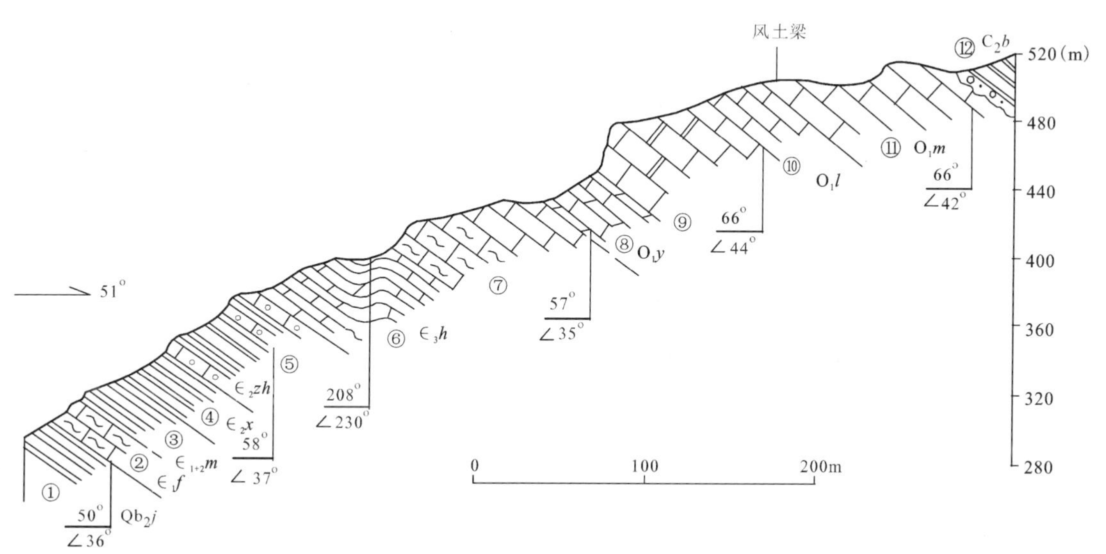

图 2-1-4 长流水风土梁早古生代地层实测剖面图(谭应佳等,1987;赵温霞等,2003)

①绿灰色钙质千枚岩;②豹皮灰岩夹少许纹带灰岩;③灰色千枚岩;④绿灰色千枚岩夹薄层泥灰岩;⑤鲕状灰岩夹千枚岩;⑥黄灰色条带状泥质灰岩夹少许薄层鲕粒灰岩;⑦豹皮状灰岩及纹带灰岩;⑧泥质、白云质灰岩夹少许灰黄色板岩;⑨白云质灰岩;⑩薄—中层灰岩、白云质灰岩;⑪中—厚层灰岩夹白云质灰岩;⑫含砾变质砂岩及红柱石角岩

该组的层型剖面在昌平龙山,岩性主要为灰色、深灰色厚层,块状豹皮灰岩和细晶灰岩。其上、下部均发育白云岩和白云质灰岩。周口店地区处于潮上带低能环境。近年来的研究一般认为,“豹皮灰岩”是一种与微生物作用有关的沉积构造,因而代表了潮下带上部正常浅海环境(王永标等,2005)。该组上部的纹层状灰岩则是潮坪区潮上带低能环境的沉积产物(童金南等,2013)。

2. 馒头组($\in_{1+2}m$)

目前,周口店地区馒头组、毛庄组、徐庄组统称为馒头组。其岩性为灰色、银灰色、灰黄色、浅灰绿色页岩(也称杂色页岩)夹灰黄色大理岩透镜体。太平山北坡曾采得三叶虫化石碎片,厚 46m。邻区该组下部产早寒武世($\in_1$)的 *Redlichia* cf. *chinensis*(中华莱得利基虫比较种)和 *Palaeo-lenus* sp.(古油栉虫),属中寒武世($\in_2$)的 *Shantungaspis* sp.(山东壳虫),*Ptychoparia montoneais*(馒头褶颊虫)。此外,该组上覆徐庄组底部薄层鲕粒灰岩中产中寒武世

($\in_2$)的 *Bailiella* sp.(雷氏虫),故馒头组应属跨早—中寒武世的地层单位。

徐庄组($\in_2 x$)灰色千枚状板岩、粉砂质板岩夹中厚层鲕状灰岩和泥质灰岩,顶部板岩中具孔雀石薄膜,产三叶虫 *Bailiella* sp.(毕雷氏虫),厚 41m。

也有学者将馒头组、毛庄组、徐庄组合并为馒头组($\in_{1+2} m$)(童金南等,2013)。主要为灰色、灰绿色、黄色千枚状板岩夹薄层白云质大理岩或结晶白云岩。上部主体为灰色粉砂质板岩夹中薄层结晶白云岩,反映当时该区早期水体较深,临滨-滨外沉积,晚期出现泥岩和鲕粒灰岩,表明水体逐渐变浅,为正常浅海沉积。下部杂色板岩可能指示潮下较深水区沉积。

3. 张夏组($\in_2 z$)

灰绿色千枚状板岩、粉砂质板岩夹中厚层鲕状灰岩和结晶灰岩,或互层,板岩与灰岩之比为 3∶2～4∶1。产三叶虫:*Damesella* sp.(德氏虫),厚 134m。

和下伏馒头组相比,本组灰岩的鲕粒大而明显,鲕粒灰岩层增多,两组为渐变过渡关系。由于鲕粒发育,代表一种水动力较强的潮下高能浅滩环境。

由于先前的馒头组、毛庄组、徐庄组和张夏组在一段时期内附有生物地层时代的含义,故分别被称为馒头阶、毛庄阶、徐庄阶、张夏阶。现根据岩石地层恢复其原始含义(鲍亦冈,1996;邢裕盛等,1996)。当前的张夏组包含了先前的徐庄组,在周口店地区也应该包含以鲕粒灰岩为主的原徐庄组的部分地层(童金南等,2013)。

(二)寒武系芙蓉统

炒米店组(也称黄院组,包括原来的崮山组、长山组和凤山组)($\in_3 ch$)在周口店地区分布广泛,受构造改造强烈。

下部为灰色、灰黄色薄层泥质条带灰岩夹少量薄层鲕粒灰岩,局部见少量竹叶状(砾屑)灰岩;上部为灰色薄—中层纹带状灰岩和豹皮灰岩,总厚 123m。产三叶虫:*Blackwelderia* sp.(蝴蝶虫),*Ptychaspis* sp.(褶盾虫),腕足类:*Obolus* sp.(圆货贝),时代应属晚寒武世($\in_3$)。

据其在实习区总体特征,与邻区业已详细划分的层组无法对比,故《1∶5 万周口店幅区调报告》(1988)以黄院东山梁剖面作为层型命名为黄院组($\in_3 h$),在层位上相当于山东张夏地区的崮山组、长山组和凤山组。周口店地区该时期水体相对较深,以泥质条带灰岩为主,未见叠层石灰岩,风暴作用形成的竹叶状灰岩也相对较少,"竹叶状砾石"也细小一些,总体属于潮间沉积环境。

(三)下奥陶统

1. 冶里组($O_1 y$)

浅灰色—青灰色中厚层纹带状灰岩夹少量灰色豹皮状白云质灰岩及灰黄色板岩,产角石:*Piloceras* sp.(枕角石),*Cameroceras* sp.(房角石);腹足类:*Ophileta* sp.(蛇卷螺);古杯类:*Archaeocyathus* sp.(原古杯)。厚 67m。

区域上本组底部是一层灰色钙质板岩(在某些区段因变质程度差异可为钙质千枚岩),而与下伏黄院组区分。冶里组岩性较细,属于浅海低能环境。

2. 亮甲山组($O_1 l$)

灰色中—厚层结晶白云岩,夹 2～3 层灰色膏溶角砾岩,含少量燧石团块,厚 70m。白云岩及膏溶角砾岩的存在反映了一种炎热、强蒸发的潮坪-潟湖环境。

（四）中奥陶统马家沟组(O_1m)

青灰色厚层结晶灰岩、纹带状灰岩夹少量白云质灰岩和砾屑灰岩，局部地段夹灰褐色钙质板岩，产角石：*Armenoceras* sp.（阿门角石），厚200～300m。

周口店地区马家沟组总体形成于一种比较正常的开阔海相碳酸盐沉积环境。但邻近门头沟地区的马家沟组却变化复杂，地形分异显著，出现多种潮间带-潮上带动荡浅水-蒸发等沉积标志，如白云岩、盐溶角砾岩等，预示着其后稳定的华北地台逐渐进入全面隆升阶段，“怀远运动”即将开始（童金南等，2013）。

四、上古生界

本区上古生界缺失泥盆系及下石炭统，上石炭统及二叠系主要分布在上寺岭—凤凰山的南、北坡和黄院、升平山及太平山一带，岩层遭受过轻度区域变质作用，局部受到岩浆侵入作用的影响。

（一）上石炭统—二叠系

1. 本溪组(C_2b)

该组底部普遍发育硬绿泥石角岩及红柱石角岩。下部为杂色（灰色-深灰色、黄色-黄灰色、褐色、粉红色等）粉砂质板岩及变质粉砂岩。中部为灰色、浅灰色板岩，含黄铁矿假晶构成的压力影构造，也称“压力影板岩”，产大量海相生物化石，包括 *Aviculopecten* sp.（燕海扇），*Anthroconsia* sp.（石炭蚌），*Naticopsis* sp.（似玉螺），*Fenestella* sp.（网格苔藓虫），*Isognamma* sp.（等纹贝）。下部和中部之间普遍夹1层灰色、灰黄色泥质生物碎屑灰岩透镜体，含 *Fusulina* sp.（纺锤），*Fusulinella* sp.（小纺锤），*Dictyoclostus* sp.（网格长身贝），*Choristites* sp.（分喙石燕），*Chaetetes* sp.（刺毛珊瑚）。上部为灰色、灰黑色红柱石角岩，区域上本组顶部可见黑色薄层碳质板岩，含植物化石碎片。

由于所含化石大多为晚石炭世早期的代表分子，因此本组应为上石炭统。本溪组总厚54m，与下伏下奥陶统马家沟组之间为平行不整合接触，接触面凹凸不平，普遍存在厚度不等的古风化壳，灰岩表面古岩溶现象较发育，常见有岩溶角砾岩。本溪组底部富铁、铝沉积的形成及底砾岩的出现，证明中奥陶世至早石炭世期间，本区经历了漫长的风化、剥蚀作用和准平原化过程。其后地壳下沉，接受海侵，至生物碎屑灰岩层位海侵规模最大，由于大量化石具原生破碎现象，反映了一种能量较高的潮下高能环境。此后发生海退，海退初期，水体多与外界隔离，出现还原、宁静的潟湖环境，生物化石分异度低，只能出现适应能力较强的双壳类和腹足类，富含黄铁矿，“压力影板岩”属这种条件下的产物。随后海退进一步加强，出现了本组上部反映近海沼泽环境的、含植物碎片的泥质沉积。硬绿泥石角岩和红柱石角岩是铁铝质风化壳上泥质岩变质的产物。

需要说明的是，太平山北坡大砾岩山和小砾岩山一带本溪组和马家沟组之间分布一套分选好、磨圆好、成分单一的砾岩（又称为“三好砾岩”）。过去一直把它作为石炭系本溪组的底砾岩。但考虑到华北地区本溪组及其相当的地层中没有类似的岩性，其物源也存在疑问，且无确切的时代证据，故暂不定其时代，将其作为实习区的一个重要地层问题留待进一步的研究。

2. 太原组(P_1t)

该组由1～2个沉积旋回组成。旋回的下部主要为灰色、褐灰色中厚层变质细粒石英砂岩夹灰黑色板岩;上部主要为灰黑色、褐灰色薄层粉砂岩、板岩、粉砂质板岩,并夹有薄煤层。产植物化石:*Neuropteris ovata*(卵脉羊齿),*N. plicata*(镰脉羊齿),*N. otozamioides*(耳脉羊齿),*Lepidodendron oculus*(鳞木),*Pecopteris* sp.(栉羊齿)。此外在太平山、磨盘山、大杠山一带,本组下部还发现有海相化石:*Isognamma* sp.(等纹贝)。本组厚64m。

区域上本组下部产 *Triticites* sp.(麦蜓),时代属晚石炭世,上部则产 *Pseudoschwagerina* sp.(假希瓦格),时代属早二叠世。

每个沉积旋回下部砂岩成分成熟度较高,分选磨圆较好,发育交错层理,所夹板岩内含海相化石,为滨海砂坝及潮上泥质沉积,旋回上部由于以粉砂及黏土质沉积为主,含较丰富的植物化石,代表近海沼泽环境。

3. 山西组(P_1s)

该组由两个沉积旋回组成。下部旋回底部为褐灰色中厚层变质中粗粒岩屑砂岩,局部底部见含细砾级的角砾岩,与下伏太原组冲刷接触关系明显。向上沉积粒度变小,发育交错层理。旋回上部为黑色碳质板岩夹煤层。上部旋回下部为深灰色中厚层变质中细粒变质岩屑砂岩,上部为黑色碳质板岩、粉砂质板岩夹煤层。本组植物化石丰富,一般产在旋回上部,主要分子有 *Lobatannularia sinensis*(中华瓣轮叶),*Annularia stellata*(星轮叶),*A. gracilescens*(纤细轮叶),*Sphenophyllum thonii*(汤氏楔叶),*S. laterale*(侧楔叶),*S. oblongifolium*(椭圆楔叶),*Tingia carbonica*(石炭丁氏蕨),*Pecoptenis fminaeformis*(镶面栉羊齿),*P. candoleana*(长舌栉羊齿),*P. arboresens*(小羽栉羊齿),*Alethopteris* sp.(座延羊齿),*Sphenopteris tenuis*(纤弱楔羊齿),*Neuropteris ovata*(卵脉羊齿),*Calamites suckowii*(钝肋节木),*Cordaites principais*(带科达)。山西组厚90m。

本组各旋回下部砂岩成分成熟度差,岩屑中燧石占10%～15%,分选较好,但磨圆尚差,局部地段具有植物茎干化石,代表平原河流或曲流河河床沉积。旋回上部的碳质、泥质岩代表潮湿气候下的湖沼相沉积,是华北地区的一个重要含煤层位。

4. 石盒子组(杨家屯组)(P_2sh/P_2y)

石盒子组与山西组一起构成周口店地区一些主要向斜的两翼或核部,由陆相从粗到细的多个沉积旋回组成,以粗碎屑沉积为主。旋回下部为灰色厚层变质中—粗粒岩屑砂岩,含砾岩屑砂岩;上部为灰色中—厚层变质细粒岩屑砂岩、粉砂岩及板岩。本组底部多为灰白色厚层变质复成分角砾岩(称为"豆腐块砾岩"),砾石多为棱角状或次棱角状,砾径一般5～10mm,成分较复杂,分选差,泥质胶结,杂基含量高。冲刷构造明显,属近距离快速堆积,旋回下部的砂岩代表一种山区河流或辫状河沉积环境。旋回上部局部可见薄煤层,含植物化石 *Lobatannularia* cf. *sinensis*(中华瓣轮叶比较种),*Sphenophllum verticillatum*(轮生楔叶)等,代表了山区河流漫滩及内陆沼泽环境。本组厚70～120m。

5. 红庙岭组(P_3h)

该组在车厂附近有出露。由多个沉积旋回组成。旋回下部主要是土黄色、褐黄色厚层—巨厚层变质含砾长石石英粗砂岩,向上过渡为变质细砂岩,发育板状交错层理及水流波痕;上部为红色板岩、粉砂质板岩、粉砂岩,局部具碳质板岩。厚度160m。本组为湖泊-河流-三角洲沉积，河道二元结构清楚。

五、中生界

车厂附近剖面出露较为完整。

（一）三叠系双泉组（T*s*）

下部由灰紫色、灰绿色、黄褐色中—厚层变质中细粒砂岩及板岩组成，全区分布稳定，发育槽状交错层理、平行层理。底部普遍具一层局部含细砾的细砂岩或粉砂岩，砾石多为紫色变质泥岩及变质粉砂岩。

上部以灰色、灰黑色泥岩为主，夹变质粉砂岩及板岩，泥砾发育。局部层面上具泥裂及波痕，常见小型波状交错层理，代表滨湖及浅湖环境。本组厚181m。

区域上本组下部产植物化石：*Gigantopteris shangqianensis*（双泉大羽羊齿），属晚二叠世。而本组上部发现的植物化石属三叠纪，因此本组可能跨晚二叠世及三叠纪。双泉组下部为湖泊三角洲前缘沉积，上部为滨浅湖泊沉积。

（二）侏罗系

本区中生界侏罗系主要分布在上寺岭—凤凰山地区及坨里一带。

1. 南大岭组（J_1n）

该组主要出露在北部南车营一带，实习区附近未见到该套地层。灰紫色变质玄武岩及拉斑玄武岩，具石英质杏仁状构造，厚度很不稳定，属火山喷出岩。与下伏双泉组呈角度不整合接触。厚91m。

2. 窑坡组（J_1y）

灰黑色、浅灰色中厚层变质砂岩夹砂砾岩、黑色含碳质泥岩、粉砂质板岩和千枚岩及数层可采煤层。由4个向上变细层序组成。发育波状交错层理、平行层理、弱冲刷构造。车厂实测剖面厚326.5m。根据岩性组成、沉积层序、典型沉积构造等分析，窑坡组为一套滨浅湖泊-（扇）三角洲-水下扇-泥炭沼泽沉积环境。

3. 龙门组（J_2l）

底部为灰白色、巨厚层石英质变质砾岩、砂砾岩和含砾砂岩，发育大型槽状交错层理、板状交错层理、粒序层理、平行层理。上部主要岩性为含砾细砂岩、粉砂岩、灰黑色含碳质粉砂质板岩、千枚状板岩。砂岩岩屑含量50%～70%。地层出露实测厚度255m，未见顶。根据岩性组成、沉积层序、典型沉积构造等分析，龙门组为一套滨浅湖泊-辫状河冲积平原沉积环境。

4. 九龙山组（J_2j）

该组主要出露在北部南车营一带，实习区附近未见到该套地层。底部为灰绿中—粗粒变质砾岩，砾石成分复杂，分选较差。下部为灰白色、灰绿色、黑灰色变质凝灰质砂岩，夹变质砾岩；中部为紫红色、灰绿色变质凝灰质细砂岩夹多层变质砾岩、砂岩、板岩；上部为浅灰色凝灰质砂岩、粉砂岩夹含砾火山岩屑砂岩。本组厚大于1000m。

六、新生界

新生界大面积分布在本区东部及东南部山前平原地区，山区、丘陵区分布零星。

（一）上新统

本区上新统主要分布在山前海拔150m的唐县期夷平面上，在山区则残存于同期高位宽谷内，自下而上分为鱼岭组、新庄组和东子岭组，其中，前者为地下岩溶洞穴堆积，后两者为地表堆积。

1. 鱼岭组（N_2y）

下部为灰黄色、灰色细粉砂层及砂砾层，发育交错层理，含鲥鱼化石，内具侵蚀面。与下伏地层呈角度不整合。

上部为杂色（棕黄色、棕红色、灰白色）砂砾层，含 *Viverra peii*（斐氏大灵猫），与非洲的 *V. leakeyi*（李氏大灵猫）关系接近，时代大概在3～4Ma。本组厚18.2m。

2. 新庄组（N_2x）

本组为红色黏土风化壳，主要分布在山前海拔150m左右倾斜的唐县期夷平面上。太平山南北坡平缓地带保存较好，其余皆分布于山区高位宽谷内。其岩性主要为红色高岭土层、粉砂质黏土及具残余结构的红色高岭土层。本组厚1.5～4m。

3. 东子岭组（N_2d）

红色砂砾层、红色钙质胶结黏土、粉砂质黏土层。本组厚12.5m。

（二）第四系

1. 下更新统太平山组（Q_1t）

下部为杂色（灰黑色、棕红色、棕黄色）黏土及粉砂层，具水平层理。

上部为红色黏土、亚黏土及含砾砂层，含 *Allocricetusehiki*（艾可变异仓鼠），*Leptus wongi*（翁氏野兔），发育古冰楔遗迹。本组厚9.1m。

2. 中更新统周口店组（Q_2zh）

以周口店龙骨山剖面为本组标准剖面。剖面海拔最高128m，最低已发掘到81m。

本组下部包括第15～第12层，主要为棕红色砂砾及含砾细砂层，含受冲刷破碎的脊椎动物化石，为地下洞穴河流堆积；中部包括第11～第8层，为含“北京猿人”化石的角砾层及灰烬层，含丰富的化石及大量石器，故称“下文化层”；上部包括第7～第1层，为灰色角砾层、杂色灰烬层，含灰烬、石器及烧过的兽骨及石块，称“上文化层”。本组产化石：*Sinonthnopus Homo pekingensis*（北京人），*Sinomegaceros pachyosteus*（肿骨鹿），*Hyaena sinensis*（中国鬣狗），总厚37.6m。

3. 上更新统（Q_3）

上更新统分布于坳谷中和河谷斜坡上，主要为残积黄土状堆积层，洪-冲积砂砾层、洞穴角砾层、灰色土层，产 *Homo sapiens*（山顶洞人），*Ursus spelaeus*（洞熊）。周口店山顶洞沉积属本期，角砾中除发现“山顶洞人”外，还有大量石器、骨器、装饰品及赤铁矿等。^{14}C 年代测定为1.8万年，总厚4～16m。

4. 全新统(Q_4)

全新统在本区分布较零散,主要为残存堆积亚砂土层,洪-冲积砂砾层、土壤层,厚 4～20m。

第二节　构　造

周口店及其邻区因其独特的大地构造位置和漫长的地质演化过程,使得区域地质构造较为复杂,成为板内浅变质岩地质构造研究的典型地区,历来为中外学者所关注,研究成果众多,其中不乏真知灼见,但认识和观点也颇不一致(鲍亦冈等,1983;宋鸿林等,1984,1996;谭应佳等,1987;《1∶5 万周口店幅区调报告》,1988;王方正,1990;张吉顺等,1990;单文琅等,1991;何诲之等,1993;王方正等,1996;马昌前等,1996;宋鸿林,1999;王根厚等,2001)。现按主要构造类型分别述之,在此基础上结合相关地质事件对该区地质构造演化过程进行剖析。

一、变质核杂岩构造

该构造展布于燕山石化厂一带山前丘陵区,构造轮廓近似等轴状,直径约 9km。仅从地层组合来看,核部为太古宙官地杂岩,上覆和外缘则为厚度大为减薄的盖层地层系统。其地质构造要素包括官地杂岩、基底剥离断层、盖层构造系统和中心部位晚期底辟式就位的房山复式岩体等。变质核杂岩的核心主体是官地杂岩,属于太古宙结晶基底,因遭受强烈动力变质作用而形成一套以变余糜棱岩为主的岩性组合。

变质核杂岩顶部和盖层系统之间的滑脱断层可视为基底剥离断层。断层下盘的变余糜棱岩具有退变质和碎裂岩化现象;断层带内则形成微角砾岩、绿泥石-绿帘石化碎裂岩、狭窄的构造片岩带及断层泥,它们在山顶庙西沟等处均有明显表现。盖层构造系统主要包括有与褶叠层构造相关的顺层韧性剪切带(剥离型韧性剪切带)、顺层掩卧褶皱、顺层面理及拉伸线理、黏滞型香肠构造及楔入褶皱等。经研究,这些构造形迹应属于印支或更早期的变形产物。

所谓褶叠层(folding layer)是在地壳较深层次于伸展体制的水平分层剪切流变机制下,原生成层岩系发生变形-变质作用而形成一套基本能按时代新老划分大套层序,但本质上又是经过构造重建的、发育有以顺层韧性剪切带和顺层掩卧褶皱为主的固态流变构造组合。褶叠层的一个重要特征是由于横向置换作用,形成一系列宏观上呈水平或缓倾斜的新生面状构造替代原始层理(或先期面理)而构成新的地层构造单元(图 2-2-1)。其主要构造要素在实习区常表现出以下特征。

(1)顺层韧性剪切带:与褶叠层有成因联系的顺层韧性剪切带具有多级组合,不同尺度者构成了相应规模的褶叠层的界限,特别是大型尺度者常与剥离断层的发育有关。它们的原始产状近于水平,大体上与原生沉积界面平行或低角度相交,实习区内几个重要地层界面往往是其发育的先存基础。顺层韧性剪切带在发育过程中常导致原生沉积岩系厚度变薄,如一条龙—羊屎沟—牛口峪一带中、新元古代和早古生代严重缺失变薄,但各组地层分子却多有残留且以断片形式依序排列,此种地层效应就是由顺层剪切导致的构造流失现象。带内不对称褶皱、鞘褶皱、矿物拉伸线理、S-L 构造岩等极为发育,据这些伴生构造及指向标志判断,此种顺层韧性剪切带属正断型。

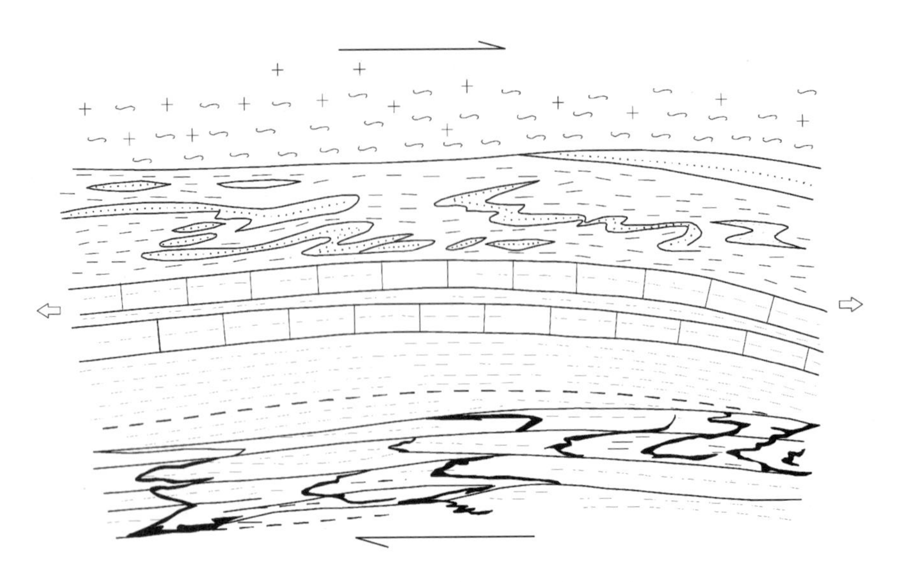

图 2-2-1 横向构造置换模式(据单文琅等,1991)

(2)顺层掩卧褶皱:顺层掩卧褶皱在实习区褶叠层系统内广泛发育,表现出被一系列不同尺度的顺层韧性剪切带所限定的层内或建造内的多级组合褶皱群。它们的原始产状大多为轴面近水平的平卧褶皱,由于后期构造变动使得现今所见产状各异。但不管其位态如何,它们的轴面与所赋存的层型界面基本上平行一致。顺层掩卧褶皱的规模取决于卷入褶皱的岩系或岩层的厚度及其受限的顺层韧性剪切带的宽度。大中型者以百米计,如黄院所见;小型至露头尺度者限于单个地层组内或某一岩性段内,在实习区周家坡、乱石垄、羊屎沟、太平山南北坡等处中、新元古界及下古生界中广泛发育。形态千姿百态,多为翼薄顶厚褶皱,发育完善者为紧闭同斜褶皱,极端者两翼则可拉断而成为层内无根褶皱。

(3)顺层面理及线理:顺层面理在区内主要表现为板理或片理,普遍发育于不同时代的浅变质岩系中。拉伸线理主要有变形砾石(太平山北坡本溪组砾岩)、变形鲕粒(黄院东山梁张夏组鲕状灰岩)。另外尚发育有压力影构造(太平山南坡本溪组板岩)、矿物生长线理(拴马庄下马岭组底部磁铁矿)等。它们多与褶叠层成因有关且具有稳定的、区域性的指向,一般变化在SE100°~130°之间。

房山复式岩体底辟式侵位使变质核杂岩的糜棱面理、基底剥离断层、盖层系统中若干构造面理、岩体接触界面及其内部糜棱面理的产状皆近于一致且从中心向外倾斜,最终导致变质核杂岩穹状隆起的外貌,空间形态显示为一宽缓的穹隆(曾被一些学者称为“房山穹隆”)。对其周围上古生界沉积相进行研究,分析它不但控制了下古生界及以前地层中褶叠层构造的发育,而且可能以古隆起的环境控制了上古生界的沉积及印支主期褶皱格局,故推测其发育时代亦应为印支早期甚或前印支期;此构造的中心又被较晚的燕山期房山复式岩体所侵位,说明经历了长期演化过程。房山复式岩体底辟式就位的另一明显效应是,由于强力拓宽空间的推挤作用,使原位于变质核杂岩构造核部的变质基底岩系被置于外缘,现仅于岩体东北缘东岭子一带和东南缘官地一带有少许残留。

二、区域褶皱构造

(一)近东西向面理褶皱构造

此类构造是以早期褶叠层的顺层面理、剥离断层、残余原生层理等作为变形面所铸就的东西向印支主期褶皱。这些褶皱的轴面总体陡倾,但不同区段在形态上则表现出明显差异。

1. 穹状隆起外缘向形带

穹状隆起外缘向形带环其南、西、北边缘分布,展布于北侧者称凤凰山向形,南端周口店附近为太平山向形,向西突出的部分称南窖向形,这3个次级向形均呈近东西向分布,它们交会的上寺岭—连三顶一带的低应变三角区是一个下伏于北岭向斜的舒缓向形。这种构造配置类似一个巨大的压力影构造,即在南北向挤压体制下,穹状隆起作为一个刚性体,它的西侧在其阻隔下形成一低压区而构成向形核部。

(1)南窖向形。卷入南窖向形的构造层包括奥陶系及上古生界褶叠层和下马岭组到黄院组褶叠层等构造-地层系统。向形的基本构造特征可以由剥离断层面的弯曲变形显示出来,两翼较陡,中间产状平缓,并有次级凸起。

(2)凤凰山向形。凤凰山向形东西向延伸,东端被南大寨断层所切。剖面形态显示为一个北翼较缓、南翼陡倾甚至倒转的紧闭向形构造。向形核部由双泉组构成,在凤凰山主峰以东的640高地北侧可见明显的向形转折端(图2-2-2)。虽然向形核部的层理产状多变,但其轴面劈理走向稳定,由西部的东西向向东渐变为南东东向,有环绕穹状隆起展布之趋势。

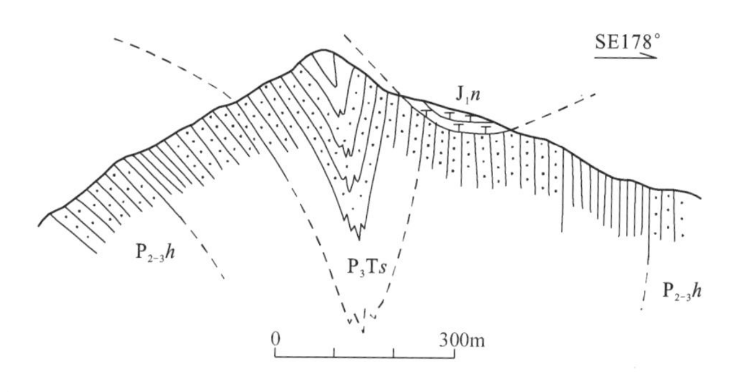

图2-2-2　凤凰山640高地剖面(据宋鸿林等,1984;赵温霞等,2003)

J_1n.南大岭组辉绿岩;P_3Ts.双泉组变质细砂岩及板岩夹砾岩;

$P_{2-3}h$.红庙岭组变质砂岩夹板岩

(3)太平山向形。太平山向形位于穹状隆起南缘周口店一带(图2-2-3),核部为石炭系—二叠系,翼部由下古生界至元古宇组成,其北翼马家沟组以下各组地层在三不管沟—羊屎沟区段皆厚度变薄。向形轴迹近东西向,枢纽波状起伏,总体上表现为向东扬起;北翼产状较陡,为50°～80°,南翼倾角较缓,为30°～50°,核部地层在局部地段产状陡倾,甚至直立(图2-2-4)。在二亩岗—萝卜顶一带,向形核部次级构造发育,有东西向近直立的轴面劈理及一系列近南北向(北北东→北东向)的紧闭褶皱。后者中规模较小的可能与枢纽波状起伏有关,规模大者则属于后期的叠加褶皱,其特征详见后述。

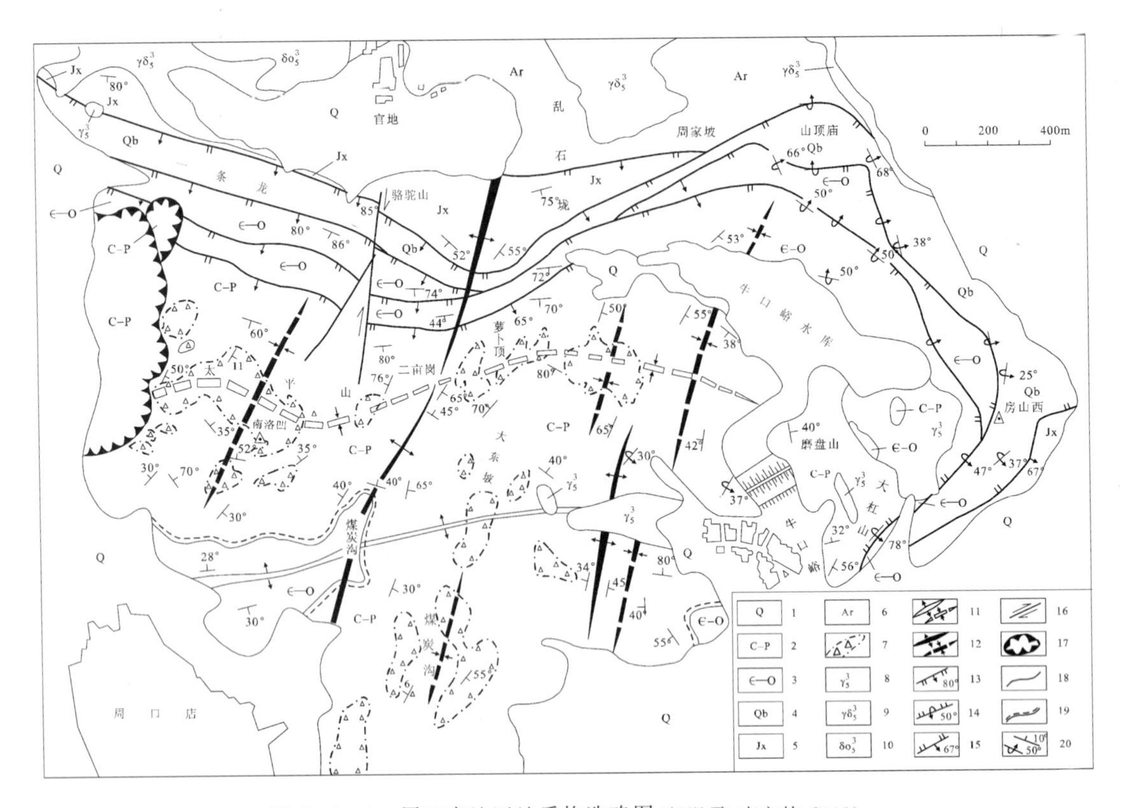

图 2-2-3 周口店地区地质构造略图(赵温霞,李方林,2003)

1.第四系;2.上古生界(本溪组—双泉组);3.下古生界(府君山组—马家沟组);4.新元古界(青白口群);5.中元古界(蓟县群);6.太古宙官地杂岩;7.标志层(杨家屯组下部灰白色复成分角砾岩、砂砾岩);8.燕山期花岗岩;9.燕山期花岗闪长岩;10.燕山期石英闪长岩;11.印支期背形及向形轴迹;12.燕山期背形及向形轴迹;13.剥离断层;14.被改造的剥离断层;15.逆断层;16.平移断层;17.滑塌体;18.地质界线;19.平行不整合界线;20.正常及倒转岩层产状

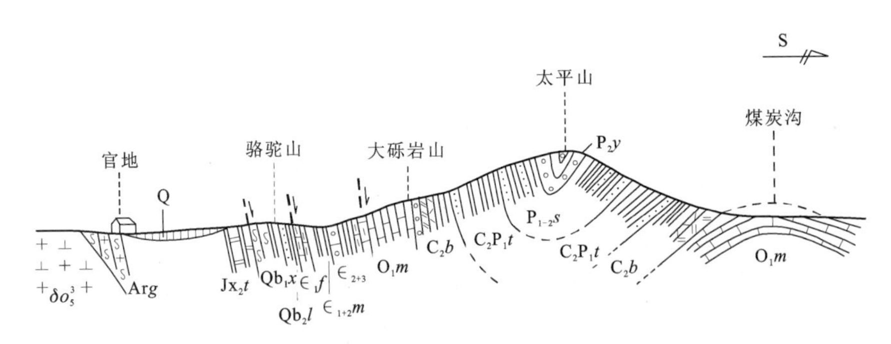

图 2-2-4 官地—太平山北坡—煤炭沟地质剖面图(据何海之等,1993;赵温霞等,2003)

(δo_5^3为燕山期石英闪长岩,其他地层代号参见区域地层部分)

太平山向形向西延至升平山区段后转为北西西向,在长沟峪一带核部由红庙岭组—双泉组构成,两翼则为杨家屯组;更向西被晚期由侏罗系组成的北东向向斜(北岭上叠向斜构造)所叠置。太平山向形中卷入的早期剥离断层业已形成了断面褶皱,在一条龙—羊屎沟—山顶庙—牛口峪一带的所谓弧形断层带正是褶皱了的早期剥离断层面的显示。自西向东剥离断层

由向形翼部至扬起端，表现出断面产状由缓变陡甚或翻转之趋势。

2. 北部箱状背形带

箱状背形带呈近东西向展布于北部贾峪口—李各庄—谷积山一线，曾被前人称为大白石尖-谷积山背斜带或大白石尖-谷积山箱状背形带。该带西端褶皱轴迹呈短轴斜列式展布；中东端枢纽由于波状起伏之特点而使局部复杂化，如在李各庄一带就形成了近南北向的短轴褶皱构造。在横剖面上，背形总体呈箱状样式，形成较宽缓平坦的转折端及陡倾两翼，但在不同区段或不同构造部位，由于次级褶皱或断裂影响则有所变化。西侧贾峪口左边为背形轴隆处，外貌简单形似穹状，其变形面产状核陡翼缓（核部倾角 40°～60°，翼部 20°～30°），顶部发育有东西向次级褶皱并伴生高角度小型断层，总体变形不强，亦不发育轴面劈理。

箱状背形具有向东倾伏之势，故被卷入的地层由西向东显示出层位渐高的特征：西部大白石尖一带，褶皱核部为蓟县系雾迷山组褶叠层，两翼依次由洪水庄组、铁岭组、青白口系和下古生界各褶叠层所组成；向东至李各庄、谷积山等处，核部仅有青白口系褶叠层出露且面积不大，翼部的下古生界褶叠层则广泛分布。

3. 西部平缓褶皱区

西部宝金山—黄院—迎风峪区段岩层产状普遍较为平缓，其中发育有宝金山背形、迎风峪向形、黄院—164 背形及其相间的若干规模较小的褶皱构造。被卷入的地层系统是在该区段广布的雾迷山组—马家沟组褶叠层。其总体特征表现如下：

（1）虽然褶皱轴迹在区域上呈近东西向展布，但各褶皱自北（北西）向南（南东）仍略有差异，即北侧的宝金山背形轴迹呈东西向，南侧迎风峪向形轴迹呈北东东向，南东侧黄院—164 背形的轴迹则呈北东向（后者至周口店一带又渐变为近东西向）。此种变化似乎反映了前述穹状隆起对其仍有一定控制作用，只是影响程度较之其边缘的向形带稍弱。

（2）各褶皱在不同地段形态差异明显，在宝金山—迎风峪一带多为开阔平缓的背形或向形；向西呈舒缓波状起伏，大范围的地层产状呈近水平状态；向东变形渐为强烈，轴面陡倾，形态各异，多形成开阔圆滑的背形和相间的紧闭向形，总体组合特征类似于隔槽式褶皱。

（3）叠加褶皱发育是该类褶皱的另一重要特征，黄院—164 背形即为典型实例。在黄院东山梁剖面以龙山组石英砂岩作为标志层进行追索，至少可厘定出 3～4 个填图尺度的（1∶5 万）紧闭同斜褶皱；以张夏组鲕状灰岩为标志层则可厘定出数十个露头尺度同类褶皱。这些代表强烈流变的层间褶皱并非黄院背斜的伴生构造，而属于早期褶叠层系统。它们的枢纽亦呈近东西向，实则反映了黄院背形具有共轴叠加变形之特征。向东至龙骨山—太平山南坡即为著名的 164 背斜所在，其核部为马家沟组，南北两翼为本溪组，宏观上构成一开阔圆滑、轴面直立的简单背斜（图 2-2-5）；然而从露头尺度观察分析，在马家沟组灰岩中发育的层内无根褶皱、顺层劈理、拉伸线理、小型顺层剪切带、变形的岩脉和方解石脉等则代表了早期褶叠层的诸多构造要素，其中层内紧闭无根褶皱枢纽和相关线理与 164 背斜枢纽一致，故也显示了共轴叠加的性质（图 2-2-6）。

但应指出，与黄院背形构造相比，164 背形被晚期近南北向（北北东→北东向）褶皱叠加作用的干扰更为明显，其形态更为复杂（详见后述）。

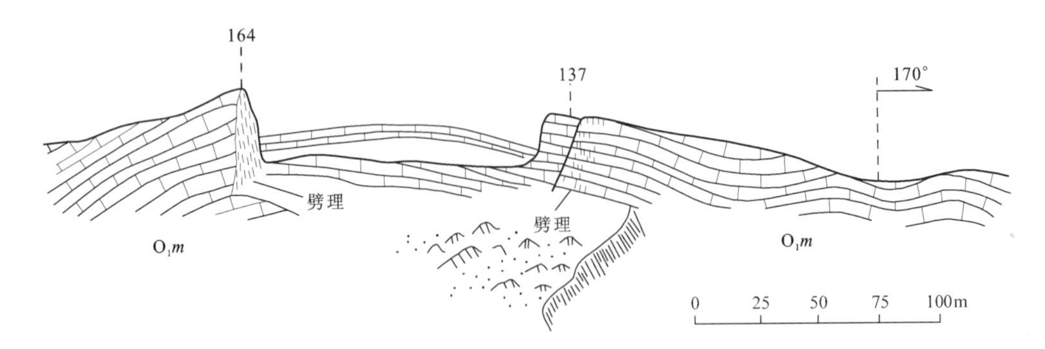

图 2-2-5 164 高地第一采石场信手地质剖面图(据赵温霞等,2003;何诲之等,1993)
(主示东西向主期面理褶皱)

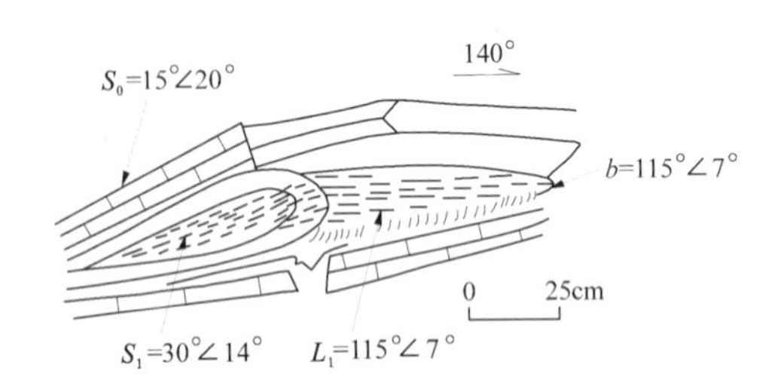

图 2-2-6 164 背斜北翼早期层内紧闭无根褶皱(据赵温霞等,2003;何诲之等,1993)
(主示其与主期面理褶皱包容叠加关系)
S_0. 层理;S_1. 轴面劈理;b. 褶皱枢纽;L_1. 滑移线理;O_1m. 马家沟组灰岩

4. 西南部三岔复杂背斜构造

孤山口至三岔村一带的褶皱称为三岔复杂背斜构造。背斜核部及两翼皆为雾迷山组地层,其轴迹呈北东向。核部大致位于三岔村北侧,三岔村至下中院的分水岭处为背斜转折端部位,南、北两翼地层产状分别为SE140°∠45°与NW340°∠40°~65°。背斜在此区段被许多次一级褶皱所复杂化,如在转折端南侧的山脊上可以观察到轴面南倾的斜歪至倒转褶皱,而北侧发育的许多次级小褶皱,其轴面则向北西缓倾斜,故在转折端附近显示出"反扇形"复杂背斜的组合特点。

上中院至孤山口一带为三岔复杂背斜倾伏端的北翼,出现了一系列轴面向北东倾斜的紧闭褶皱。在孤山口火车站两侧的陡壁上,清楚地展示出3~4个倒转背斜和向斜的复杂图案。这些褶皱有以下基本特点:①两翼岩层变薄,尤其是处于倒转翼的软弱层(薄层白云质灰岩和钙质千枚岩的互层)变薄甚为明显,而在转折端部位,各类岩层尤其是软弱层则显著增厚;②大一级褶皱两翼及转折端常出现"S""M"("W")"Z"形次级褶皱组合;③褶皱翼部强弱相间的岩层中常出现寄生小褶皱;④各类成因的劈理十分发育,因岩性差异或构造部位不同而呈扇形、反扇形组合以及出现劈理折射等,褶劈在局部亦较为发育;⑤张节理常出现在厚层白云岩中,在褶皱转折端部位往往呈扇形张节理,局部可见与共轭剪节理有成因联系的"火炬状"张节理。上述诸特点在露头尺度均可进行详细观察。

三岔复杂背斜总体向北东方向倾伏(孤山口以东);向南西方向显著加宽,形态也趋于简单,至三岔村及其以西地区岩层渐近水平状态。

（二）北东向叠加褶皱构造

1. 北岭北东向上叠向斜构造

北岭上叠向斜是指上寺岭—连三顶一带分布的、由侏罗纪煤系地层构成的向斜构造,它不整合地叠置在东西向印支主期面理褶皱之上,正好位于前述穹状隆起边缘向形带交会的三角区,是京西几个主要含煤盆地之一。该构造总体呈北东向展布,仅在东北端转向近东西向。其东南翼倾角较陡,为60°～70°,局部甚至倒转;西北翼较缓,倾角为20°～40°,轴面总体向南东倾斜,倾角约60°。向斜具有宽大的核部,次级构造发育,主体上是由两个向斜和一个相间紧闭的背斜组合而成。

需要指出的是,北岭向斜在某些部位具有紧闭褶皱之特征,但下伏双泉组及其更老地层却未卷入此种褶皱变形之中,二者间存在着明显的不整合界面,在构造层次上表现为叠置关系。从变形角度可称为上叠向斜,而从沉积方面分析则属于上叠盆地,实则体现了地质构造演化过程中叠加褶皱的继承性。

2. 周口店北东向褶皱群

发育在周口店附近萝卜顶、煤炭沟一带的北东向褶皱群(图2-2-3)和北岭北东向上叠向斜同为燕山期褶皱作用的产物,但此处表现特征与上述者明显不同:①北东向褶皱是以杨家屯组下部复成分砾岩为标志层进行追索研究而厘定,其层位与构成该区段东西向展布的、印支主期的164背形、太平山向形属于同一构造层;②标志层在平面上形成近于等轴状地质闭合体或呈新月形、蘑菇形和哑铃状等复杂图案,构成了早期近东西向褶皱与晚期近南北向(北北东→北东向)褶皱的"横跨"或"斜跨"干扰格式;③经对早期近东西向太平山向形、164背形(图2-2-4～图2-2-6)以及代表北北东向叠加褶皱的萝卜顶—二亩岗区段(图2-2-7)和煤炭沟区段(图2-2-8)进行构造解析,可分别对其两翼、枢纽、轴面劈理等构造要素进行配置而加以区分。可以看出,周口店一带的北东向褶皱与北岭区段的上叠向斜叠加形式不同而表现为改造型,反映了同类构造在不同地质背景下发育的差异性。

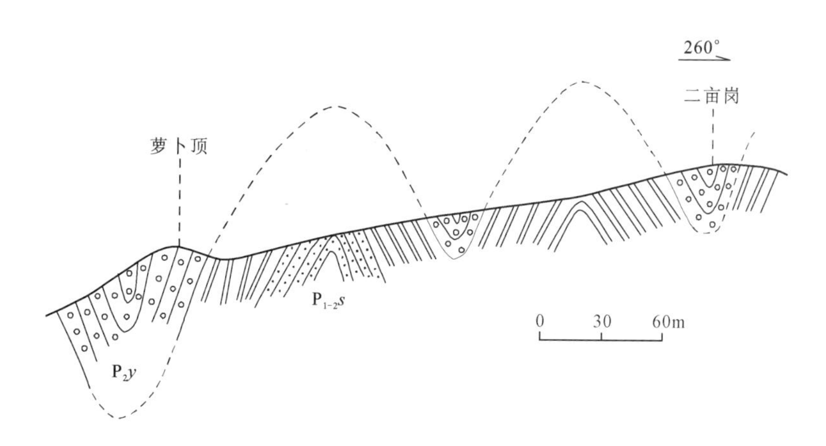

图2-2-7　萝卜顶—二亩岗信手地质剖面图(据何诲之等,1993;赵温霞等,2003)
(主示北东—北东东向叠加褶皱)

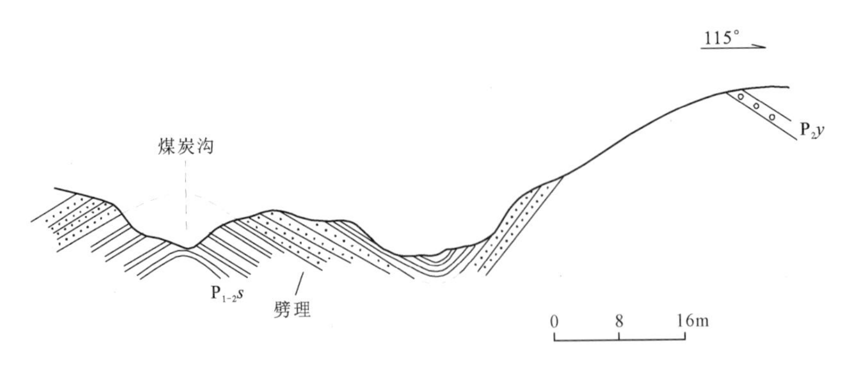

图 2-2-8 煤炭沟信手地质剖面图(据何海之等,1993;赵温霞等,2003)
(主示北东—北北东向叠加褶皱,地层代号参见区域地层部分)

三、区域断裂构造

区域断裂构造包括区域性剥离断层、推覆构造、铲式冲断层和山前正断层等。考虑到诸断层的表现特征更有利于阐明地质构造演化史,故将某些内容置于第四节叙述。

1. 剥离断层

此类断层是印支或更早期的主要构造形迹之一。发育在基底与盖层间的基底剥离断层出露于房山复式岩体东北缘东岭子—南观和东南缘羊屎沟—山顶庙两个区段,其表现特征详见前述。盖层中的剥离断层限于中新元古界和下古生界褶叠层系统内部,多为沿层系界面分布的、次级低角度正断层或剥离型韧性剪切带,规模不等,多级组合,相互平行。上下盘常是高度变薄的褶叠层,地层缺失明显。发育在一条龙—牛口峪的弧形断裂带及南窑、凤凰山等处的断层均为其典型代表。

后期岩体底辟就位及褶皱作用可使断层被改造,导致其倾角不再保持初始低角度位态而变陡乃至倒转。尽管如此,在露头尺度上断面与两盘岩层产状却始终几近平行,只有沿其走向追索方能观察到断层切过不同的上盘地层。这些特点在对太平山向形的相关描述中也已提及。

2. 推覆构造

实习区内发育的推覆构造主要有霞云岭冲断推覆构造、长操冲断推覆构造及黄山店褶皱-冲断构造等。现以后者为例简介如下。

该构造展布于黄山店、上方山一带,主要表现特征有:①逆冲断层多沿洪水庄组、下马岭组等软弱层系发育而形成宽大断坪,导致上下盘地层近于平行,构造形态简单而貌似单斜岩层(图 2-2-9),只有顺滑动断面追索至断坡部分才能发现更为明显的构造迹象;②总体由两个相互叠置的大型平卧背斜和向斜组成。依据卷入褶皱的早期褶叠层和顺层韧性剪切带等资料综合分析,其形成时代为燕山期;③在地形切割较强的上方山一带,见有由雾迷山组构成的“飞来峰”构造;④根据大型平卧褶皱的寄生褶皱和断层伴生构造统计分析,逆冲运移方向为NNW340°~350°;⑤将横剖面(图 2-2-8 之 $A—A'$)进行长度平衡复位,求得地壳缩短量$e=-33\%$。再据上下盘同一标志层(洪水庄组)相对断距估算的最大位移距离:剖面 $A—A'=1.75$km、$C—C'=2.5$km、$E—E'=2.75$km。可以看出,位移距离自东而西渐增,说明该构造向东逐渐消失。

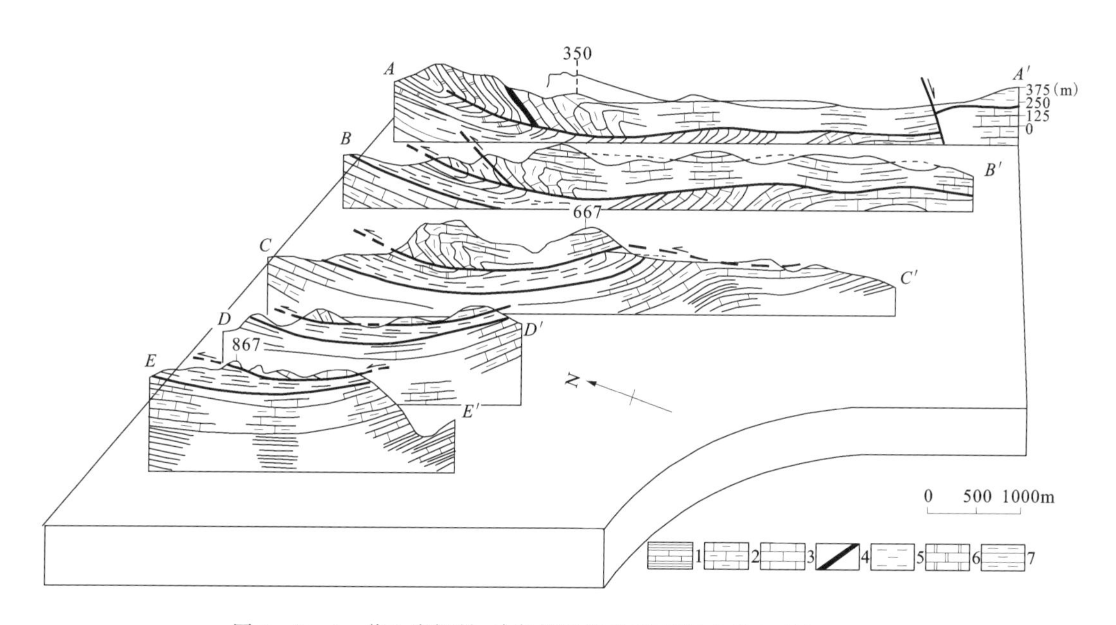

图 2-2-9　黄山店褶皱-冲断构造联合剖面图(据单文琅等,1991)

1.雾迷山组下段;2.雾迷山组中段;3.雾迷山组上段;4.洪水庄组;5.铁岭组下段;6.铁岭组上段;7.下马岭组

3.南大寨断层带

南大寨断层带是著名的八宝山-南大寨断裂带的西南段,空间展布颇具特色:南大寨以北,走向由近东西向突变为近南北方向延伸,近东西向区段断层面大致向南倾斜,倾角 20°～40°;近南北向区段断层面大致向东倾斜,倾角变化为 40°～50°。南大寨以南,走向渐变为北东向,与区域上的八宝山断裂带延伸方向趋于一致。剖面上组合为一铲式冲断层系,断面总体向南东东倾斜。主断层上盘主要由长城系构成外来系统;主断层下盘则为印支主期东西向面理褶皱的构造层。两组构造呈明显截切关系:北部谷积山一带,断层切过谷积山背形南翼;中部南大寨一带则切断了北岭向斜转折端;南部牛口峪一带近东西向面理褶皱亦有被改造的迹象(图 2-2-10)。在东部,该构造被辛开口山前正断层(山区和平原的边界断裂)所切断,故断层上盘的外来系统实则变成了一个大型无根的楔状体。

在不同区段,据断层系内断面上运动学标志和断层两盘伴生构造综合统计分析,其逆冲方向为 NW300°～310°;参考地层剖面厚度缺失情况,概略估算逆冲位移量不小于 20km;在牛口峪等处,该带中的断层角砾岩、碎裂岩发育,属于碎裂岩系列,表明其为上部构造层的脆性剪切变形相;又据断层系切过东西向面理褶皱以及又被后期山前断层所截关系,判断分析应为燕山运动产物。

必须指出的是,该断裂系在南大寨以南区段出现了逆冲断层与早期剥离断层复合的情况,使得该处剥离断层带内发育有断层碎裂岩,代表了因遭受后期逆冲断层影响而再活动之结果,但断面与上下盘地层空间配置仍保持低角度正断层的图面效应;向南在牛口峪一带,二者的复合及逆冲断层对早期剥离断层的改造尤为明显,使得后者断面翻卷且表现出若干逆冲特点(图 2-2-3、图 2-2-10)。南大寨断层和东部辛开口断层在周口店—牛口峪以南被第四系覆盖,但据深部资料证实仍有存在迹象。

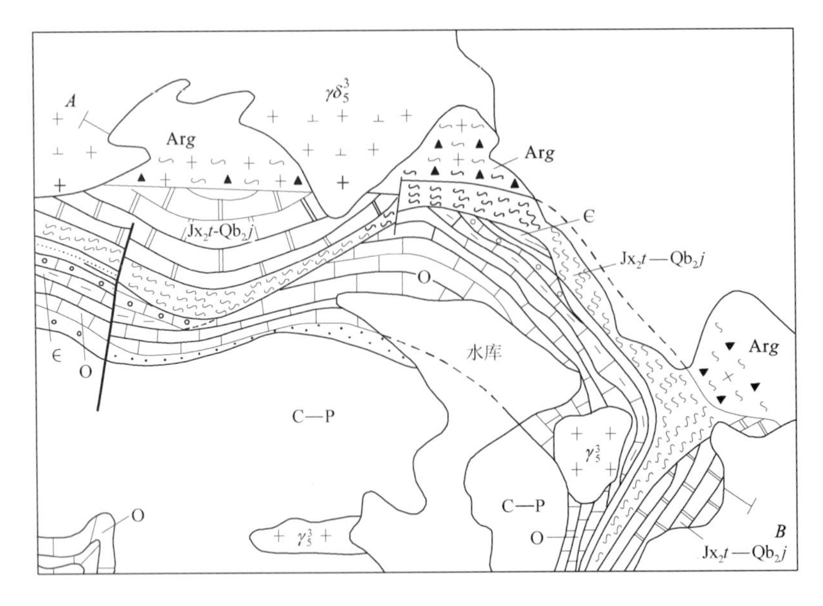

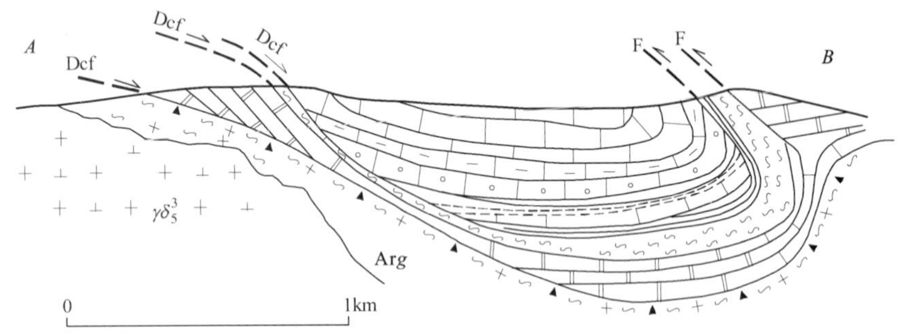

图 2-2-10　牛口峪水库一带被改造的剥离断层系统

（据《1∶5 万周口店幅区调报告》，1988；赵温霞等，2003）

Arg. 官地杂岩（碎裂的长英质及斜长角闪质变余糜棱岩）；Jx_2t—Qb_2j. 铁岭组—景儿峪组大理岩、片岩和石英岩等；∈. 寒武纪豹皮灰岩、板岩、鲕状灰岩及泥质条带灰岩；O. 奥陶纪灰岩及白云岩；C—P. 石炭系—二叠系；γ_5^3. 花岗岩；$\gamma\delta_5^3$. 花岗闪长岩；Dcf. 早期剥离断层；F. 晚期逆冲断层

第三节　岩浆岩和变质岩

一、岩浆岩

周口店地区岩浆侵入活动以中、酸性为主，面积最大者为房山复式侵入体（图 2-0-2、图 2-3-1）。此外在牛口峪、一条龙等处尚有规模较小的侵入体出露；各类岩脉在房山复式侵入体内及围岩中较为发育。以前人（谭应佳等，1987；《1∶5 万周口店幅区调报告》，1988；张吉顺等，1990；马昌前等，1996；赵温霞等，2003）资料为基础，将周口店地区的岩浆岩和变质岩基本特征简述如下。

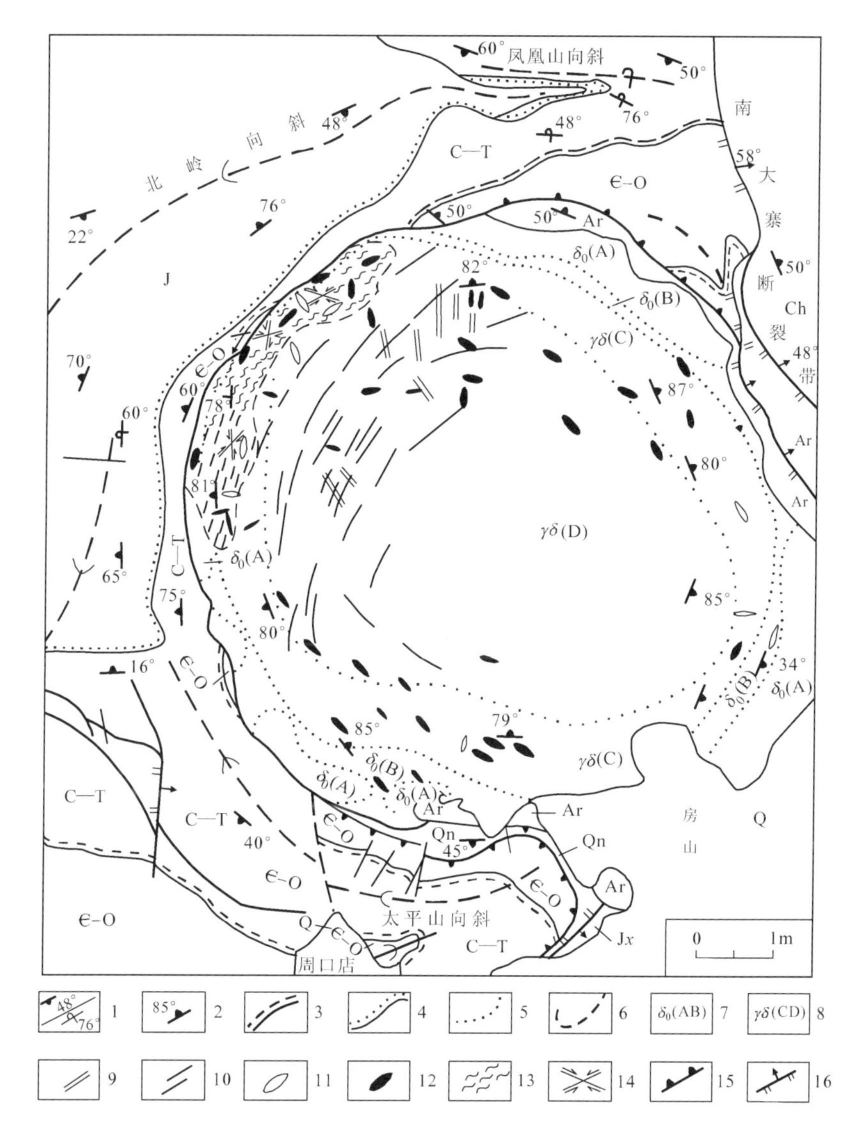

图 2-3-1　房山岩体地质构造略图(据张吉顺等,1990;赵温霞等,2003)

1.正常与倒转岩层;2.岩体内面理;3.平行不整合;4.角度不整合;5.岩体相带界线;6.强变形区边界线;7.石英闪长岩及相带编号;8.花岗闪长岩及相带编号;9.垂直面理的破裂;10.平行面理的破裂;11.伟晶岩及细晶岩脉;12.应变捕虏体(包体);13.挤压片理;14.小型韧性剪切带;15.剥离断层;16.逆断层

(一)房山复式侵入体

房山复式侵入体西界车厂,东临羊头岗,北抵东岭子,南至东山口,平面上近于圆形,直径7.5～9km,面积约60km^2,为一中等规模的岩株。其接触面产状较陡,一般倾向围岩。复式岩体早期侵位的是石英闪长岩体和闪长岩体,后期侵位的是花岗闪长岩体,前者因后者的侵入穿插而破裂成若干个小岩体散布于外缘。在官地村北127.2高地等处可见石英闪长岩体的流面被花岗闪长岩体切割等现象，可视为复式岩体相继侵入活动的依据。

1. 花岗闪长岩

(1)岩相带(单元)划分。花岗闪长岩体内钾长石斑晶呈有规律的变化。据其大小、含量和环带特征的差异性，将花岗闪长岩体从外向内划分为边缘相、过渡相和中央相，其间无明显分界。据钾长石斑晶含量统计研究，钾长石斑晶的高含量区在过渡相带内。

岩体内部相带(单元)的划分尚有不同观点。张吉顺等(1990)将整个复式岩体从边缘至中央依次分出暗色细粒石英闪长岩(A)、中粒石英闪长岩(B)、似斑状花岗闪长岩(C)和巨斑状花岗闪长岩(D)4个相带，其中B～D三个相带分别相当于上述的边缘相、过渡相和中央相；而A相带则是相对较早侵位的石英闪长岩(图2-3-1)。周正国等(1992)则认为花岗闪长岩体内部不是相带，而是岩浆多次上涌的产物，并进一步将房山岩体划分为4个基本单元。经笔者野外观察研究，现阶段仍以张吉顺等(1990)的划分方案开展教学活动。

(2)岩石定名。由于岩石为粗粒似斑状结构，单凭薄片定名有误，故前人采用野外和室内相结合的方法对斑晶和基质矿物的含量分别进行统计，统计结果表明(表2-3-1)，从边缘到中央，造岩矿物的含量具有明显的变化规律：暗色矿物从多到少，石英由少变多，钾长石斑晶含量由无到逐渐增多，后又减少，反映了岩浆从边缘到中央，由较基性向较酸性的演化。经对比分类，岩体的过渡相和中央相岩石的正确命名应为花岗闪长岩，仅在岩体西北部由于钾长石斑晶含量增多而出现石英二长岩；边缘相的基本名称为石英闪长岩，仅在岩体东部丁家洼一带由于钾长石增多也出现石英二长岩种属。

表2-3-1 花岗闪长岩体各相带矿物成分平均含量

矿物成分		岩相带		
		边缘相	过渡相	中央相
矿物成分含量(%)	石英	12.6	19.5	21.6
	斜长石	46.8	50.0	40.1
	钾长石	20.4	17.6	20.8
	黑云母	10.4	6.3	9.7
	普通角闪石	8.0	5.1	6.3
	磁铁矿	0.8	0.7	0.5
	榍石	0.4	0.4	0.6
	磷灰石	0.3	0.3	0.3
	单斜辉石	0.2	/	/
	其他	0.1(绿帘石、锆石、褐帘石)	0.1(绿帘石等)	0.1(绿帘石等)
岩石名称		石英闪长岩	花岗闪长岩	花岗闪长岩

据《1∶5万周口店幅区调报告》，1988。

(3)矿物组成。花岗闪长岩的主要造岩矿物为斜长石、条纹微斜长石和石英；次要矿物是绿色普通角闪石和黑云母；副矿物常见者有磁铁矿、磷灰石、榍石、锆石等，偶尔可见褐帘石。

(4)岩石化学特征。根据表 2-3-2 测试数据分析,从边缘向中央,SiO_2增加较快,Na_2O和K_2O增加缓慢,而 CaO、Al_2O_3、MgO、Fe_2O_3、FeO 等则下降,反映了向岩体中心岩石酸性程度增加的一般岩浆演化方向。本岩体另一岩石化学特征是 Si、Na、K 高,Ca、Mg、Fe 低,故应属于正常的、SiO_2过饱和的钙碱性岩类。

(5)岩体形成温度。从已获得的中央相全岩化学成分(表 2-3-2)和中央相斜长石(An_{27})斑晶含量(平均 1%)的实际资料,选用 $p_{H_2O}=0.1$GPa 的斜长石斑晶与熔体交换平衡反应热力学公式(Kudo,1970)来估算,中央相开始结晶的温度为 909℃;根据 Whitny & Stormer(1977)提出的低温系列二长温度公式计算,中央相的成岩温度为 669℃,这些结果与前人(邓晋福,1978)计算房山岩体接触变质带矽线石形成温度必须大于 800℃的结论吻合(据《1∶5 万周口店幅区调报告》,1988)。

表 2-3-2 花岗闪长岩体各相带岩石平均化学成分

(单位:%)

相带	SiO_2	TiO_2	Al_2O_3	Fe_2O_3	FeO	MnO	MgO	CaO	Na_2O	K_2O	P_2O_5	H_2O	总和
边缘相(12 个)	60.57	0.73	17.07	2.17	3.47	0.07	2.39	4.74	4.35	3.44	0.34	0.57	99.91
过渡相(14 个)	62.64	0.72	16.53	2.16	2.90	0.07	2.17	4.06	4.41	3.51	0.30	0.50	99.97
中央相(12 个)	64.45	0.72	16.38	1.78	2.10	0.05	1.42	3.00	4.82	3.63	0.24	0.42	100.01

据《1∶5 万周口店幅区调报告》,1988。

(6)岩体形成时代。岩体直接侵入的地层为下二叠统,但接触热变质晕影响的地层为中侏罗统龙门组。因此,岩体侵入时代应在中侏罗世以后。据前人同位素年龄资料统计,其值变化在 100~140Ma 之间,为燕山运动晚期的产物(谭应佳等,1987)。

(7)捕虏体(包体)。花岗闪长岩体中捕虏体(包体)主要集中于边缘相和过渡相,长轴多在 10~50cm 之间。处于边缘相中包体因经受强烈的压扁作用而呈铁饼状,其长轴或扁平面大致平行于接触带。它们可大致分为两类:一类为来自围岩的碎块(如大理岩、变质砂岩、角闪岩、各种片麻岩、细粒石英闪长岩等,如官地附近 125.5 高地所见);另一类为深部包体。经研究,从边缘相到中央相捕虏体(包体)具有一定的变化规律:数量由多到少,成分由复杂到单一,形状上从次棱角到纺锤状,界线由截然到不清楚至模糊(微粒暗色者除外),从没有长石变斑晶(交代斑晶)到出现白色斜长石变斑晶及浅肉红色钾长石变斑晶,改造程度由浅到深。

(8)伴生脉岩。岩体内发育有多种脉岩,一般宽几厘米、长数米至几十米不等。根据穿插关系判断,各种脉岩的生成顺序为:花岗闪长岩脉→花岗岩脉→细晶岩脉→长英岩脉及伟晶岩脉→煌斑岩脉。岩性以酸性为主。多数岩脉较集中发育于岩体的边缘相及过渡相内,平面上则呈放射状展布。

2. 细粒石英闪长岩

石英闪长岩体是相对早期侵位的岩体,呈小型零散状分布于羊耳峪、丁家洼、官地及东山口等地(图 2-3-1)。

根据各个小岩体的岩石化学鉴定结果,可知官地一带的岩性为暗色闪长岩,东山口、丁家洼等地的小岩体为石英闪长岩。它们皆以细—中粒等粒结构、颜色深、暗色矿物含量高等特征而区别于花岗闪长岩体边缘相,其造岩矿物特征如下。

普通角闪石:绿色。电子探针分析结果及晶体化学式计算表明属钙质角闪石族的镁角闪石。

黑云母:黑色、暗绿色。电子探针分析结果和晶体化学式计算结果表明属镁黑云母。

斜长石:手标本以乳白色、灰白色为主。电子探针分析其牌号在30～44之间,故为中长石。

钾长石:肉红色者常见。无双晶或偶见格子双晶。电子探针分析为中微斜长石和正长石系列。

另外,东山口石英闪长岩体的全岩钾氩法同位素年龄为131.1Ma(宜昌地质矿产研究所,1988),证明与前已述及的花岗闪长岩基本同时。

3.复式岩体侵位机制

复式岩体侵位于房山变质核杂岩之内并成为其构造要素之一,在此过程中岩浆不断膨胀并由中心向四周推挤围岩和较早侵位的岩体而占据空间,属于典型的气球膨胀式深成岩体。据野外观察及章泽军(1990)、张吉顺等(1990)、马昌前等(1996)的研究成果,综合其主要特征有:

(1)复式岩体平面轮廓近于圆形,从边缘向中心,由4个相带构成了明显的同心环状构造(图2-3-1)。除最外侧的石英闪长岩与花岗闪长岩之边缘相带具有明显的侵入接触关系外,其他各相带或为渐变过渡关系,或在局部发育黑云母条带。后者可视为相带的间隔标志和岩体脉动侵位的分界线。这些特点与Ramsay(1981)提出的气球膨胀式侵位机制及相关效应十分吻合。

(2)由黑云母等矿物及扁平状捕虏体(包体)显示的面状组构在复式岩体边缘最为发育,向内渐弱,至中央相则基本消失。通过数个观察点测量统计,面理一般与岩体接触界面平行,多倾向围岩,一般表现出西北部倾角较陡,而东南部则缓。岩体边缘的面状构造皆为挤压面理或剪切面理,镜下可见明显的晶体破裂、晶格位错等现象,为典型的同侵位变形构造。对捕虏体(包体)进行观察及应变测量表明:边缘相数量多且压扁度高,压扁面与岩体接触面近于平行。越向中央,数量渐少,压扁度也变小,至中央相则基本无变形。其平面长宽比一般为1∶1～1∶50,最大可达1∶100。在龙门口附近,三度空间轴比$a:b:c=10:7:1$。由90多个测点近3000个长短轴比数据对应变强度的估算,结果显示应变从中心到边缘由弱变强,岩体西北边缘变形强度最大,东西向的压缩为40%,这可能反映了岩浆侵位时从东南向西北斜向上升之效应。

(3)岩体边缘(尤其是西北边缘)发育有韧性剪切带、同构造片麻岩、挤压片理等构造强变形带,车厂—龙门口一带最为发育,该带长约6km、最宽处达0.7km,总体呈新月形展布且弧顶指向NW20°。带内花岗闪长岩、似斑状花岗岩普遍经受不同程度的糜棱岩化和后期重结晶作用而发育片状、片麻状构造。在透入性片理、片麻理的基础上又叠加了小型分划性韧性剪切带,它们一般长数米到数百米,宽数厘米到数十厘米,产状近直立,切割了片理和片麻理而构成了新月形强应变带中的局部高应变带。小型韧性剪切带平面组合为雁列式或共轭式。与脆性破裂变形的共轭式节理判断受力方向不同,共轭式韧性剪裂面之钝夹角平分线指示了挤压方向。它们所示挤压方向在新月形变形带内因部位不同略有变化,但总体呈放射状展布且来自岩体中心。强变形带中能够反映韧性变形及剪切指向标志者诸如曲颈瓶状捕虏体、S-C组构、旋转碎斑、“多米诺骨牌”等现象十分发育,均属岩浆由中心向外扩张过程中形成的侵位构造。

(4)航片解译成果显示出岩体内部发育有配套的环状和放射状构造。野外验证其为相互近于正交的节理系统或沿裂隙贯入的岩脉。此种节理阵列亦为岩浆在未完全固结之前,后续岩浆持续上拱和强力横向拓宽作用而形成的侵位构造。

(5)岩体接触带和临近围岩中发育有与岩体内部节理系统协调一致的环状和放射状节理;临近的围岩中还发育一组倾向岩体、平面上呈环状展布的挤压片理;近岩体的围岩普遍变薄、变陡甚至倒转;早期的地层以及褶皱和断裂被调整改造到同岩体构造一致而呈现出区域构造线平行环绕岩体接触带展布的平面格局。章泽军(1990)对接触带所作的应力场分析表明,主应力中间轴有从岩体中心向外呈放射状分布之态势。

可以看出,岩体之围岩构造特征与其内部诸多反映岩体强力侵位的标志协调一致,似乎反映了最先上涌的(石英)闪长岩体是以热动力作用方式改造围岩且形成了与接触带一致的面理构造;当前者还未完全固结时,新的岩浆即贯入其中并向四周膨胀拓宽,持续脉动,使得早期侵入者不断外移、压扁、改造以及后期岩脉沿先期裂隙充填,从而导致了复式岩体边缘多期变形叠加、多期岩脉活动和边缘相残缺不全之特征(图 2-3-2)。

(二)小型侵入体

散布于房山一带的小型侵入体规模不大,彼此孤立(图 2-2-3)。现将教学过程中涉及到的小型岩体简要介绍。

1.“灯泡”花岗岩体

此岩体出露于牛口峪水库一副坝两侧,南北长 400m,东西宽 250m,因平面形态似“灯泡”而得名。岩体与周围古生界均为侵入接触,其中最新地层为石炭系。接触带处往往出现白云母角岩,在大杠山—磨盘山一带表现较为清楚。

岩石风化强烈,色浅,细粒。镜下可见较强的绢云母化及菱铁矿化。组成矿物有半自形的斜长石(22.2%)、他形钾长石(46.3%)、他形石英(25.8%)、白云母(交代黑云母,2.2%)及菱铁矿(2.5%)等。

2.“龙眼”花斑岩体

此岩体分布于东山口一条龙西端,因形似“龙眼”而得名。岩体规模不大,长几十米,侵入于下马岭组中。

岩石为黄白色,组成矿物主要是微斜长石(54%)、更长石(An_{15},10.9%)、石英(30.2%)以及少许黑云母、白云母等。偶见有微斜长石的大斑晶,基质细粒,具显微文象结构,定名为白云母花斑岩。

3.牛口峪岩体

岩体自牛口峪向西沿沟延伸,长 700 余米,宽约 100m。岩体侵入于上古生界的砂页岩中,使其变质成为白云母角岩。

岩石呈带褐色斑点的灰白色,缺少暗色矿物,细粒结构。绢云母化及菱铁矿化强烈。主要组成矿物有斜长石(50.7%)、微斜长石和条纹长石(21.1%)以及石英(25.9%),另外有少量呈黑云母假象的白云母、菱铁矿。根据矿物含量应为花岗岩类。

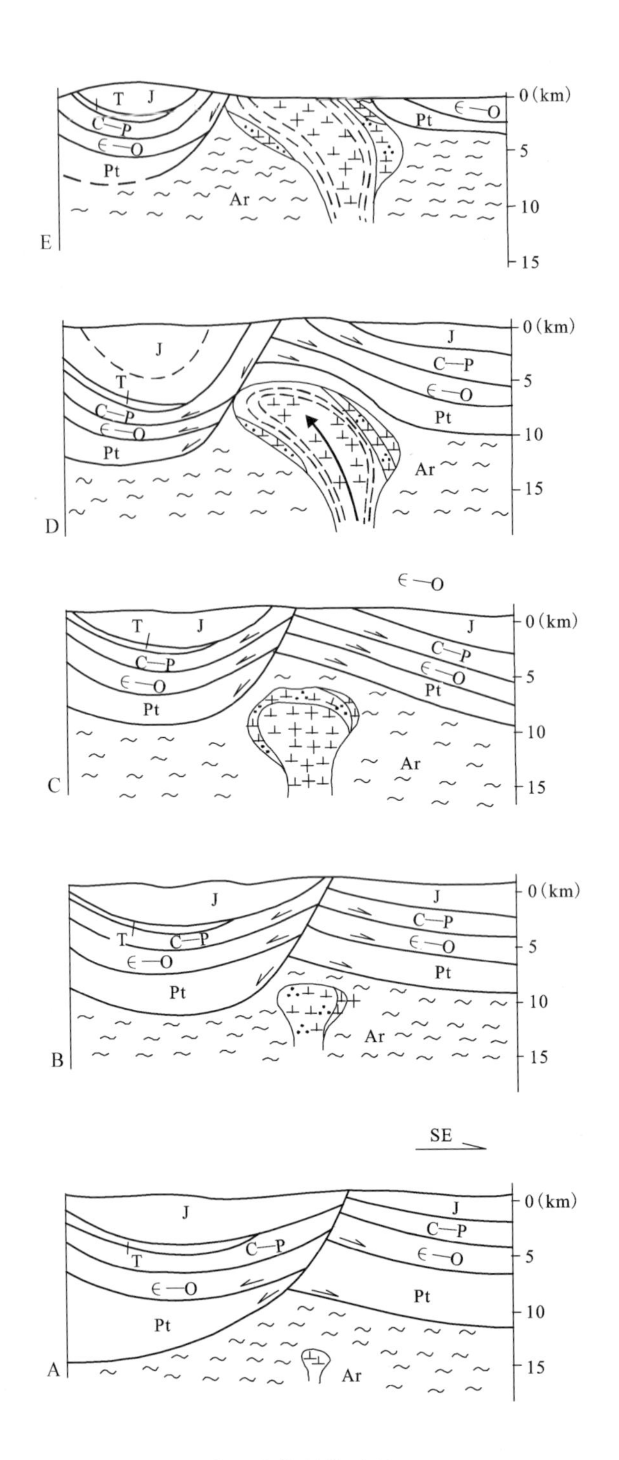

图 2-3-2 房山岩体侵位过程(马昌前等,1996)

A. 官地闪长岩的侵位(190～160Ma);B. 石英闪长岩的侵位(约 150Ma);C. 中粒和斑状花岗闪长岩的侵位(约 132Ma);D. 粗斑状花岗闪长岩的侵位;E. 现今剖面

房山复式侵入体以南的这些小型侵入体，其共同特点是较房山岩体更酸性，色浅，后期有菱铁矿化，围岩因受其热变质作用形成白云母角岩。虽然这些小型岩体之间以及它们与房山复式侵入体之间无直接接触关系，但从岩浆活动一般规律和区域构造背景分析，应属燕山运动产物，其形成可能晚于房山侵入体。

二、变质岩

实习区多数岩石都遭受了不同程度的变质作用，包括太古宙变质杂岩、元古宙和古生代区域变质岩、岩体周围的接触热变质岩及与构造变形作用有关的动力变质岩(谭应佳等，1987；《1：5万周口店幅区调报告》，1988；张吉顺等，1990；王方正等，1996)。

(一)太古宙变质杂岩——官地杂岩

官地杂岩是由片麻岩、斜长角闪岩、变粒岩等组成的一套变质岩系，分布于房山岩体南、北两侧及东缘，面积小于0.5km^2(图2-0-2、图2-2-3)。

1.岩石学特征

(1)黑云母斜长片麻岩。见于官地以东、以北等地，为官地杂岩的主要组成岩石。岩石呈浅灰色、灰色，片麻状构造，粒度为中细粒，镜下具鳞片花岗变晶结构，亦见镶嵌变晶结构。主要矿物是斜长石、石英、黑云母，亦可见角闪石、微斜长石和条纹长石。在有的地段由于矿物含量及结构的变化可以定名为黑云角闪斜长片麻岩、角闪黑云斜长片麻岩等。

(2)混合花岗岩。该类岩石多见于山顶庙西沟及周家坡一带。岩石浅灰色、灰白色。呈不等粒的花岗变晶结构且发育有多种交代结构。块状构造为主。有的具弱片麻状或阴影状构造。曾广泛受到碎裂岩化作用。浅色矿物为各种长石和石英；暗色矿物分布不均且大多变为绿泥石。另外尚有少许黑云母及白云母。

(3)斜长角闪岩。多呈薄的夹层或透镜体赋存于不同区段的浅色片麻岩中，官地东侧打谷场附近及官地—李家坡大路旁均有出露。岩石呈黑色、暗绿色、墨绿色，以块状构造为主，偶见弱定向构造。若具有轻度混合岩化时则有条痕状、条带状、树枝状、网脉状、角砾状构造出现。由于混合岩化使岩石总的色调变浅。岩石呈粒状变晶结构到花岗变晶结构，亦见有多种交代结构。主要矿物为角闪石和斜长石。如角闪石含量大于80%，可称其为角闪石岩。

(4)黑云母、角闪石变粒岩。该类岩石见于官地、周家坡、山顶庙一带。在房山复式岩体边缘相(官地村西北125.5高地)中亦可见此类岩石的捕虏体存在。露头上多呈层状产出，以块状构造为主；因经常发育有沿裂隙注入之长英质脉体而具有条带状或网脉状构造。岩石色调变化颇大，具灰绿色、深绿色、墨绿色、褐黄色等，混合岩化加强时颜色变浅而呈浅灰色、浅肉红色。细粒花岗变晶结构。主要造岩矿物为长石、石英、角闪石、黑云母、绿帘石等，含量变化较大。若暗色矿物以黑云母为主时称黑云母变粒岩；以角闪石为主时称角闪变粒岩；绿帘石较多时称绿帘黑云(角闪)变粒岩；当暗色矿物含量小于10%时则称为浅粒岩。白云母亦可见到，其他副矿物可见磁铁矿、磷灰石、榍石等。

2.成因及时代

关于官地杂岩的成因及时代曾有两种观点：其一认为是太古宙古老变质岩系；其二认为是元古宙乃至下古生代变质沉积岩经房山复式岩体侵入时岩浆混染所致。近年来通过岩石学、岩石化学、副矿物及稀土元素分配特征等方面的研究并结合野外地质产状，多数研究者认为该杂岩时代应为太古宙，属于华北陆块（板块）古老结晶基底的一部分，其依据如下。

（1）杂岩与房山岩体呈明显的侵入关系。李家坡—乱石垄区段可见花岗岩岩枝侵入杂岩中，官地村西可见岩体边缘相中有大量片麻岩捕虏体存在。

（2）杂岩与中新元古界及古生界皆呈断层接触。在周家坡区段即分别与铁岭组、下马岭组呈断层接触。经区域对比研究分析，这些断层是沿基底与盖层间不整合界面发育的剥离断层。

（3）选择混合岩化微弱或基本无混合岩化的岩石类型进行化学分析（据《1∶5 万周口店幅区调报告》，1988），斜长角闪岩的样品投点结果，除一个样品外均为正斜长角闪岩，说明其由基性岩浆岩变质而来（图 2-3-3）。为进一步判别斜长角闪岩的岩石类型，图解投影的结果（图 2-3-4）得出，两个样品为玄武质科马提岩，而其他 4 个点属于富镁拉斑玄武岩，其组合属苦橄质-科马提质玄武岩浆系列，而华北地区元古宙及早古生代均无基性岩浆活动，故应为太古宙绿片岩带的产物。

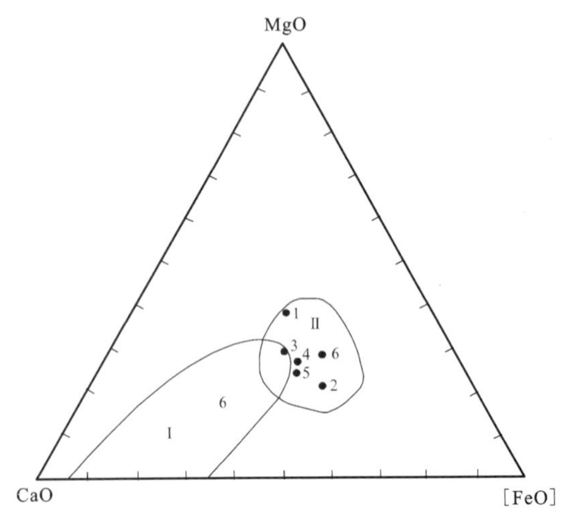

图 2-3-3　CaO-MgO-[FeO]图解

（据《1∶5 万周口店幅区调报告》，1988）

Ⅰ.负斜长角闪岩；Ⅱ.正斜长角闪岩

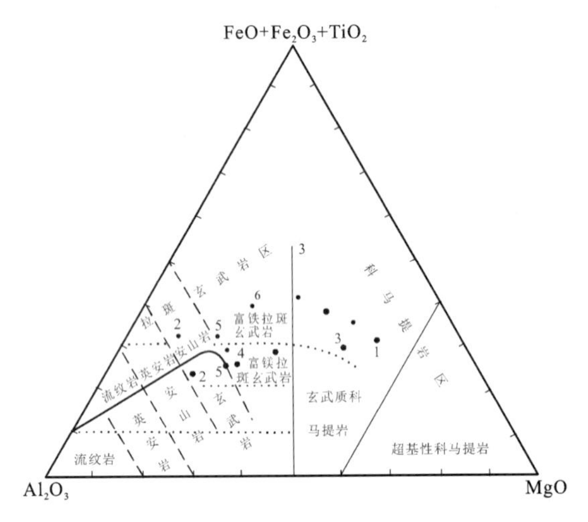

图 2-3-4　变基岩性（$FeO+Fe_2O_3+TiO_2$）－Al_2O_3－MgO 的原岩类型成因图解

（据《1∶5 万周口店幅区调报告》，1988）

注：以阳离子数投点（据 Lene，1976），图中点号同图 2-3-3

（4）杂岩中各种片麻岩的稀土分配特点皆与全球太古宙花岗质岩石稀土元素的特征相似。

（5）杂岩中有多期糜棱岩化及碎裂岩化的变形特点，但房山岩体除侵位时有一次糜棱岩化外，其后再无与糜棱岩化相伴的构造运动，故多期糜棱岩化也是古老变质岩系之特点。

（6）杂岩曾叠加混合岩化作用而在某些区段成为混合花岗岩，其中正、反条纹长石的存在代表了区域变质作用时的混合岩化之特点。研究表明，由于房山岩体的侵入作用而导致的围岩接触热变质作用的上限并未达到花岗质低共熔的温度，因此，混合花岗岩及其中的正、反条纹长石的形成与岩浆混染作用无关。

（7）杂岩的副矿物组合特点以锆石含量为高，且锆石经历了变质作用、重结晶作用及溶蚀、沉积作用的复杂历史。而混染成因的副矿物组合应当反映房山复式岩体副矿物的组合特点，即榍石含量占绝对优势且经历简单，这说明杂岩混染成因的可能性不大。另外，获得杂岩中自形锆石的 Pb－Pb 年龄约为 2449Ma（Wang et al，1996），亦证明其为太古宙变质岩系。

3. 变质相及温压条件

由于太古宙变质杂岩仅以零星露头散布于房山复式岩体的周缘，加之岩石普遍遭受不同程度的混合岩化作用，故为变质相带的划分带来一定困难。经对混合岩化后矿物共生情况等方面综合分析并与经典的变质相进行对比可知，目前看到的太古宙变质杂岩的变质相相当于中压角闪岩相，而遭受动力变质之后则退变为绿片岩相。

据混合片麻岩中共存的不同长石的成分，用二长石地质温度计求知其温度约为 400℃；据斜长石与角闪石的成分，用斜长石和共存的角闪石中 XCa 分配地质温度计，求出其共存的温度为 400～450℃，二者计算结果吻合，说明混合片麻岩的形成温度在 400～450℃之间。另外，利用其他测试手段进行温度计算，结果也都表明是属于中压绿片岩相的温度范围，即代表了遭受动力变质作用之后退变质作用的温压条件。

（二）显生宙区域变质岩

周口店地区 75％以上的面积均属显生宙区域变质岩出露区，但在房山复式侵入体周围 1000～1500m 范围内则叠加了接触变质作用。

1. 岩石学及岩石化学特征

（1）板岩。代表性岩石如洪水庄组黑色板岩、下马岭组黑色碳质板岩、景儿峪组灰绿色钙质板岩及太平山南北坡石炭纪—二叠纪杂色板岩、粉砂质板岩、碳质板岩和压力影板岩等。岩石中普遍见有变余粉砂-泥质结构及变余层理构造，板劈理发育。镜下为显微变晶-隐晶质结构，亦常见斑状变晶结构，变斑晶多为黄铁矿且表现出压力影构造。此类岩石有时由于具有一定的丝绢光泽或板理面上略具皱纹而显示出千枚状构造的某些特征，如下马岭组含磁铁矿千枚状板岩、龙山组上部灰白色千枚状板岩等。

（2）片岩。这种岩石主要出露于一条龙、羊屎沟、骆驼山一带，构成下马岭组主体部分。以灰色、灰黑色、黑色者为多。岩石一般呈鳞片花岗变晶结构或花岗鳞片变晶结构，有时也见斑状变晶结构。本区片岩以不含或少含长石为特征，主要矿物有黑云母、白云母、石英、红柱石、矽线石、石榴石、十字石、堇青石和磁铁矿等。

主要岩石有硬绿泥石绢云母绿泥石片岩、硬绿泥石二云母片岩、硬绿泥石蓝晶石片岩、硬绿泥石十字石石榴石云母片岩、十字石蓝晶云母片岩、十字石石榴石云母片岩、蓝晶石硬绿泥石片岩、硬绿泥石红柱石片岩、红柱石片岩等。其中红柱石片岩见于太原组以下地层中，而含蓝晶石的片岩则与印支期剥离断层空间展布密切相关，含石榴石、十字石的片岩仅在下马岭组中见到。

（3）千枚岩。千枚岩是实习区内广布的岩石类型之一，从元古宇到侏罗系均可见到，但主要发育在元古宙的泥质变质岩中，如洪水庄组黑色千枚岩、下马岭组灰色—灰黑色千枚岩、粉砂质千枚岩、碳质千枚岩、龙山组黄色粉砂质千枚岩、馒头组及毛庄组灰色或黄色千枚岩等。岩石色调较杂，具丝绢光泽，但随颜色加深则光泽变弱。面理上有时呈现皱纹，断面上可见细纹状变余层理。常见的结构是基质为显微鳞片（花岗）变晶结构的斑状变晶结构。变斑晶主要是红柱石（多发育为空晶石），基质主要成分是绢云母、石英以及少许绿泥石和黑云母。

(4)变质砂岩。变质砂岩亦为实习区内常见的岩石类型，尤以太平山南北坡石炭系—二叠系中分布较多。岩石色杂，常呈暗灰、灰黄、浅灰、灰黑等色。镜下则可见变余砂状结构。主要矿物成分为长石和石英；暗色矿物多系胶结物变质而成，如黑云母、绿帘石等。

根据观察研究，其原岩既有长石砂岩、石英砂岩，也有杂砂岩，其中以岩屑砂岩最多。在某些区段可见为含砾变质砂岩或变质砂砾岩。

(5)大理岩。常见岩石有纯大理岩(又可进一步分为白云石质大理岩及方解石质大理岩两类)、石英大理岩、含云母大理岩、透闪石大理岩、滑石大理岩等。它们赋存于元古宇—下古生界铁岭组、景儿峪组等层位。其成因与区域变质作用及接触热变质作用皆有联系。

由于区域变质作用程度浅，变余沉积的结构、构造特征大多有保留，故其原岩恢复仅据肉眼观察即可确定。根据51个显生宙区域变质岩全岩化学分析结果可知(据《1∶5万周口店幅区调报告》，1988)，区内板岩、千枚岩、片岩类岩石，除钙质片岩和少许硬绿泥石片岩外，所有样品都属于SiO_2饱和、过饱和类型，且多显示出Al_2O_3过剩而K_2O不足的特点，说明原岩大多数为K_2O不足的黏土岩类，仅有少数为砂质沉积岩类。另外，周口店地区大理岩与全球显生宙大理岩相比，其SiO_2、TiO_2、Al_2O_3、Na_2O、K_2O组成均较接近。

2. 变质相带及温压条件

1)变质带、变质相划分及相关温压条件

周口店地区变泥质岩及变长英质岩类可明显地分为以下几个变质带：

(1)硬绿泥石带，其矿物共生组合除常见的石英、绢云母、绿泥石等矿物外，主要特点则是以硬绿泥石出现为标志，且不出现黑云母、石榴石等矿物。

(2)黑云母带，该带与前者的不同是普遍出现了黑云母，在某些岩石中亦出现了石榴石或蓝晶石，但它们仍与硬绿泥石共生。

(3)十字石带，该带的特点是以泥质岩出现十字石为特征，且蓝晶石、石榴石继续稳定，但它们均不与硬绿泥石共生。

周口店地区显生宙大理岩类岩石，按其矿物共生组合可以分为两套：①石英、绢云母大理岩带与泥质岩硬绿泥石带相当。该带以碳酸盐中的SiO_2重结晶变成石英，或其泥质条带中出现绢云母为特征。②绿帘石、透闪石大理岩带与泥质岩的黑云母带相当，该带以大理岩中出现含水的Ca、Mg硅酸盐矿物如透闪石、滑石以及铝硅酸盐绿帘石等为特征。如果SiO_2含量少时则不出现石英。

对上述3个变质带矿物组合进行综合分析得知，硬绿泥石带相当于中压绿片岩相的绿泥石带；黑云母带包括两个同类型的矿物组合，一为含蓝晶石的黑云母带，另一个则是与红柱石共生的黑云母带。前者属中压相系，而后者为低压相系；十字石带则属中压相系的低角闪岩相。利用矿物地质温压计定量估算各相应变质带的温压范围如下：

硬绿泥石带：温度350～450℃，p =？

黑云母带：温度450～575℃，$p>2.5\times10^8$ Pa

十字石带：温度575～700℃，$p>5\times10^8$ Pa

2)特征变质矿物时空分布与变质作用及区域构造的关系

前已述及，变质矿物组合可区分出不同的压力类型，说明分属于不同的区域变质作用。根据特征变质矿物和矿物组合在时间上的分布规律，结合变质矿物与变形作用的关系，以及不同变质带空间分布与区域构造的关系，可将周口店地区区域变质作用建立如下序列：

(1)印支(或更早)期热动力区域变质作用。进一步可划分为两个阶段:①以中压相的变质矿物组合的形成为特征,特征变质矿物为十字石、蓝晶石等,其分布与本阶段发生的、具强应变特征的顺层韧性剪切带及剥离断层关系密切。②变质矿物组合以云母类矿物为主,间或有硬绿泥石。本阶段变质作用的空间分布与印支主期面理褶皱的轴面褶劈理发育有密切关系。相对第一阶段的变质作用来说,是一次退级变质作用。

(2)燕山早期低压区域变质作用。本期区域变质作用以形成低压相系的矿物组合为特征,以红柱石型矿物组合为主。变质带的空间分布受燕山期北北东向的构造所控制。

(三)接触热变质岩

周口店地区接触热变质岩主要分布于房山复式侵入体周围。

1.岩石学及岩石化学特征

由于接触热变质作用叠加在区域变质岩之上,加之大部分接触热变质岩都发育有明显的片理构造,故此种变质作用形成的各种板岩、片岩、大理岩与区域变质岩很难区别,仅能从野外产状及矿物组合上加以鉴别。

1)角岩类

此类岩石在实习区太平山南北坡石炭系—二叠系中常见。

(1)红柱石角岩类。暗灰色—黑灰色,块状构造,肉眼可见红柱石变斑晶,大小在2~8mm,无定向排列,有的呈放射状集合体,形似菊花,被称之为菊花石。岩石中的基质为角岩结构的斑状变晶结构,基质亦可见显微鳞片花岗变晶结构或放射状花岗变晶结构。

除此之外尚见有十字石、红柱石角岩,硬绿泥石红柱石角岩。

(2)硬绿泥石角岩。新鲜岩石为灰绿到暗绿色,风化后呈褐红色。变斑晶硬绿泥石镜下呈蒿束状集合体,无定向排列。基质以碳质尘点及细粒石英为主。硬绿泥石含量达90%时则称硬绿泥石岩。

2)接触片岩

此类岩石在羊屎沟等地下马岭组中常见,尚可细分为:

(1)红柱石云母片岩。与区域变质的红柱石片岩明显不同,其差异是红柱石粒度大,具环带结构,核心是具有粉红色多色性的红柱石,外环是不带多色性的无色红柱石。可与矽线石共生,而不与蓝晶石共存。基质中黑云母鳞片较大。其他变质矿物尚有石榴石等。与之相应的岩石可有石榴石红柱石片岩、红柱石白云母石英片岩、红柱石二云母片岩等。

(2)矽线石云母片岩。岩石可以渐变为石榴石红柱石片岩,故有一系列过渡的岩石种属,如含矽线石的石榴石云母片岩、石榴石红柱石矽线云母片岩等。岩石呈暗灰色、灰黑色。中细粒纤维—鳞片变晶结构或斑状变晶结构,具片状构造至片麻状构造。

3)大理岩类

实习区大理岩有两种成因类型:一类为区域变质作用的产物,如景儿峪组大理岩;另一类为与房山岩体的接触热变质作用有关。后者展布于岩体周缘,时代因地而异,在东山口等处以铁岭组为主,在周家坡一带下古生界中亦有零星出露。主要岩性有:

(1)透闪石大理岩。灰色、暗灰色。中、细粒纤维状嵌晶变晶结构。主要矿物为白云石、方解石、透闪石和少许白云母、斜长石。其中透闪石含量5%~10%甚或更少,一般呈条带或不规则的团块产出。原岩恢复为硅质白云岩。

(2)透辉石大理岩。浅绿、浅黄、浅灰等色。中、细粒柱粒状变晶-嵌晶结构。特征矿物透辉石为柱状晶体,常相对集中呈条带或形状各异的团块,其柱粒径在0.3～0.8mm之间,含量约10%。另有透闪石、绿帘石、黑云母、钙铁榴石、符山石、斜长石等,一般含量不超过5%。其原岩可能是含铁泥质的硅质白云岩。

(3)含橄榄石大理岩。岩石呈暗灰色、浅黄褐色。块状构造,可见变余层理。花岗变晶及嵌晶结构。主要矿物方解石约60%,其次是白云石,约20%。特征变质矿物是镁橄榄石,无色,圆形及他形粒状,粒径0.1～0.3mm,含量变化较大,在8%～15%之间,经常沿裂隙发生蛇纹石化而形成蛇纹石化大理岩。此外,橄榄石常与透辉石同时出现,形成橄榄石、透辉石大理岩。它们的原岩是含硅质的白云质灰岩。此种岩石在一条龙西端、东山口等处铁岭组中常见。

接触热变质作用基本上是等化学变化,其岩石化学特点与相对应的区域变质岩基本相同。经测试分析,SiO_2皆是过饱和且K_2O均为不足,总体反映这些岩石的原岩具富铝特性。

2. 变质相带及地质背景

离房山复式侵入岩体越近,接触变质强度越强。根据不同原岩和有新矿物或新矿物组合出现,房山岩体周围接触热变质晕由远到近进行对比后可依次划分出以下几个带。

(1)红柱石-黑云母带。主要岩石类型是角闪岩、变质砂岩及大理岩。与区域变质作用形成的绿泥石带的区别是出现红柱石及黑云母两种变质矿物。该带之泥质岩及长英质岩矿物共生组合如图2-3-5所示。变质岩及长英质岩中常见金属矿物磁铁矿,有些组合中还有石墨与其共生。考虑到钙质岩及基性岩情况,其矿物组合则用图2-3-6示出。

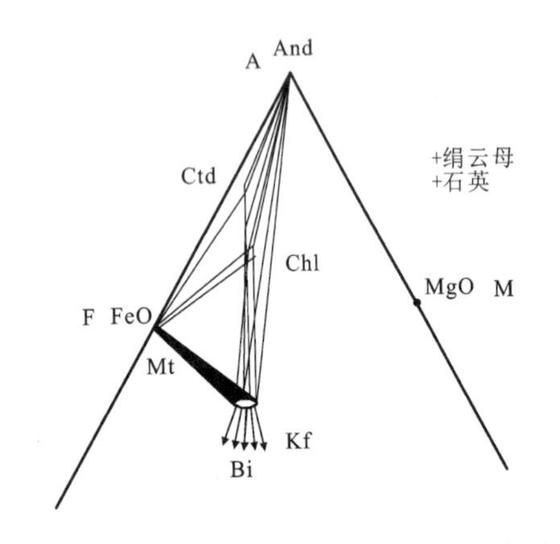

图2-3-5 变泥质接触变质作用红柱石-黑云母带矿物共生的AFM图解

(据《1∶5万周口店幅区调报告》,1988)

其中矿物点投影系根据电子探针分析结果

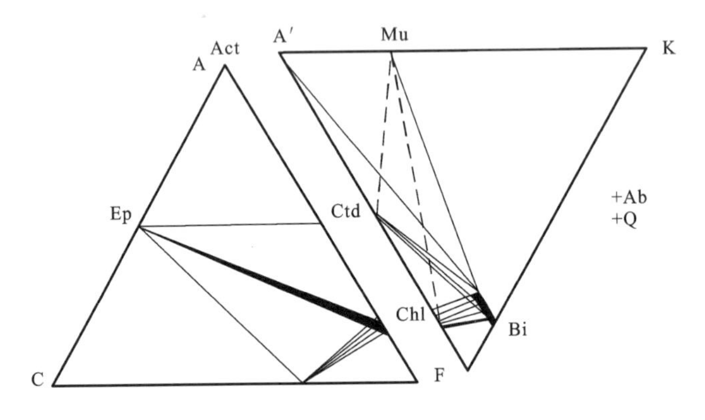

图2-3-6 接触变质岩黑云母-红柱石带矿物共生的ACF及A′KF图解

(据《1∶5万周口店幅区调报告》,1988)

该带在空间上远离岩体,房山岩体西部及西北部距离岩体接触带在200～250m之外,而南侧羊屎沟一带则离岩体约在400m之外,向外一直延伸到距岩体500～800m处,逐渐过渡为区域变质的硬绿泥石带。

(2)石榴石-十字石带。主要岩石是各种接触变质岩及各种角闪岩、大理岩,以出现十字石、石榴石、铝直闪石、普通角闪石为特征,在长英质岩及基性程度较高的岩石中出现角闪石、黑云母、白云母、绿帘石等矿物。其变质泥岩及长英质碎屑岩矿物共生组合如图 2-3-7 所示;变泥质岩、变长英质岩及钙质岩矿物共生情况综合图解如图 2-3-8 所示。

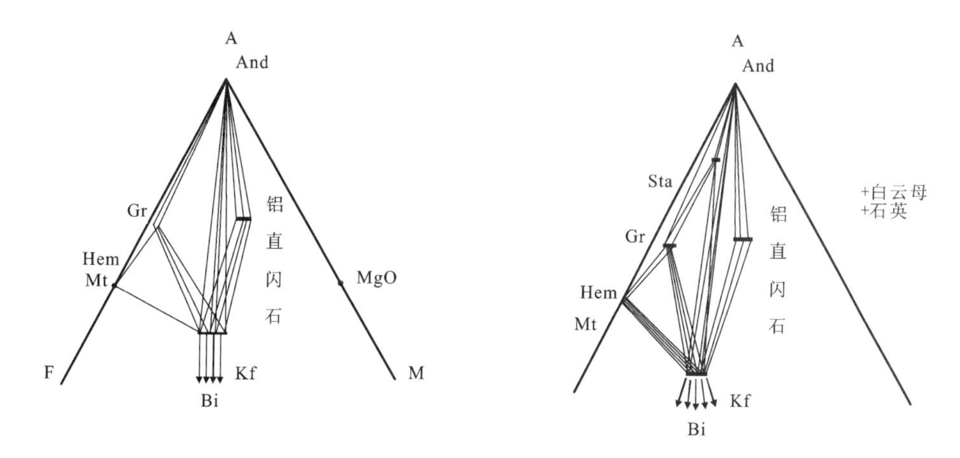

图 2-3-7　接触变质岩十字石-石榴石带矿物共生的 AFM 图解
(据《1∶5 万周口店幅区调报告》,1988)

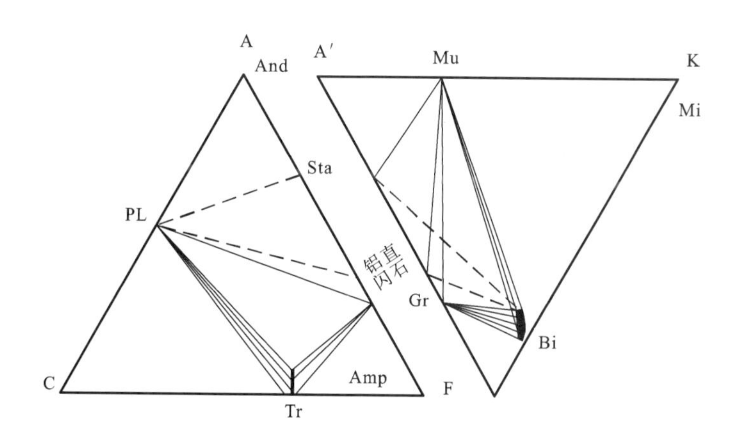

图 2-3-8　接触变质岩十字石-石榴石带矿物共生的 ACF 及 A′KF 图解
(据《1∶5 万周口店幅区调报告》,1988)

在房山岩体西北及西部一般距离岩体接触带约 200m 以内,在南侧离岩体较远,约在 400m 以内。

(3)矽线石带。在变泥质、砂质岩中该带以出现矽线石为特征,大理岩及钙质岩中则出现镁橄榄石、透辉石、符山石和钙铁榴石等。常见的岩石是接触片岩、片麻岩及各种大理岩和钙硅酸盐角岩。变泥质岩及长英质岩类和大理岩及钙硅酸盐角岩类的矿物共生组合情况分别如图 2-3-9 和图 2-3-10 所示。

实际上,由于各地发育的地层岩性不同,各变质带矿物组合齐全的分带剖面并不多见。例如,很多地方就不发育矽线石带和镁橄榄石带。石榴石带虽然较普遍存在,但十字石带围绕岩体也是断续出现。发育较齐全的 3 个变质带位于羊儿峪与车厂之间的地段(图 2-3-11)。因为这3个带兼具接触热变质和中压区域变质相的特点，故若将上述3个变质带与经典的接触热变质相对比，它们均不能找出与其完全相当者。黑云母-红柱石带可能相当于接触变质的钠长绿帘角岩相与区域变质中压绿帘角闪岩相之过渡的条件，而石榴石-十字石带可能相当于接触热变质的普通角闪石角岩相与区域变质的中压角岩相十字石亚相之间的过渡条件。矽线石带则相当于接触热变质的辉石角岩相与区域变质的中压角闪岩相的矽线石亚相之间的过渡条件。

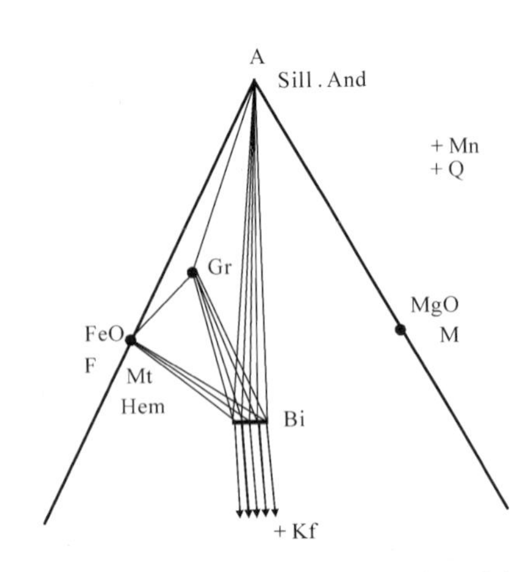

图 2-3-9 接触热变质矽线石带泥质岩及长英质岩矿物共生的 AFM 矿物共生图解
(据《1∶5万周口店幅区调报告》,1988)

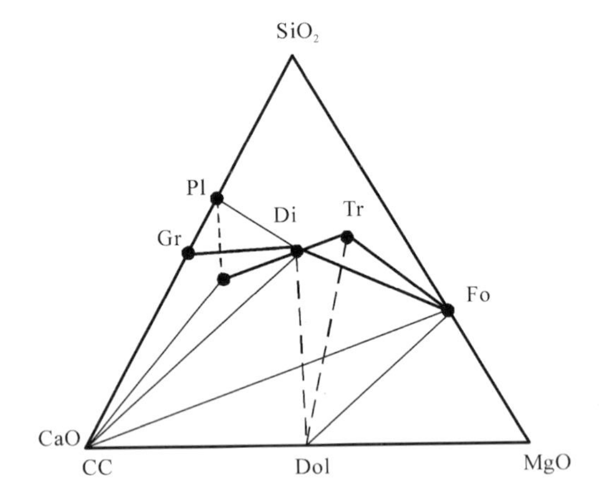

图 2-3-10 接触热变质矽线石带大理岩类及钙硅酸盐角岩矿物共生的 $SiO_2-CaO-MgO$ 图解
(据《1∶5万周口店幅区调报告》,1988)

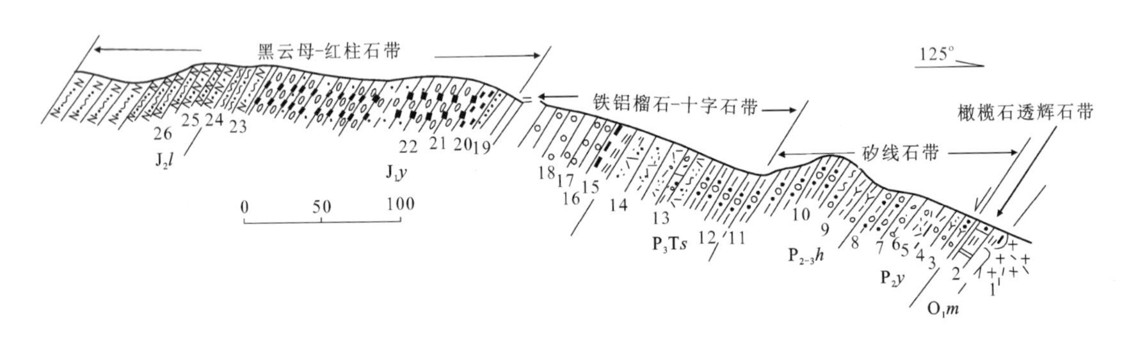

图 2-3-11 房山岩体西部车厂实测剖面(据《1∶5万周口店幅区调报告》,1988;赵温霞等,2003)

O_1m. 马家沟组；P_2y. 杨家屯组；$P_{2-3}h$. 红庙岭组；P_3Ts. 双泉组；J_1y. 窑坡组；J_2l. 龙门组

1. 花岗闪长岩；2. 黝帘透辉大理岩；3. 含十字石黑云红柱矽线石英片岩；4. 红柱灰质片岩；5. 霏细岩脉；6. 碳质空晶石角页岩；7. 石榴空晶石角页岩；8. 白云碳质石英空晶石片岩；9. 矽线红柱黑云石英片岩；10. 红柱白云石英片岩；11. 含矽线石榴红柱白云母石英片岩；12. 红柱石英白云母片岩；13. 黑云角闪变粒岩；14. 角闪绿帘变粒岩；15. 千枚岩；16. 碳质千枚岩；17. 含石榴石十字石铝直闪红柱角页岩；18. 黑云空晶石角岩；19. 空晶石砂质千枚岩；20. 变质长石石英砂岩；21. 红柱千枚岩；22. 红柱砂屑千枚岩；23. 含黑云母变质石英长石砂岩；24. 黑云母角岩；25. 变质石英长石砂岩；26. 变质砾岩

3. 变质温压条件

由于接触变质岩的矿物共生组合与燕山期低压(红柱石型)区域变质矿物组合基本相同，只是接触热变质存在有矽线石带。故从石榴石-十字石带进入矽线石带的反应是：

$$7.6\ 十字石 + 11\ 石英 = 4\ 铁铝榴石 + 32\ 矽线石 + 3H_2O$$

接触热变质的矽线石带上限即为花岗质岩石的初始熔融线。将此反应的单变稳定 $p-T$ 线进行图解和综合研究，得出接触热变质的3个带的温压范围是：

黑云母-红柱石带：450～575℃，$p<0.25$GPa

十字石-石榴石带：575～690℃，$p<0.25$GPa

矽线石带：690～800℃，$p<0.25$GPa

(四)动力变质岩

与韧性剪切带、剥离断层伴生的糜棱岩系列及与脆性断裂伴生的碎裂岩系列在实习区内广泛分布，一般研究者将它们统称为断层岩且视为动力变质岩，但实际上断层岩的分类尚无统一标准。现据其成因、实用性和在区内发育特征，按断层岩的两大系列概述之。

1. 糜棱岩系列

糜棱岩种类繁多，为描述方便，在恢复原岩的基础上并考虑到构造特征归纳为以下几类。

(1)碳酸盐质糜棱岩。在164背斜冀部、三不管沟、骆驼山等处的铁岭组、马家沟组和寒武系强变形的岩段中均有发育。岩石呈浅灰色、灰色，具细粒、显微细粒结构，定向构造，外观类似于纹带灰岩、纹层状灰岩或纹带状白云岩。这些"纹层"或"纹带"宽0.5～2.0mm，常发生弯曲，塑性变形特征在岩石风化面上尤为清晰。显微镜下矿物细粒，定向排列；碎斑含量一般小于30%，呈椭球状；可见碎裂、机械双晶变形、弯曲以及核幔构造。

依据矿物组合，可区分为石英大理岩质糜棱岩、石英白云质大理岩质糜棱岩、变泥质大理岩质糜棱岩等。当岩石有较明显的重结晶作用时，可定为碳酸盐质变余糜棱岩。

(2)角闪斜长质糜棱岩。见于山顶庙、乱石垄、东岭子等区段出露的太古宙官地杂岩中。岩石发育透入性的糜棱面理及拉伸线理，形成典型的S-L构造岩，外貌呈条纹状，条纹宽0.2～1.0mm。其中暗色条纹由柱状定向排列的角闪石以及黑云母组成；浅色条带由钠长石-更长石及石英组成。

(3)花岗质糜棱岩。与角闪斜长质糜棱岩密切伴生，它们宏观结构、构造相似。其中暗色条纹由细小的长英质矿物及黑云母组成；浅色条带则由石英组成。石英已发生显著的静态重结晶，形成由矩形及多边形石英组成的多晶石英条带。石英条带的长宽比达12∶1～15∶1，最大可达20∶1，镜下呈丝带构造。岩石中常含10%左右的长石碎斑，其形似眼球，大小为0.2～2.0mm，常被石英条带环绕而成典型的核幔构造。此种岩石与其他产于太古宙官地杂岩中的糜棱岩类一道多遭受后期再造作用：一是重结晶作用明显而形成各种变余糜棱岩；二是经破碎改造为糜棱岩质碎裂岩或碎裂岩化糜棱岩。

(4)花岗闪长质糜棱岩。发育于房山复式岩体西北缘。岩石具片状构造，中粒糜棱结构，局部为细糜棱结构。斜长石和微斜长石残斑的含量变化在20%～50%之间，粒径为1.00mm×1.75mm，个别达5mm×10mm；颗粒呈椭圆形、圆形、"S"形、眼球形等。原生双晶诸如卡式双晶、格子双晶已变形弯曲。基质由石英、斜长石、黑云母、角闪石组成。石英为长条状应变石英及动态重结晶的矩形细粒石英，前者长宽比为1：20，它们分布在长石残斑之间，具典型的核幔构造。其内少数角闪石和黑云母颗粒发生香肠化和破裂滑移。

(5)长英质糜棱岩(变晶糜棱岩)。与房山岩体西北缘剪切带内长英质岩脉变形相关。具变余糜棱结构，条带状构造。其中石英具带状消光。磁铁矿和榍石由于变形强烈呈定向排列且出现拉断现象。

经研究，上述前三种糜棱岩多与印支期(或更早)顺层韧性剪切或剥离断层有关，后两种类型则为燕山期岩浆热动力变形的产物(李志中，1990)。

2.碎裂岩系列

实习区内最常见的碎裂岩有以下三种。

(1)断层角砾岩。大小砾岩山之间、牛口峪及房山西等地断裂带内皆有断层角砾岩发育。角砾一般在2mm以上，角砾及胶结物的成分、角砾形状等特征因地而异。在大砾岩山一带，寒武系与奥陶系之间的走向断层带内发育的碳酸盐质角砾岩，角砾大小悬殊，最大者可达10cm，角砾及胶结物成分皆为钙质。

(2)碎裂岩。牛口峪水库北侧弧形断裂带内极为发育，其成分与断层两盘岩石密切相关。野外肉眼观察，碎粒一般在2mm以下，分布不均匀；基质含量一般在60%～80%之间。

(3)断层泥。山顶庙与向源山之间、房山西等地断裂带内断层泥发育，出露宽度十多厘米到几十厘米。颜色差别较大：房山西断裂带内一般为褐色、褐红色；山顶庙与向源山之间则多为土黄、灰黄色调。用手捻搓有明显的粗糙感，肉眼可见碎粒约10%。

上述碎裂岩系的各种类型在房山西断裂带内发育齐全。可利用其中的断层角砾之形态、研搓磨圆程度、再改造现象及定向排列等特征以及综合碎裂岩、断层泥等资料来分析该断裂带的性质及活动期次。

第四节　矿产和能源资源

周口店及其邻区地质矿产资源、地质旅游资源、土地资源和地下水资源类型齐全。据野外调查研究并结合前人成果(谭应佳等，1987；《1：5万周口店幅区调报告》，1988)，择其重要者分别简述如下。

一、矿产和能源资源

周口店地区地质矿产资源比较丰富，主要是非金属矿产，如煤、石灰岩、大理石、花岗石、红柱石、石板材料等。

1.煤

煤是周口店地区最重要的矿产资源。埋藏于北部凤凰山至上寺岭一带的工业用煤，已探明储量数亿吨。现建有房山煤矿、长沟峪煤矿等中型矿山多处，年采掘量达百万吨级。主要开采煤层为下侏罗统窑坡组。该组厚500m左右，含可采煤4～7层。煤层一般厚1.3～3m。煤质均为无烟煤。在太平山、升平山、凤凰山南麓、黄院北山等地分布的太原组和山西组中，含有2～4层透镜体状或串珠状薄煤层，为民办小煤窑开采的对象。距侵入体远者为无烟煤，距侵入体近者则变质加深而被当地人称为青灰，可做涂料。太原组含煤岩系厚40～60m，在磨盘山、大杠山一带的太原组下部碳质页岩中发现海相等纹贝化石，因而这套含煤岩系应属滨海平原型；山西组含煤岩系厚50～100m，属内陆盆地型含煤岩系。

2. 石灰岩

周口店地区可供工业用的石灰岩分布较广，储量较丰富。根据用途，可采石灰岩有以下两类：

（1）水泥原料石灰岩要求石灰岩的 $CaO>47\%$、$MgO<2.5\%$、$SiO_2<4\%$。总厚200～400m的下奥陶统上部的马家沟组中有多层厚层状石灰岩可满足上述要求。周口店附近的龙骨山、太平山南坡等处是开采水泥原料石灰岩的重要基地。此外，下寒武统府君山组中的"豹皮灰岩"也有一部分可达到这一要求。但由于府君山组总厚度仅20～30m，因而储量较小。

（2）石灰原料石灰岩由于对质量的要求比较低，因而马家沟组、府君山组和张夏组中的石灰岩基本上都可作为石灰原料开采。石灰岩的采场和烧灰窑几乎遍布上述岩层分布区。

3. 花岗石

周口店地区生产的花岗石石料颇负盛名，开采对象主要是房山复式岩体的边缘相和过渡相以及稍早侵入的石英闪长岩体，后者颗粒细而匀，属上等石料。宏伟的天安门广场就曾经采用了大量的房山花岗石。1958年建工部综合勘察院进行过初步勘探，提交了初勘报告。矿体为直径约7.5km的岩株，面积近 $60km^2$，可以开采石料的面积有 $10～20km^2$。去掉表层风化壳和半风化岩石，露采新鲜基岩的深度平均以10m计，按实际可采率40%计算，可以开采出 $(4～8)\times10^7m^3$ 花岗石石料，其产量是很可观的。在大规模开采时代，筑有铁道专用线通往采石场运输石料。20世纪60年代曾有相当数量的花岗石板材销往日本。后因销量受限及矿区北部兴建石油化工总厂，开采受到影响，目前只在岩体西缘龙门口等处进行少量开采。

4. 大理石

周口店地区碳酸盐岩广泛分布，蕴藏量很大。岩石普遍遭受轻度区域变质作用，具有微晶-细晶结构。靠侵入体近者又叠加接触热变质作用，故具有中—粗粒结构。多数呈白色、灰白色和灰黑色，部分呈淡青色、桃红色及杂色。虽然本区构造变形比较强烈，但并不均衡，在构造裂隙较不发育地段，仍可开采到一定规格的大理石石料。周口店西南的石窝一带大规模生产的石料，曾是明代、清代修建宫殿用的"汉白玉"的主要来源。1981年以来黄山店、官地、牛口峪等处建起小型大理石厂，主要生产大理石装饰板材。

5. 红柱石

红柱石为富铝硅酸盐矿物，具强耐火性，可作为高级耐火材料，为冶炼工业服务。据首都钢铁厂试验，在普通耐火砖原料中加入适量红柱石，不仅耐火温度提高，且使用期延长1倍以上。

周口店地区的下马岭组、本溪组、太原组、山西组和红庙岭组中，均有含红柱石的岩层。下马岭组中的红柱石片岩，红柱石质纯，符合高级耐火材料要求。本溪组下部的红柱石角岩中不含碳者，亦是较好的耐火原料。其余地层中的红柱石，多含碳质而成空晶石，不符合工业要求。

据首都钢铁公司地质队对一条龙至骆驼山一带下马岭组中红柱石云母片岩的采样结果分析，红柱石晶粒含量已达到工业要求（5%～10%），红柱石中 Al_2O_3 含量为59%，SiO_2 含量为38%，含杂质很少，接近理论含量。一条龙至骆驼山一带长约1400m、含红柱石5%以上的片岩平均厚度约 20m。若按露天开采要求，将标高 100m 以上的部分求储量，则含红柱石片岩的矿石储量超过 $1\times10^6 m^3$，是较大的红柱石矿床。

6. 石板材料

周口店地区可作建筑用石板的岩层主要是两个层位：一是双泉组中的凝灰质板岩；另一为景儿峪组上部的钙质板岩。前者较有韧性，质量尚好，已有长期的开采历史，普遍用作房顶板材，比一般窑烧瓦更能隔水隔热，经久耐用，主要产地在长流水一带。后者因含一定量的碳酸钙而较脆，质量不及凝灰质板岩板材，其开采历史较短，规模不大，在黄院、娄子水等地有少量开采。

7. 石墨矿

房山区车厂石墨矿位于周口店镇北约 6km。矿体产在房山复式岩体西部接触带外带石炭系内，属沉积变质矿床。共有 13 层矿。多呈透镜体状。主要矿体厚 0.10～0.65m。矿石成分有黏土质石墨、致密、隐晶质至显晶质的块状石墨及矽线石片岩。含碳最高达 11.50%，最低 6.62%，平均 9.22%；耐火度 1600～1750℃。可做铸造用石墨，矽线石可综合利用。

8. 水泥配料用黏土矿

在周口店附近辛庄一带石炭系中有水泥用黏土矿，所发现的 4 个矿体均为透镜状，以 2、3、4 号矿体质量较好。3 号矿体长度最大，约 223m，平均厚度 8m；4 号矿体最短，仅 52m，平均厚度 8m；2 号矿体介于二者之间，长 135m，厚 8.6m。矿石为浅灰色、灰黑色及黑色、杂色、灰白色软质黏土，SiO_2 含量 53.41%～60.09%，Al_2O_3 含量 24.55%～25.43%，Fe_2O_3 含量 6.23%～7.00%，耐火度小于 1580℃。为小型沉积矿床。此外，实习区尚见有高岭土、砂砾石等矿点，规模小且多为个体开采。

二、地质旅游资源

北京西山得天独厚，势得天成，是我国各类地质现象比较完全和集中的地区之一。尤其是其毗临首都、交通便利，占有自然地理和人文地理的优势，因而在国内外地质科技交流中具有“橱窗”的重要作用。周口店地区更是集北京西山地质景观之大成，故在本区开发地质旅游事业前景十分乐观。

1.“北京猿人”遗址

“北京猿人”遗址——龙骨山是我国研究古人类学和古脊椎动物学的重要基地。在龙骨山的岩洞中保存有三“代”古人类化石及其生活遗迹：距今约 60 多万年的“北京猿人”、距今约 10 万年前的“新洞人”和距今约 5 万年的“山顶洞人”。

龙骨山北坡的猿人洞是一个较大的灰岩岩溶洞，东西长约 140m，南北宽 2～40m。自我国著名的古人类学家裴文中(1929)在该洞发现第一个完整的北京猿人头盖骨化石以来，经过数十年的发掘工作，迄今已采集数百件古人类化石，据其可以复原出男、女、老、幼 40 多个猿人个体。如此丰富的猿人群体化石的出土在世界上是空前的。与猿人化石同时出土的还有 100 多种脊椎动物化石、几万件古器以及猿人用火的遗迹。

“新洞人”是在龙骨山东南部发现的，在其遗址中发掘出成年人牙齿一颗以及石器、动物化石等。

“山顶洞人”居住在龙骨山山顶的岩洞中，在这里发现了 3 个完整的头盖骨和残骨，代表 8

个不同的个体；此外还发掘出古人类使用过的石器、骨器、骨针等以及人工取火的遗迹。

由上述可见，龙骨山堪称古人类学的宝库，它对于研究人类的演化、人类社会的发展具有十分重要的科学意义。这些发现已陈列在“猿人博物馆”中，供游人参观。

2. 名胜古迹和奇峰异洞

周口店地区集中了房山境内的几处旅游胜景，其中最著名的是上方山云水洞和猫耳山下的石花洞，现在都已开辟为北京市的旅游点。

(1)上方山云水洞。上方山位于实习区西部，自东汉时期以来，经过历代营造，在群山之中建成了以兜率寺为中心的七十二庵，在历史上曾是香火鼎盛的“千年佛家圣地”，现在尚存的兜率寺等几座庙庵已开放游览，其他遗址仅存断垣残壁可供游人怀古凭吊。

上方山风光秀丽、景色宜人，素以“九洞十二峰”为世人称道，是典型的北方岩溶地貌景观。上方山一带的基岩大面积出露的是雾迷山组的白云岩系，以及洪水庄组千枚岩和铁岭组白云质大理岩，由于岩层产状平缓且节理发育，为岩溶地貌的形成创造了有利条件。本区的岩溶地貌多种多样：在地表有溶沟、石芽、溶蚀洼地、岩溶漏斗、孤峰和峰林等，著名的奇峰有摘星坨、骆驼峰、狮子峰、观音峰、象王峰、青龙峰、回龙峰、啸月峰等；地下有落水洞竖井、穹状溶洞、多层溶洞和串珠状溶洞等，著名的溶洞有云水洞、朝阳洞、华严洞、金刚洞、九还洞、文殊洞、圣泉洞和西方洞等，其中最为壮观的是云水洞。

云水洞位于上方山南坡，洞口标高530m，洞向北延伸，已探测到的长度有613m，末洞洞底标高504m。云水洞为串珠式近水平的溶洞。由洞前大悲庵后的洞口入内，首先为一长约140余米的“廊道”，在廊道的东壁下，有沿洞壁水平裂隙沉积的冲积层，厚5～20cm，其中含碎骨化石，据贾兰坡先生鉴定，认为与周口店龙骨山“北京猿人”的时代(中更新世)大致相当。通过“廊道”后，连续发育有7个大的洞室，最大者顶底高差达60m，底面积超过2000m^2。洞内钟乳、石笋团团簇簇，千姿百态，在第二洞厅中央竖立的一根石笋高达38m。据中国科学院地质研究所张寿越等采取石笋样品进行$^{230}Th/^{234}U$年代测定，石笋形成于前(25～35)万年期间，即中更新世晚期。值得强调的是，由云水洞向上，气势雄伟的几个奇峰，实际上乃是飞来峰构造，为由倒转的雾迷山组构成的推覆体，掩盖在铁岭组之上。结合地质构造考察，欣赏大自然风光，另有一番乐趣。

(2)南车营石花洞。石花洞位于房山区河北乡南车营村，离北京市区约60km，有公路直达洞口。

石花洞为发育于北岭向斜北翼奥陶系马家沟组石灰岩中的五层溶洞，现已开发上、中、下三层供游人参观。第一层洞长300多米，有一个“廊道”、一个“厅堂”、一座“莲花池”、三个大厅和一个套洞，厅洞高达10～20m，宽4～30m；第二层在第一层下30多米的深处，总长近千米，由很多支道相连；由第二层的一个套洞大厅下行，可到达第三层，本层中支洞、套洞很多，并且彼此相连，洞底存水；更下的第四层为干涸的地下河。

由于石花洞为新近发现的溶洞，因而洞穴堆积物未经破坏，石钟乳、石笋、石柱、石幔、石帘、石花保存完整，琳琅满目、雄伟壮观，在我国北方实属罕见，与南方著名的溶洞相比，其景致毫不逊色。

(3)万佛堂孔水洞。孔水洞位于磁家务南，也是发育在马家沟组石灰岩中的巨大溶洞，洞中经常有水，形成幽深莫测的地下河。1500年前北魏时代的郦道元在其名著《水经注》中即有记载，洞内尚留有隋唐石刻。洞上有唐朝修建的万佛堂和宝塔。可惜这个风景点已遭严重破坏,如果能进行修复,可以将其与石花洞一起构成更精彩的旅游路线。

上述景点若与云居寺等人文景点以及实习区若干经典地质构造路线相结合,将更能引人入胜。

3. 十渡风景区

十渡风景区位于北京市房山区西南十渡镇,是中国北方唯一一处大规模喀斯特岩溶地貌。十渡风景区是中国国家AAAA景区和中国国家地质公园。2006年9月17日,联合国教科文组织正式批准中国房山世界地质公园并授牌。公园的申报成功,为北京增加了一处以自然景观为主的科技型世界地质公园,也使北京由此成为世界上第一个拥有"世界地质公园"的首都城市。房山世界地质公园共有8个园区,其中十渡为8个园区的核心园区——十渡园区。

十渡风景区是大清河支流拒马河切割太行山脉北端而形成的一条河谷,全程约20km。由于在历史上这条河谷中一共有10个渡过拒马河的摆渡渡口,故而得名"十渡"。现在公路已经修入河谷,这10处渡口早已改建为漫水桥而没有真正的渡口了,但是十渡的名字却沿用至今。

三、土地和地下水资源

1. 土地资源

房山区是北京西部重要的卫星城经济开发区,因此,调查评价本区的土地资源,对于国土整治、农业区划、土地管理和环境保护等具有重要的社会经济意义。在中国综合农业区划系统中,本区位于燕山太行山山麓平原农业二级分区。根据区内中低山丘陵的地理条件和半干旱气候特征,结合本区的主要土壤类型,将本区划分为7种土地类型:①山前倾斜平原洪冲积黄-褐潮土类平原型土地类型;②山前盆地及山间洪积扇黄土类丘陵岗地型土地类型;③山间盆地及河谷地黄-灰潮土类河谷川地型土地类型;④山区冲洪积黄棕壤类冲沟梯田型土地类型;⑤低中山坡麓残坡积黄棕壤质坡地梯田型土地类型;⑥砂砾质残坡积层砂姜土类石质丘陵岗地型土地类型;⑦低中山剥蚀斜坡薄层残积层棕壤土类坡地土地类型。

上述7种土地类型的资源利用规律是:①③两类为本区主要的大农作物耕地,且部分已改造为水浇地或稻田,多为一年两熟,资源利用率最高。②④⑤⑥四类为本区主要的杂粮作物耕地,多为旱地,一年一熟,少数为隔年间耕地,资源利用程度较好。其中第⑤类由于地形坡度大,土质层薄,土地肥力低和缺乏一定的湿度现已为废弃梯田。第⑥类为常见林地、耕地混作形式。第⑦类为本区主要林业用地资源,但目前利用程度很低,除少数开发为人工林地外,多数仍为稀疏草灌荒地。

概略地讲,可以把本区土壤分为碳酸盐岩分布区土壤、花岗岩分布区土壤、碎屑岩分布区土壤和冲积物分布区土壤。它们成分不同,肥力不同,酸碱性不同,所以其种植作物亦应不同。因此,对土地资源进行合理开发利用、加强管理并做好区域规划具有十分重要的意义。

2. 地下水资源

周口店实习区内地下水资源主要赋存于山区基岩岩溶裂隙、孔隙,砂砾石地层孔隙和平原区第四系砂卵石中。现就区域水文地质条件和地下水开采情况介绍如下。

1)山区水文地质条件

山区地下水主要赋存于元古界及下古生界碳酸盐岩地层中,其富水性不仅与地层岩性有关，同时受地形地貌、地质构造所控制。地下水类型复杂多变，含水层富水性不均一，水位埋深和水位变化幅度大，地下水运动状态复杂，开发利用条件差等。现就含水层岩性及地下水赋存条件，划分以下4种地下水类型。

（1）碳酸盐岩岩溶裂隙水。赋存于本区奥陶系、寒武系灰岩及蓟县系雾迷山组等地层的白云岩含水层中。奥陶系灰岩分布在周口店、南窑、磁家务等地带，岩溶裂隙发育，地下水较丰富，是北京地区比较典型的岩溶含水层，山前多有大泉出露。如磁家务的万佛堂泉、牛口峪的马刨泉等，丰水期最大流量可达$1m^3/s$，枯水期不足$0.1m^3/s$，受季节影响，泉水流量不稳定。近年来由于在泉内抽水或打井抽水，泉水在枯水季节有时断流。1981年6月泉水实测流量，万佛堂泉$0.1m^3/s$，马刨泉$0.13m^3/s$。隐伏于山前平原区的奥陶系灰岩单井出水量一般为$1000m^3/d$，大者可达$3000m^3/d$，是平原区理想的基岩含水层。蓟县系雾迷山组白云岩分布于西部，面积较大，地下水赋存于裂隙岩溶中，也是山区主要含水层之一，富水性相对稳定，接受大量降水补给，向山前或河谷地带排泄，以泉的形式出露较多。本区该地层出露泉水较多，但泉流量不大。寒武系灰岩主要分布在北部，多呈条带状分布，面积不大，一般裂隙不甚发育，泉出露不多。但在河北乡有河北泉，出露于下寒武统豹皮灰岩中，泉口高程约120m，1961年7月泉水流量$0.09m^3/s$，1981年6月泉水流量$0.068m^3/s$。据调查，泉水流量较为稳定，干旱时未断流，雨季时亦未显著增大。

值得提出的是，碳酸盐岩含水层分布区由于补给条件、岩溶裂隙发育程度不同，富水性极不均一，山区地下水一般埋藏较深，开采困难，往往形成大面积的缺水区；但在山前及河谷地带，泉水出露或地下水水位埋深较浅，是地下水开采的理想地带。

（2）碳酸盐岩夹碎屑岩裂隙岩溶水。赋存于下寒武统、青白口系景儿峪组、蓟县系铁岭组、杨庄组及长城系串岭沟组等含水层位中。主要分布在北岭向斜两翼的黄土店、河北村等，含水层岩性为板状灰岩、燧石条带灰岩、白云岩。多呈条带状分布，受水面积小。裂隙岩溶不发育，泉出露较少，流量一般小于$500m^3/d$。但其中铁岭组白云岩与青白口系下马岭组千枚岩接触面附近出露的黑龙关泉，泉水流量较大，1973年12月泉水流量$1.54m^3/s$，1981年12月为$0.52m^3/s$。泉水流量受季节影响较大，泉水矿化度0.205g/L，pH值7.5，水温13.5℃。下寒武统及长城系串岭沟组主要为碎屑岩，一般含水微弱。

（3）碎屑岩裂隙孔隙水。赋存于侏罗系、二叠系、石炭系、青白口系下马岭组、蓟县系洪水庄组等碎屑岩含水层中。其中石炭系、二叠系及下侏罗统富水性较好，一般具有承压性，山区泉水出露较多，但是泉水流量不大，一般泉流量小于$300m^3/d$，单井出水量$100m^3/d$，可解决当地农村生活供水问题。

（4）岩浆岩裂隙水。分布在实习区东部羊耳峪、歇息岗地区，为房山复式岩体出露处。由于花岗岩风化裂隙发育，地下水主要赋存于表层风化层中，地下水以表层循环为主，大部分就地排泄。单井出水量一般小于$100m^3/d$，仅能满足农村生活用水。据目前调查，泉水出露不多，仅在皇陵北东侧750m处有小泉出露，泉水流量0.02L/s，水温13℃，总矿化度0.19g/L。

2）平原区水文地质条件

平原区的周口店、房山区以东地段由第四系冲洪积物和山前坡洪积物组成，厚度一般为20～30m，地下水主要赋存于第四系孔隙中。

房山东南地区含水层属大石河冲洪积扇顶部的一部分，含水层为单一砂卵石组成，属潜水区。含水层埋深浅或裸露地表，易接受高水和地表入渗补给，是平原区地下水的主要补给区。

含水层颗粒粗，渗透性能强，富水性好，单井出水量 3900～5000m³/d。含水层仅 10～20m，目前因大规模开发利用使其水位下降，部分区段含水层已处于半疏干状态。

房山以西地区发育山前坡洪积物，含水层分布不稳定，岩性多由碎石、黏砂组成，一般富水性较差。但在山前沟谷出口地带，也有砂卵石含水层分布，单井出水量可达 1000m³/d。如顾册、房山区一带，单井出水量在 1000～2000m³/d。

现阶段由于大规模过度开发利用，加之厂矿企业废水不同程度地污染，使得实习区水资源欠佳。为此，进一步寻找新的水源并对其加强保护应是以后水文工作的重点。

第五节 区域地质演化史

一、华北地台地质演化史

华北地台（华北克拉通）的地理位置包括北纬 42°线以南，贺兰山、六盘山以东，秦岭、大别山以北广大地区，面积约有 30×10⁴km²。在复杂而漫长的地质历史演化过程中，记录了丰富的海平面变化、构造升降、板块裂离和聚合、古气候变化、风暴沉积等重要地质事件，形成了丰富的矿产和能源资源，包括磷矿、铝土矿、金矿、煤矿、铀矿、石油和天然气等。

鄂尔多斯盆地占据了华北克拉通西部的大部分，而东部主要被中-新生代渤海湾叠合盆地覆盖。古生代至中生代早期发育统一的克拉通内盆地。从晚三叠世开始，东、西部表现出明显的差异（李洪颜，2013）。华北地台的构造-沉积演化史经历了基底形成阶段—早古生代台地发育阶段—晚古生代陆表发育阶段—中生代内陆克拉通发育阶段—新生代陆相断陷盆地发育阶段。

1. 基底形成演化阶段

大约发生在 25 亿年以前的阜平运动，奠定了华北地台的基底轮廓，经历了五台期[(25～20)亿年]的雏地台阶段和吕梁期[(20～17)亿年]原地台阶段（马杏垣等，1979）。华北克拉通在新太古代末的绿岩带-高级区格局可能标志着微陆块被火山-沉积岩系焊接，随后发生变质作用和花岗岩化，经历了新太古代末微陆块拼合、古元古代基底破裂和挤压、中元古代基底隆升与陆内裂谷，完成稳定大陆的克拉通化过程（翟明国，2010，2012）。华北克拉通基底形成于活动陆缘环境，主要由大面积的新太古代 TTG 杂岩及表壳岩系组成，古元古代初期开始伸展裂解和早期盖层发育阶段，古元古代晚期发生微陆块碰撞缝合，形成超级克拉通（李江海等，2006）。

华北地台基底变质岩系中广泛发育有晚太古—早元古宙的变质铁硅质建造，成矿条件优越，矿产资源极为丰富。如远景巨大的鞍山式铁矿、磁铁石英岩型铁矿（BIF 型铁矿）、长城系串岭沟组砂页岩中的"宣龙式"铁矿，铁岭组碳酸盐中的"辽宁瓦房子式"锰矿，小秦岭金矿、古元古代的火山型和斑岩型铜矿、块状硫化物矿床、铅-锌矿床等。

2. 早古生代海相碳酸盐岩台地-深水盆地发育阶段

华北地台早古生代开始进入克拉通海相盆地——拗拉槽裂陷盆地阶段，构造活动频繁，物源和海平面变化迅速。发育碳酸盐岩台地、深水滑塌和浊流沉积、蒸发岩等沉积（陈荣坤等，

1993;杨俊杰等,1996)。奥陶纪末,受加里东运动影响,华北地台大规模隆升剥蚀,形成中奥陶统马家沟组顶部的风化壳,以及广泛发育的早古生代与晚古生代之间的区域不整合面。鄂尔多斯盆地是华北地台内部重要的含油气盆地,位于盆地中部的奥陶系靖边大气田就发育于马家沟组顶部风化壳中。华北地台广泛分布的"G层铝土矿"、"山西鸡窝式"铁矿、"鲕状赤铁矿"、黏土矿等,也分布在该风化壳中。

3.晚古生代陆表海发育阶段

晚古生代以来,古亚洲洋开始向华北板块俯冲,华北克拉通经历了多次的板块碰撞与拼合,华北克拉通腹地整体上接受了海陆交互相沉积,发育华北地区第一套重要的晚古生代煤系地层。该时期的海平面整体以持续性海退为主,伴随渐进性海侵,形成煤系地层中的碳酸盐岩夹层。

4.中生代内陆克拉通发育阶段

中生代华北克拉通的构造转折(从挤压转换为伸展)和岩石圈的大规模减薄,造成克拉通的破坏与重建,海水全面退出华北地区,进入内陆克拉通盆地演化阶段,形成中生代两大成矿系统:①早—中侏罗世克拉通边缘发育的钼矿化,白垩纪与中—酸性岩浆活动有关的斑岩型钼矿床和浅成热液矿床;②与基底重熔和深成侵位花岗质岩体有关的爆发式大规模金成矿作用。大型中生代陆相含油气盆地的形成,如鄂尔多斯盆地。侏罗纪也是华北地区第二套陆相煤系地层的形成时期。

5.新生代陆相断陷盆地发育阶段

新时代以来,受印度-欧亚板块碰撞影响,华北地台整体以伸展背景为主,发育一系列新生代陆相断陷含油气盆地,如渤海湾盆地。

二、周口店地区地质演化史

对区域地质构造演化进行分析,是建立在查清并收集某一地区沉积记录、构造变动、岩浆活动、变质作用、成矿规律等地质事件以及区域地球物理、区域地球化学等资料基础上进行的。周口店地区相关区域地质资料在其前各章中已有叙述,为便于综合分析,现将该区地质构造特色概括如下。

(1)区内地层发育较为齐全,大多可与华北地区进行对比。"官地杂岩"代表了基底太古宙变质岩群;盖层岩系从中元古界到古生界各组地层虽经区域浅变质作用及部分糜棱岩化作用,但野外仍能清楚地分辨出其原岩的岩性、层理、层序及所属时代。

(2)岩石类型齐全,三大岩类均有出露,是对岩石学研究并进一步阐明大地构造演化过程的天然野外实验室。

(3)实习区经历了多次构造运动和变形改造,不仅在露头尺度,而且小到显微尺度,大到区域尺度皆可观察到各种构造的叠加型式和关系,是研究面理置换、构造叠加和世代划分的典型地区;各具特色的构造类型和样式也反映了其生成时的环境条件和构造层次——地壳下部层次的固态流变构造、中部层次的纵弯褶皱和上部层次的脆性剪切变形等均可在野外鉴别厘定和认识。

(4)既非造山带复杂,又非稳定陆块简单而独具特色的地质现象,使得周口店及其邻区成为我国研究板内造山的经典地区之一。

(5)实习区区域地质经历了基底发育阶段—盖层发展阶段—板内造山阶段的演化历程。地壳演化具有一定的规律,不同时代、不同层次、不同体制下各种地质事件的发生、发展及其相应的产物构成了一个比较完整的区域地质演化序列。

(一)基底演化阶段

华北陆块(板块)的基底经历了太古宙及早元古代漫长的演化历史。基底变质岩系在邻区太行山—五台山一带大面积分布,至本区渐变为小规模且彼此孤立的零星露头,如在房山复式岩体缘部出露的、总计不足 0.5km^2 的“官地杂岩”。其特征为:

(1)岩石类型复杂,主要有片麻岩、斜长角闪岩、变粒岩等以及各类混合岩。

(2)杂岩中斜长角闪岩岩石学特征显示为亚角闪岩相,属苦橄质-科马提质玄武岩系列,而华北地区元古宙及早古生代均无基性岩浆活动,故应为太古宙绿岩带产物。另外,结合杂岩中锆石 Pb-Pb 年龄值约 2449Ma 的数据(详见变质岩有关章节),证实“官地杂岩”代表太古宙古老结晶基底应无异议。

(3)经区域研究对比,印支期的剥离断层和燕山期房山复式岩体的热动力变形构造所形成的糜棱岩均局限于狭窄带内,未普遍发育而呈间隔性;但“官地杂岩”却普遍糜棱岩化且糜棱面理具有透入性,故分析杂岩于太古宙即有韧性变形行为而导致糜棱岩发育,总体形成一套以变余糜棱岩为主的,包括糜棱岩及碎裂糜棱岩的动力变质岩。在官地、乱石垄和山顶庙西沟等处可观察到透入性糜棱面理及拉伸线理,形成典型的 S-L 构造岩,外貌呈条纹状。尤其是在花岗质糜棱岩中形成由矩形及多边形石英组成的多晶石英条带,其长宽比最大可达20∶1以上。

(4)诸多小型韧性剪切带、S-C 构造、片内小褶皱及露头尺度上的糜棱岩流状构造在上述各处的杂岩中普遍发育。

可以看出,“官地杂岩”在实习区分布的面积虽然不大,但作为基底的产物却提供了许多早期该区区域地质演化的信息。从岩性、岩相、变质、变形等特点分析,其从塑性到脆性等方面的构造转化,也代表了华北陆块基底从活动性逐渐转化为稳定性演化的总趋势。

(二)盖层发展阶段

吕梁运动(1850Ma)以后,华北陆块进入了从中元古代—三叠纪相对稳定的盖层发展阶段,实习区内发生的各类地质事件与区域地质演化及表现特征总体相似。

(1)经原岩恢复并排除后期构造因素,区内地层建造显示出岩性、岩相、厚度均属于稳定型建造之特点,各时代地层均可在区域上进行对比。

(2)地壳运动以升降运动为主,此种结论在区内各地层的接触关系均为整合接触或平行不整合接触的关系中得到验证。

(3)构造变动微弱,尤其是大型全形褶皱或紧闭线型褶皱未有发育。

(4)迄今为止,实习区及邻区未发现该阶段具有强烈岩浆活动的迹象。

(5)变质作用,尤其是区域变质作用在此阶段表现不明显。经前人研究,盖层岩系所遭受的诸种变质作用多发生在三叠纪以后。

(6)该阶段在区内形成的矿产与整个华北地区类同,以相对稳定环境中的沉积矿产为主。

（三）板内造山阶段

印支运动之后，燕山地区进入了一个崭新的地质演化阶段，构造运动、岩浆活动等地质事件频繁、强烈，地壳活动性加强而表现出陆块“活化”——板内造山之特征。据其“活化”的差异性，在时间上可分为印支构造旋回、燕山构造旋回和喜马拉雅构造旋回，并且进一步在盖层系统内厘定出该阶段6个世代的构造变形。

1. 印支构造旋回

1）印支运动的发现及其意义

印支运动在北京西山乃至燕山地区的表现特征及性质自20世纪70年代开始引人关注，20世纪80年代以来已有一系列研究成果问世。就北京西山而言，印支运动存在的依据是：

（1）接触关系。早侏罗世“南大岭组辉绿岩”为一套低级区域变质成因的变玄武岩系，底部与下伏不同层位相接触：在凤凰山一带辉绿岩斜卧于双泉组组成核部的向斜之南翼且二者产状相交；在北部色树坟一带，南大岭组时而位于双泉组之上，时而位于红庙岭组甚至石炭系之上，更向北下侏罗统可直接覆盖于下奥陶统之上。另外，在上寺岭西北侧不同出露点上，可见双泉组中发育的石英脉被南大岭组辉绿岩所覆截，双泉组顶部被侵蚀而凹凸不平且被辉绿岩所覆盖等现象，二者显然为非整合接触。

（2）构造走向和褶皱样式差异。以双泉组顶面为界，上、下两套地层的褶皱轴向和样式明显不同。侏罗系以下地层为前已述及的、呈东西向展布的面理褶皱，而侏罗系及其以上地层则为总体呈北东向延伸的层理褶皱，它们应属两期变形，其间为一不整合面。

（3）岩浆活动。南窖南沟暗色闪长岩呈似层状侵入于亮甲山组地层中，K－Ar同位素年龄测定结果为207Ma（转引自《1∶5万周口店幅区调报告》，1988），相当于印支运动产物。

（4）变质作用。上下构造层之间的变质作用主要存在着两个方面的差异：①变质相带。近年来在北京西山厘定的蓝晶石变质带，其空间展布明显受控于印支期韧性剪切带或剥离断层之构造格局，变质带矿物出现以红庙岭组为限，说明变质作用亦应为印支期。而硬绿泥石变质带和红柱石变质带则严格地被燕山期北东向构造格局所控制。因此，蓝晶石变质带的确认从变质岩石学方面证实了印支运动的存在。②变质程度。双泉组的泥质岩类已普遍变质成具强烈丝绢光泽的板岩，其上窑坡组泥质岩类则为一般页岩；北岭地区石炭纪—二叠纪煤层一般变质较深成为青灰，不宜作燃料；而窑坡组的煤则为无烟煤且构成主要开采层。

印支运动发现的重要意义在于：①由印支运动的研究而启发了众多学者从不同角度重新厘定并建立北京西山地区盖层构造演化序列；认识到吕梁运动以来，盖层并非一直处于相对稳定的升降状态，而是经历了若干次伸展与收缩的构造体制转换及构造变形叠加。②北京西山作为华北陆块的一部分，其盖层活化（板内造山）并非始于燕山期，而是在印支期已有明显表现。③对与历次构造事件相伴的岩浆事件、变质事件有了新认识。印支运动研究成果在成矿作用及控矿构造方面具有现实意义，如侏罗纪煤盆地的构造控制问题，既要考虑到窑坡组含煤建造的沉积环境受控于印支期的构造格局，又要考虑到煤层的构造变形是燕山运动的结果。

2）印支构造旋回地质构造特征

该构造旋回在周口店实习区可明显观察到两期构造变形。

D_1：印支早期顺层固态流变构造

此期变形以褶叠层的形成以及剥离断层发育为代表，它们皆为地壳伸展体制下的产物。

(1)褶叠层构造,其特征详见本章第一节所述。

(2)剥离断层。基底与盖层之间发育的基底剥离断层出露于太古宙变质岩系外缘,构成变质核杂岩体的顶面。因燕山期岩体侵入上拱,使得剥离断层面弯曲变形,剥蚀后沿岩体边缘呈向围岩倾斜的穹状外貌(详见前述)。下盘杂岩的糜棱岩面理与断面近于平行,而上盘元古宇和古生界层理(或顺层面理)与断面则有微小的交角,故在不同区段表现出基底杂岩与盖层不同时代的地层相接触。如在官地—周家坡一带断面向南陡倾,上盘亦是向南陡倾的下马岭组、铁岭组地层;而在房山复式岩体北部,断层上盘最新地层则为下奥陶统。因此,剥离断层造成地层柱的缺失包括元古界及下古生界总厚约500m。视奥陶系地层水平,恢复后的断面向南东东倾斜,倾角10°或更小,据此估算上盘向南东东正向滑动断距达28km之多。正是此种构造剥蚀作用才使原处于深处的太古宙基底杂岩出露地表。与基底剥离断层同时形成者尚有主断面上盘元古宙—早古生代褶叠层构造系统内部发育的一系列次级剥离断层,如一条龙-山顶庙断层带即为实例。

据该区固态流变构造性质,反映其形成的环境是在地壳较深构造层次。经矿物压力计和温度计的测定及有关变质相的反应分析,所处的环境温度为300~500℃,压力$(3\sim8)\times10^8$ Pa,古应力值约6×10^7 Pa,大致相当于Mattauer(1980)估定的劈理上限深度范围的$p-T$条件。

另外,根据“房山穹隆”周围本溪组和其后各组地层的岩相特征,以及年代测定不低于200Ma且已卷入褶叠层构造中的变质岩床或岩脉分析,此次伸展和剥离作用在印支运动之前就似乎表现出萌动的迹象,后者可能是伴随地壳伸展变薄而发生的岩浆侵位。

D_2:印支主期面理褶皱

印支主期褶皱作为定型构造奠定了实习区基本构造格局,即在近南北向的挤压下形成了一系列近东西向的直立褶皱群如164背形、太平山向形等。褶皱成因机制为纵弯褶皱作用,其变形面为印支早期剥离断层之断面、顺层韧性剪带和相关糜棱面理等。纵弯褶皱作用伴有直立的压溶劈理,局部尚伴有压扁作用。该期构造属于中间构造层次且以弹塑性变形为主。在拴马庄、太平山南北坡等处均可观察到主期褶皱呈共轴叠加的型式包容了早期的褶叠层构造。

2. 燕山构造旋回

随着印支运动结束,实习区区域应力场、地质事件类型和作用方式都发生了重大改变,近东西向的构造格局被北东向的构造格局所取代。这种变革实则是在更大尺度上反映了大地构造背景不同和区域地质演化的差异性,前者似乎与中国南北大陆板块作用的远程效应相联系,而后者则可能与太平洋板块向中国大陆东部边缘的俯冲有关。本旋回可鉴别出3个世代的构造形迹或事件。

D_3:裂陷作用

侏罗纪早期本区发生一次扩展裂陷作用,分布在上寺岭一带的侏罗系南大岭组火山岩即为伸展体制下的产物,从其空间展布分析,拉张方向可能为北北西向。

D_4:北东向褶皱及推覆构造和逆冲断层

北东向典型褶皱构造是发育于古生界与中生界不整合界面以上的侏罗系中的北岭向斜,其变形面为原始层理,褶皱作用为“侏罗山式”。因叠置于印支主期的向斜构造之上,故又称为北岭上叠向斜,代表了中间构造层次变形特征且以纵弯机制为主。在周口店附近的太平山一带虽未有侏罗系分布,但北东向叠加褶皱仍很明显,表现出横跨或斜跨干扰格式。

同方向的逆冲推覆构造在西部霞云岭、中部黄山店等处均有发育，而逆冲断层则为著名的南大寨-房山西-八宝山断裂带。它们总体表现出由南东向北西逆冲，并切割了燕山早期北东向褶皱和印支主期东西向褶皱构造。对断层岩和断层附近小型伴生构造进行综合分析，表明这是一期以脆性破裂为主的构造变形，属于上部构造层次的产物。

D_5：房山复式岩体底辟式侵位及相关的热动力变形构造

岩体侵入时代为燕山中期(132Ma)，侵位机制为典型的气球膨胀式，其构造类型属于岩浆底辟构造。导致房山岩体侵位的区域地质构造事件，经分析应为南大寨-房山西-八宝山逆冲推覆构造。与其相关的热动力构造在岩体边缘，尤其是在西北部边缘甚为明显。

3. 喜马拉雅构造旋回

继燕山期构造定型之后，本区又表现为一种伸展体制下的构造变形。

D_6：山前正断层

以实习区东侧的辛开口断层为代表，是山区与平原的边界断裂且导致二者差异升降。断裂带在地表为高角正断层，演化过程中控制了从白垩系至第四系的沉积及内部构造的发育，区域上显示为伸展体制。在山区此期构造表现为一系列贯穿性的区域性节理或使某些前期断裂构造再活动，如房山西断裂带所见。经研究分析，本世代变形属最上部构造层次的脆性剪切破裂变形相。

第三章 野外地质教学路线

周口店实习基地目前已经开辟了20多条不同性质和特色的野外地质观察教学路线，各专业可以根据需要选择进行。野外地质路线教学是首要的、关键性的教学环节，是在教师带领和指导下进行的。

学生通过不同类型的地质教学路线详细观察和描述，应系统掌握常规的地质调查基本工作方法，并对所配备的老三大件（罗盘、锤子、放大镜）和新三大件（GPS、数码相机、笔记本电脑）等进行熟练操作，快速准确地运用计算机辅助填图软件系统采集、存储以及处理各种野外地质信息。通过路线教学，使得学生对实习区的自然地理、地形地貌、区域地质背景、基本地质概况进行全面了解。地质教学路线据其内容分为实习区踏勘、岩石和地层、侵入体、变质岩、构造及综合地质路线等部分，本着先易后难、循序渐进的实习原则和认知规律，其教学进程应大致按上述顺序进行。可以考虑实习总体工作安排、某些情况变化（如天气原因），对一些路线及其教学内容进行分解或合并。路线教学的方式、方法和手段应具有灵活性，视学生掌握的程度可采用启发式、互动式等教学方法。

路线教学前的准备工作：

为保证教学质量和实习工作有序进行，严格要求和强化训练的教学思想应始终贯穿于整个实习过程中。野外工作开展之前，带班教员和学生应认真做好以下各项准备工作。

（1）每条教学路线实施的前一天，带班教员应将其教学任务、路线、目的、要求及有关注意事项告知于学生，使其思想、业务、装备及物品有所准备。

（2）出发前五分钟各班分组列队，组长负责清点人数，班长负责报告全班出勤情况。

（3）检查学生个人的铅笔、小刀、地形图、野外记录簿、放大镜、地质锤、地质罗盘、小背包以及以小组为单位配备的仪器等野外必带物品是否齐全。

（4）严格检查学生着装，雨伞、水壶、常用急救药品等的携带情况。

（5）路线结束后于野外现场列队清点人数，逐人、逐组、逐项对图件、野外记录簿、标本、样品等进行业务教学检查验收以及逐件对各类仪器进行检查验收；布置当天室内整理的内容和要求；为加深理解，还应根据路线内容提出某些问题供学生讨论思考。

（6）返回基地后，教员对室内工作进行指导、检查和小结，要求学生及时整理当天野簿、各类样品，分析处理各种地质信息。不合格者进行返工或制定有效措施给予补救。该教学阶段应按地层、岩石、侵入体、构造等内容进行阶段小结，可采用讨论、文字报告和教员讲授或辅导等教学方式进行，以求学生对各项实习内容逐步理解和掌握。

第一节 实习区踏勘

一、踏勘路线

煤炭沟—萝卜顶—二亩岗。

二、教学内容及要求

(1)认识实习区地形、地物及了解实习区自然经济地理概况。
(2)了解实习区基础地质、环境地质、旅游地质、第四纪地质及农业地质概况。
(3)地质罗盘的使用方法。
(4)纸质地形图的使用和保管。
(5)调试测验 GPS、数码相机、便携式电脑等仪器并在数字化地形图上定点。

三、教学进程及安排

(一)煤炭沟口东壁基岩天然露头

(1)了解学生前期野外地质实习中罗盘使用情况,再次复习讲解其结构、使用方法及磁偏角的校正。据有关军测地形图资料得知,实习区的磁偏角为西偏 5°06′。为使罗盘指针读数换算成地理方位角读数,应转动罗盘刻度盘,使基线对准 355°即可。

(2)复习提示岩层(或面理)产状三要素的概念,引导学生正确区分层理和其他面理(节理、劈理),寻找较为平整的岩层面独立多次测量产状要素,教员严格检查校正。

(3)在岩层表面、劈理表面、断层面或节理上,演示线理的倾伏向和倾伏角。

(二)萝卜顶、二亩岗及其附近

两处及其附近教学内容相同,若同时到达,数个教学班可隔一定距离择点开展教学活动以免相互干扰。

(1)讲解纸质地形图的折叠方法及保管要点。教会并演示纸质地形图定位的正确方法,即用罗盘长边与地形图纵边一致且使二者同步转动到磁针北端指向 0°为止,则此时地形图的方位与实际方位一致。引导学生利用地形地物(尤其强调利用微观地形且特征显著者)定点,训练学生掌握 GPS、数码相机和数字化地形图的使用方法,利用便携式电脑存储所采集的地质信息或资料。

(2)在肉眼所及的区域内教员可由远而近(亦可反之)对实习区及邻区的自然地理及地貌情况分区进行介绍:上寺岭(海拔 1307m)—连三顶(海拔 1170m)山梁主体高度在海拔 1000m 左右,其东南麓坡脚海拔高度 200m 左右,相对高差大于 500m,属中山区;连三顶东侧的凤凰山(海拔 736m)和上寺岭东南及南侧高度超过海拔 500m 的山区,其切割深度大于 200m,为低山区;南大寨、车厂—长沟峪、升平山、太平山等向北西凸出的弧形地带海拔高度 100~500m,为丘陵区;房山—周口店之东南的平原区海拔低于 80m,则可称为山前平原区。

升平山、太平山之间的周口河源于上寺岭南坡，流向南东经周口店注入华北平原，上游于山口村西侧分为两支，其一为长沟峪河，另一为西庄河。由乱石垄—周家坡—山顶庙—向源山—蘑菇山—房山西—磨盘山—簸箕掌围限的牛口峪水库为工业废水净化的场所。

(3)教员在视野范围内可对太平山、官地、山顶庙、房山西、磨盘山等处及其附近区域内的基础地质、环境地质、旅游地质、第四纪地质及农业地质给予介绍，重点为地层、构造、侵入岩和矿产等内容。

①地层发育情况：太古宇官地杂岩展布于官地至山顶庙一带，主要岩性为各种片麻岩、浅粒岩、变粒岩、斜长角闪岩等。

中元古界铁岭组展布于一条龙至周家坡一带，房山西附近可见零星露头，岩性为透闪石(硅灰岩)大理岩，局部偶见千枚状板岩之夹层。八角寨—拴马庄剖面为代表。

新元古界下马岭组分布于一条龙—山顶庙—房山西一带，由板岩、片岩组成；龙山组展布范围同上，但空间连续性较差，主要岩性为变石英砂岩，由于质地坚硬而构成向源山、蘑菇山、房山西等山峰之脊岭；景儿峪组仅见于一条龙南坡，其岩性为薄层状大理岩。八角寨—拴马庄剖面为代表。

下古生界府君山组为豹皮灰岩和泥质条带灰岩，在一条龙、羊屎沟以及向源山与山顶庙之间可见出露；馒头组—毛庄组为板岩夹灰岩透镜体，分布范围同上；中、上寒武统(未分)为鲕状灰岩、泥质条带灰岩夹板岩，在三不管沟、山顶庙、房山西均有出露；马家沟组主要岩性为灰岩、白云质灰岩夹板岩，分布于太平山南、北坡及房山西一带。黄院东山梁剖面为代表。

上古生界除本溪组夹有一层生物碎屑灰岩外，该组及上覆太原组、山西组和杨家屯组构成一套碎屑岩系。太平山南坡—煤炭沟剖面、太平山北坡剖面为代表。

②构造概况：主体褶皱构造为164背斜和太平山向斜，其轴迹近东西向展布；萝卜顶—二庙岗及煤炭沟尚有北北东向叠加褶皱存在。

主要断裂构造发育在一条龙—羊屎沟—山顶庙—房山西一带且呈弧形展布；在大砾岩山与小砾岩山之间存在两条断层，一条为近南北向延伸的横断层，另一条为北东-南西向延伸的斜断层，二者平面构成楔形，规模虽然不大，但地层效应明显且易于观察，应作为不同类型的断层予以介绍。

③侵入岩：实习区岩浆侵入活动以中、酸性为主，面积最大者为房山复式岩体，花岗闪长岩构成主体，次为石英闪长岩和闪长岩等，为燕山运动晚期的产物。复式岩体位于房山西北，视野内的东山口、官地、磊孤山皆为其出露处。平面上近于圆形，直径7.5～9km，面积约60km^2，为一中等规模的岩株。

另有小型侵入体，如分布于牛口峪水库一副坝南北两侧的“灯泡”花岗岩、一条龙西端的“龙眼”花斑岩等。

④变质岩：实习区多数岩石都遭受了不同程度的变质作用，包括有太古宙变质杂岩、元古宙和古生代区域变质岩、岩体周围的接触热变质岩及与构造变形作用有关的动力变质岩(谭应佳等，1987；《1：5万周口店幅区调报告》，1988；张吉顺等，1990；王方正等，1996)。太古宙官地杂岩为实习区出露的典型变质杂岩体，属于华北陆块古老接近基底的一部分，主要由片麻岩、斜长角闪岩、变粒岩等组成的一套变质岩系，分布于房山岩体南北两侧及东缘，面积小于0.5km^2。

⑤矿产和能源资源：实习区以非金属矿产资源为主，其近所见的含矿层位或采矿点主要有以下几种。

煤：主要开采层是石炭系—二叠系以及下侏罗统两个层位。前者采煤区位于周口店附近，主要含煤地层为下侏罗统窑坡组，该组厚500m左右，含可采煤4～7层。煤层一般厚1.3～3m。煤质均为无烟煤。山西组共有7层煤，为无烟煤，总厚9.89m，其中可采煤4层，总厚8.74m，太平山南、北坡均可见小型煤矿开采点；后者见于长沟峪，含煤13层，可采煤8层，总厚12.56m，属中型矿床且正在开采中。

石灰岩：水泥用石灰岩赋存于下奥陶统马家沟组地层中，下寒武统府君山组亦有部分灰岩可达此种工业原料要求。制灰用石灰岩产于马家沟组、府君山组和张夏组等数个层位，可见石灰岩的采场和烧灰窑遍布上述岩层分布区，其中有一定规模者为太平山南坡164背斜一带。

花岗岩：房山复式岩体的边缘相和过渡相，以及早期侵入的石英闪长岩体，质纯者是颇负盛名的建筑石材，在东山口、枪杆石、磊孤山均有现行采场。天安门广场就曾经采用了大量的房山花岗石。

大理石：实习区可作大理石原料的主要是景儿峪组大理岩，次为铁岭组中大理岩。质纯者可视为“汉白玉”。周家坡一带即有铁岭组大理岩的开采场所。

红柱石：红柱石为富铝硅酸盐矿物，具强耐火性，可作为高级耐火材料。实习区下马岭组、太原组、山西组、本溪组和红岭苗组皆为含红柱石的层位，但以下马岭组的红柱石片岩所含红柱石质量最好，符合高级耐火材料的要求。太平山北侧一条龙至骆驼山一带所见之探槽即为勘探该矿种所布置，查明该处红柱石片岩中红柱石晶粒含量为5%～10%，已达工业要求。

在此应给学生强调世界遗产资源(“北京猿人”遗址)和上述中小型矿产资源开发、利用、保护和可持续发展的相互协调关系，并对实习区环境地质、灾害地质、旅游地质、工程地质、农业地质等予以简介。

建筑石板：双泉组中的凝灰质板岩、景儿峪组上部的钙质板岩可作为建筑板材。前者较有韧性，质量尚好，已有长期的开采历史，普遍用作房顶板材，比一般窑烧瓦更能隔水隔热，经久耐用，主要产地在长流水一带。后者因含一定量的碳酸钙而较脆，质量不及凝灰质板岩板材，其开采历史较短，规模不大，在黄院、娄子水等地有少量开采。

石墨矿：房山区车厂石墨矿位于周口店镇北约6km。矿体产在房山复式岩体西部接触带外带石炭系内，属沉积变质矿床，共有13层矿，多呈透镜体状。主要矿体厚0.10～0.65m。矿石成分有黏土质石墨，致密、隐晶质至显晶质的块状石墨及矽线石片岩。含碳最高达11.50%，最低6.62%，平均9.22%；耐火度1600～1750℃。可做铸造用石墨，矽线石可以综合利用。

黏土矿：在周口店附近辛庄一带石炭系中有水泥用黏土矿，所发现的4个矿体均为透镜状，矿石为浅灰色、灰黑色及黑色、杂色、灰白色软质黏土，为小型沉积矿床。此外，实习区尚见有高岭土、砂砾石等矿点，规模小且多为个体开采。

⑥地质旅游资源：周口店地区集北京西山地质景观之大成，地质旅游资源十分丰富，开发前景广阔。主要景点有：“北京猿人”遗址、岩溶作用形成的溶洞(如南车营石花洞、上方山云水洞、万佛堂孔水洞)、自然风景区(十渡、坡峰岭、九龙山、十字寺、野山坡、百花山)。

(4)测制二亩岗—萝卜顶信手地形剖面图(1∶2000)；训练用罗盘测方位和坡角；训练目估和步测距离；全程使用电子仪器和数字化技术采集存储有关信息和数据，并按计算机软件系统和标准图式制作图件。

四、思考与讨论

(1)周口店的基本地质情况,包括地层、构造、岩浆岩、变质岩、矿产资源等。

(2)与北戴河前期野外教学相比,其教学内容、方式、方法上有何差异?

(3)教员和学生应该做好哪些准备工作?包括专业知识的准备、思想方面的准备以及野外装备的准备等。

(4)室内完成本次路线小结。

(5)具体的野外地质工作方法可参考教材:赵温霞主编,周口店地区及野外地质工作方法与高新技术应用(中国地质大学出版社,2003)(视频讲解二维码:No.3-1-1)。

(6)路线踏勘视频讲解二维码:No.3-1-2。

(7)沉积岩的分类和命名(视频讲解二维码:No.3-1-3)。

第二节 八角寨—拴马庄元古代地层路线

一、路线简介

该路线属于中—新元古代地层-构造观察路线,位于周口店西南周张公路、八角寨分水岭—八角寨东南坡—拴马庄桥一线。路线全长7.5~8.0km(图3-2-1)。地层出露条件和连续性较好,构造、沉积现象丰富,交通便利。地层包括中元古界雾迷山组(Pt_2w)、洪水庄组(Pt_2h)、铁岭组(Pt_2t)、新元古界下马岭组(Pt_3x)、龙山组(Pt_3l)。中国地质大学(武汉)在周口店基地创建初期就将其作为重点观察路线,在建站50周年之际,在拴马庄桥头,与当地政府部门联合立碑以示纪念和保护。

二、路线地质背景知识

周口店及其邻区地层属于华北型,八角寨—拴马庄路线出露中元古界蓟县群,包括雾迷山组、洪水庄组和铁岭组,新元古界青白口群的下马岭组、龙山组地层。雾迷山组以白云岩为主夹硅质条带,发育水平层理和波状交错层理,为潮坪沉积环境;洪水庄组为含锰板岩夹白云岩,发育水平层理和黄铁矿,为还原环境,反映了水体较深的浅海-半深海环境;铁岭组以白云岩为主夹硅质条带,发育大型双向交错层理、楔状交错层理、水平层理、波状层理、鸟眼构造、叠层石,为潮坪-浅海沉积环境。下马岭组为滨岸潮坪-潟湖沉积环境。龙山组属滨岸海滩砂坝-浅海沉积环境。

图 3-2-1　八角寨—拴马庄路线剖面位置

前人对华北地区元古界地层归属、沉积和成矿背景、生烃潜力开展了系统研究(黎彤,1991;李儒峰等,1998;王杰等,2004;高林志等,2008;陈践发等,2004;曲永强等,2010;杨烨,2013;王作栋等,2013;童金南等,2013;林玉祥等,2014;范文博,2015;牛露等,2015)。研究成果表明,华北地台的中、上元古界海相碳酸盐岩分布广泛,沉积厚度巨大,已发现了多处油苗、沥青显示,干酪根类型主要为Ⅱ型和Ⅲ型,Ⅰ型干酪根较少,这与当时地球上生物发育尚处于初级阶段、有机质类型主要以腐泥型为主的认识有较大差异。洪水庄组碳酸盐岩的 *TOC*%为 0.1%～0.15%,平均 0.13%,生烃潜量 *S1*+*S2* 为 0.17mg/g,泥岩 *TOC*%为 0.13%～4.61%,平均 2.12%,生烃潜量 *S1*+*S2* 为 4.30mg/g,*Ro* 为 1.44%～1.52%,泥页岩平均孔隙度 4.43%。铁岭组碳酸盐岩的 *TOC*%为 0.03%～0.38%,平均 0.18%,生烃潜量 *S1*+*S2* 为 0.49mg/g,泥岩 *TOC*%为 0.15%～4.74%,平均 2.15%,生烃潜量 *S1*+*S2* 为 3.0mg/g。下马岭组碳酸盐岩的 *TOC*%为 0.09%～2.62%,平均 0.68%,生烃潜量 *S1*+*S2* 为 0.81mg/g,泥岩 *TOC*%为 0.03%～16.74%,平均 1.90%,生烃潜量 *S1*+*S2* 为 4.81mg/g,*Ro* 平均为 1.44%,泥页岩平均孔隙度 7.93%。处于湿气和凝析气带,并可能伴随海底热液活动。就生油潜力而言,下马岭组的干酪根类型优于其他层位,沉积环境为微咸化滨海-浅海还原环境,海平面持续上升。显然,洪水庄组的泥页岩、铁岭组的泥页岩、下马岭组的泥页岩和碳酸盐岩均具有较好生烃潜力,为好的烃源岩(王杰等,2004;牛露等,2015)。高水位期形成的白云岩相带、古风化壳和沉积间断面是重要的储集层(李儒峰等,1998)。

铁岭组顶部的古老风化壳，形成于著名的“芹峪运动”。在河北省宣化地区下马岭组发现10层凝灰岩层（斑脱岩），获得大量岩浆型锆石。利用SHRIMPⅡ技术进行了高精度定年，测得凝灰岩层锆石$^{207}Pb/^{206}Pb$加权平均年龄为1366±9Ma，应属于中元古代（高林志等，2008）。“芹峪运动”应发生在1400 Ma左右，是燕辽裂陷槽形成后华北古陆的抬升运动，与Columbia超大陆主要裂解期时间一致，指示了华北古陆的“芹峪运动”可能是Columbia超大陆主裂解过程的表现。华北地块北缘中元古代层序中不整合面的形成与Columbia和Rodinia超大陆的形成及裂解过程密切相关（曲永强等，2010）。

华北元古界的矿床类型较多，成因也较复杂。蕴藏着超大型的菱镁矿矿床和稀土-铌-铁矿床、沉积或火山沉积（变质）矿床，其中有些矿床还有后来的热液叠加，成为具有复合成因的矿床。仅以铁矿床为例，就有条带状含铁建造（BIF，又称磁铁石英岩、鞍山式铁矿），鲕状赤铁矿矿床（又称宣龙式铁矿），赤铁矿-菱铁矿矿床，稀土-铌-铁矿床，硼镁铁矿-稀土矿床等。对沉积演变具有特殊意义的矿床类型演变，就是条带状含铁建造成矿作用的消失和鲕状赤铁矿矿床的出现（黎彤，1991）。

三、教学内容及要求

（1）观察描述中元古界雾迷山组上部至新元古界龙山组的岩性及其组合特征、原生沉积构造、古生物化石及各组地层厚度。

（2）观察地层的接触关系。

（3）绘制信手地层柱状图（1：5000）及典型地质现象素描图。

（4）系统采集地层岩石标本。

（5）观察认识不同线理并分析构造意义，掌握其测量方法并收集相关数据。

四、教学进程及安排

（1）该路线是第一条系统的地质观察路线，故应首先对常规的野外记录格式和内容以及野外记录簿的使用给予规定和说明。

（2）教员对各组地层总体特征介绍之后，学生则逐层系统观察对比岩性组合特征，描述记录岩石成分、结构构造并进行正确命名。

（3）此条路线以地层教学为主，针对不同专业的学生，对构造、沉积现象观察和讨论有所侧重，如典型沉积构造及其沉积环境意义、层理与劈理的关系、层内褶皱等内容。按路线教学要求，对八角寨一带发育的滑移线理和交面线理、下马岭组底部的矿物生长线理、拴马庄桥一带的豆荚状褶皱等应观察识别、描述、测量并分析成因和构造意义。

五、地层剖面介绍

（视频讲解二维码：No. 3-2-1、No. 3-2-2）

该剖面是实习区中、新元古界出露最好且连续性较佳区段，自下而上发育有：

(1)雾迷山组(Pt_2w/Jx_1w)：本组在区域上可分为四个岩性段：第一段下部为泥质、砂质白云岩、硅质条带白云岩，上部为纹层藻叠层石白云岩、藻团白云岩、硅质条带白云岩；第二段为泥质白云岩及硅质条带白云岩，叠层石发育；第三段以泥质白云岩、含屑白云岩及硅质条带白云岩为主，叠层石发育，局部见鲕粒和藻纹层；第四段以块状藻团白云岩、硅质粒屑白云岩及硅质条带白云岩为主。总厚为1616m。

本路线仅观察到该组第四段，出露于周口店地区西南黄山店、孤山口至八角寨一带，主要岩性为灰色中—薄层结晶白云岩、灰质和泥质白云岩、燧石(硅质)条带白云岩、泥岩夹层等，厚度大于500m(图3-2-2)。1个样品泥页岩夹层的*TOC*%为0.08%。发育大量波纹状叠层石及锥柱状叠层石，局部可见变形层理。水平薄纹层和波状藻层，属于潮坪沉积环境，旋回性明显，表现出潮下-潮间带有规律的交替。第四段硅质条带和水平纹层的出现，表明水体逐渐加深，为陆架浅海环境。构造现象有小型逆断层等(图3-2-3)。

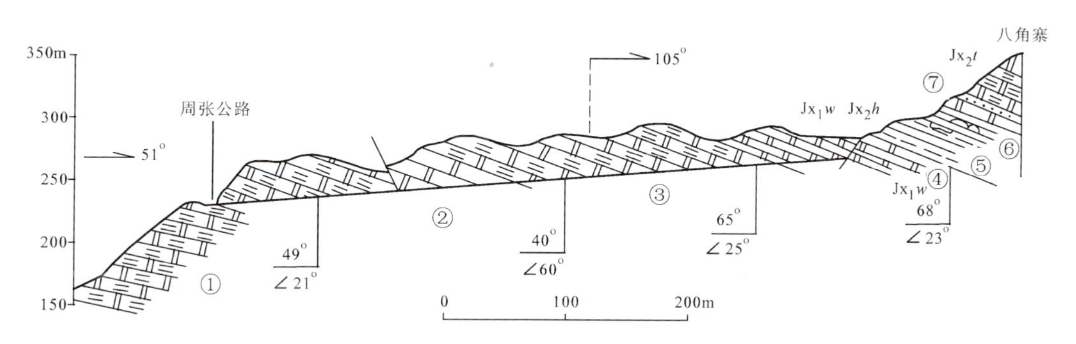

图3-2-2 八角寨西坡雾迷山组实测剖面图(据谭应佳等，1987；赵温霞等，2003)

①硅质条带白云岩；②纹带白云岩；③硅质条带白云岩；④板状白云岩夹千枚岩；⑤黑灰色砂质千枚状板岩；⑥深灰色千枚状板岩夹灰质白云岩透镜体；⑦白云岩夹薄层石英岩(或透镜状石英岩)

图3-2-3 雾迷山组地层中的典型地质现象照片

(2)洪水庄组(Pt_2h/Jx_2h)：以灰黑色含锰质板岩为主，底部和顶部夹有含锰结晶白云岩及白云岩透镜体，最大厚度38m。该组沉积物较细，颜色深，且发育水平层理及含黄铁矿，反映了宁静、还原的沉积，属于陆架氧化界面以下的、低能缺氧的浅海沉积环境。构造现象有“S”形顺层平卧褶皱、相似褶皱、肠状褶皱等(图3-2-4)。

a. “S”形顺层平卧褶皱，八角寨，洪水庄组

b. 相似褶皱核部的变形三角区，八角寨，洪水庄组

c. 肠状褶皱，石英脉，八角寨，洪水庄组

d. 铁岭组/洪水庄组界线

图 3-2-4 洪水庄组地层中的典型地质现象照片

(3)铁岭组(Pt_2t/Jx_2t)：与下伏洪水庄组为整合突变接触。据其岩性组合特征，可大致分为三段，下部为灰白色厚层状含砂(或岩屑)白云岩，具大型楔状交错层理和双向交错层理，厚76m；中部为深灰色薄层含燧石条带(或结核)的结晶白云岩、泥质白云岩夹板岩和片岩，厚62m；上部为灰色、灰白色中—厚层状结晶白云岩夹硅质条带、叠层石白云岩(简称“两白夹一黑”)，厚48m。铁岭组总厚186～215m(图3-2-5)。

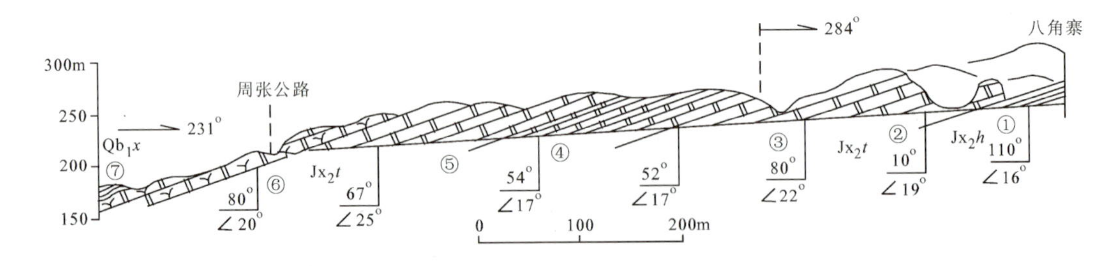

图 3-2-5 八角寨东坡沿公路铁岭组实测剖面图(据谭应佳等，1987；赵温霞等，2003)

①黑色千枚岩夹千枚状板岩；②灰色厚层白云岩夹薄层石英岩或透镜状石英岩；③中厚层硅质条带白云岩；④黑色板状白云岩与千枚岩、片岩互层；⑤中厚层硅质条带白云岩；⑥含叠层石白云岩；⑦铁质风化壳及含黄铁矿千枚状板岩

铁岭组下部单层厚，发育大型双向交错层理，板状交错层理，局部可见内碎屑、塑性变形，且含较高的铁、锰，代表潮下-潮间高能环境。中部具水平层理，属浅海低能环境，也可能是海

侵最大时的产物，上部水平藻纹层和波状藻纹层发育，偶见鸟眼构造，叠层石发育，为潮上低能沉积环境，反映了海退过程。之后地壳隆升遭到剥蚀，形成了铁岭组顶部的平行不整合。构造现象有顺层劈理、层间劈理、流劈理等(图 3-2-6)。

a. 板状交错层理，八角寨，铁岭组
b. 双向交错层理，八角寨，铁岭组
c. 叠层石，八角寨，铁岭组顶部
d. 层间劈理，八角寨，铁岭组
e. 铁岭组顶部风化壳，八角寨
f. 顺层劈理，八角寨，铁岭组

图 3-2-6 铁岭组地层中的典型地质现象照片

(4)下马岭组(Pt_3x/Qb_1x)：据岩性组合特征，大致分为三段：下部为褐绿色含磁铁矿粉砂质千枚状板岩及板岩，厚 17m；中部为暗绿色板岩夹黑色、灰黑色碳质板岩，局部呈互层，厚 90m；上部为褐灰色粉砂质板岩夹薄层状变质细砂岩，厚 60m。下马岭组与下伏铁岭组之间为平行不整合接触，接触界面凹凸不平，30～50cm 厚的褐铁矿型古风化土壤层可视为古风化壳之标志。3 个样品的泥岩和泥页岩 *TOC*% 为 0.02%～0.37%。

下马岭组早期岩性较细，为滨岸潮坪(潮上带)沉积环境，中期岩石颜色加深，含黄铁矿，水平层理发育，反映了水体逐渐加深(短暂的海侵)过程，代表一种富含有机质还原的潟湖环境；晚期发育低角度板状交错层理和小型双向交错层理，反映了双向水流作用，属潮坪沉积环境。构造现象有豆荚状褶皱(图 3-2-7)。

a. 豆荚状褶皱，八角寨，下马岭组

b. A型褶皱，八角寨，下马岭组

c. 褐铁矿化的磁铁矿，八角寨，下马岭组底部

d. 褶皱构造，八角寨，下马岭组

图 3-2-7 下马岭组地层中的典型地质现象照片

(5)龙山组/骆驼岭组(Pt_3l/Qb_2l)：拴马庄桥头附近出露，据岩性组合特征，大致分为两段：下部为灰色—褐灰色厚层至中层状中粗粒石英砂岩(简称“龙砂”)，厚 6m；上部为浅灰色千枚岩状板岩(简称“龙板”)，厚度大于 2m。龙山组下部局部含有海绿石，发育大型板状交错层理、海滩冲洗交错层理、平行层理及波痕，属滨岸海滩砂坝沉积；上部发育水平层理，含黄铁矿，代表较宁静的浅海沉积环境。总体显示海平面逐渐上升过程。

六、问题思考和讨论

(1)雾迷山组和铁岭组的岩性组成有何区别？

(2)铁岭组的主要沉积构造是什么？铁岭组和下马岭组的沉积环境是什么？

(3)铁岭组和下马岭组之间是什么接触关系？判别依据是什么？有什么地质意义？

(4)各组地层的典型标志层是什么？有何特点？

(5)该路线剖面中有哪些典型的构造和沉积现象？

(6)系统总结该路线剖面的海平面变化特征、沉积演化过程。

第三节 黄院东山梁早古生代地层路线

一、路线简介

该路线属于早古生代地层-构造观察路线，连接八角寨—拴马庄路线地层的龙山组。位于周口店实习站西部黄院村下黄院附近，班车可直达，步行至实习站约1h。路线全长约2.0km（图3-3-1）。地层出露条件和连续性较好，构造、沉积现象较丰富，交通便利。地层包括新元古界龙山组（Pt_3l）、景儿峪组（Pt_3j），早古生代早寒武世府君山组（$\in_1 f$）、馒头组（$\in_{1+2}m$）、中寒武世徐庄组（$\in_2 x$）、张夏组（$\in_2 zh$），晚寒武世黄院组（$\in_3 h$），早奥陶世冶里组（$O_1 y$）、亮甲山组（$O_1 l$）、马家沟组（$O_1 m$）。

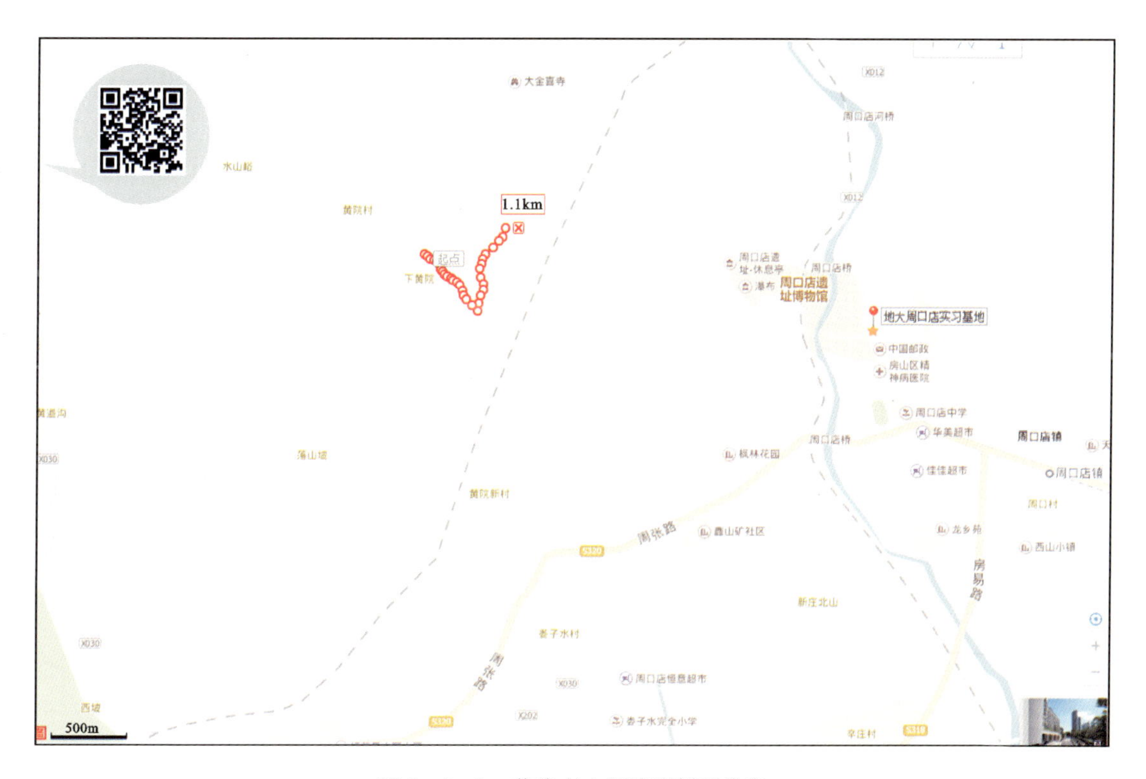

图3-3-1 黄院东山梁路线剖面位置

二、路线地质背景知识

华北地区早古生代时期属于海相沉积环境。华北陆块包括寒武纪和奥陶纪的冶里组、亮甲山组、马家沟组及峰峰组，时限为102Ma。它由一个完整的一级海进和海退旋回组成，由碎屑岩沉积演化到碳酸盐岩沉积，最后演化成蒸发型沉积盆地。它的底界是震旦系和寒武系之间的不整合，是一个明显的侵蚀面。顶界在华北陆块内为下奥陶统与中石炭统之间的巨大不整合，是一个著名的侵蚀间断，形成一个对油气和铝土矿有重要意义的古风化壳，这个风化壳在鄂尔多斯地区已证明是一个重要的含气目的层，上覆中石炭统本溪组铝土质泥岩是鄂尔多斯盆地中部气田的区域优质盖层。

华北地区在怀远运动的影响下普遍发生了海退，导致了亮甲山组顶部由南到北不同程度的地层缺失。中奥陶统峰峰组沉积之后，华北地区又发生了加里东运动，导致大规模的海退，到晚奥陶世末最终从华北地台西缘鄂尔多斯地区退出。华北地区在早古生代以碳酸盐台地沉积体系为主。根据岩性、颜色、沉积构造、古生物化石、陆源物质含量等多种标志，可划分出5个沉积相带，从陆向海方向依次为：环陆潮坪（可进一步分为环陆砂泥坪、云坪、潟湖）、滨岸浅滩、远岸浅滩、局限海（滩间海）和开阔海环境。早古生代沉积环境的演化可分为两大阶段。第一阶段早寒武世海侵开始至早奥陶世亮甲山期海退，属于第一沉积旋回。由于怀远运动的影响，造成了早奥陶世亮甲山期与下马家沟期之间的平行不整合；自下马家沟期至中奥陶世峰峰期华北地区出现了更大规模的海侵，构成了第二沉积旋回。这两个二级沉积旋回对华北地区早古生代沉积环境的发展和演化起着重要的控制作用（韩征等，1997）。

周口店地区早古生时代总体处于浅海-潮坪环境。寒武纪发育纹层状结晶灰岩夹钙质板岩、豹皮灰岩、千枚状板岩、大理岩、结晶白云岩、鲕粒灰岩、竹叶状灰岩夹粉砂岩和泥灰岩等，属于潮坪-浅海沉积环境。奥陶纪以结晶灰岩和结晶白云岩为主，夹板岩、砾屑灰岩和膏溶角砾岩，属于滨浅海-蒸发潮坪-潟湖沉积环境（童金南等，2015；马学平等，1998；梅冥相等，2001；陈云峰等，2007）。

三、教学内容及要求

（1）观察描述新元古界龙山组至下古生界马家沟组地层的岩性及其组合特征、古生物化石情况及地层接触关系。

（2）详细划分地层单位并按实测剖面精度要求分层。

（3）系统采集地层岩石标本。

（4）常规方法测制信手剖面图（1∶5000）。

（5）用GPS、便携式电脑及相应软件系统实测地层剖面图（1∶2000）。

四、教学进程及安排

（1）该条路线是第一次训练学生制作信手地质剖面图，除进一步加强定点、观察、记录、描述外，尚要学会掌握用罗盘测方向及坡度角、目估或步测距离以及信手地质剖面图的制作方法和技巧。教员应在黑板上示范画出信手剖面图，以供学生参考。初学者制图时易将地形起伏夸大和岩层倾角画陡，教员要随时提醒并给予纠正。

（2）黄院东山梁植被不发育，岩石露头良好且地层连续，可作为实测剖面的选择区段之一。若此，则应安排两次教学活动。第一天详细划分地层，制作信手地质剖面图并选择其中一段（选择在239高地或281—285高地地形有一定起伏和变化的地段，以便训练学生多种工作方法和技巧），按实测剖面的精度进行分层工作。

（3）实测地层剖面工作安排3个阶段。第一阶段为野外实测，时间一天，严格按计算机软件系统要求完成野外属性数据、图形数据的采集和存储，标本、古生物化石的采集和编号等工作。第二阶段于室内进行标本整理、原始资料核对及各类数据处理。第三阶段个人完成地层实测剖面图并上交教员审核。

(4)该路线以地层观察教学为主,黄院地质剖面中褶皱构造、构造置换等内容丰富且典型直观,可以适当给予介绍。

(5)该区段采石场较多,地形起伏较大,告诫学生要注意安全。

五、地层剖面介绍

本剖面是实习区内新元古界及下古生界发育齐全的地层剖面。东部周口店—房山一带虽有上述地层大部出露,但因构造、变质作用的影响(不排除岩相变化)使其岩性、岩性组合、地层厚度及空间上的连续性变化颇大(图 3-3-2)。自下而上地层发育如下。

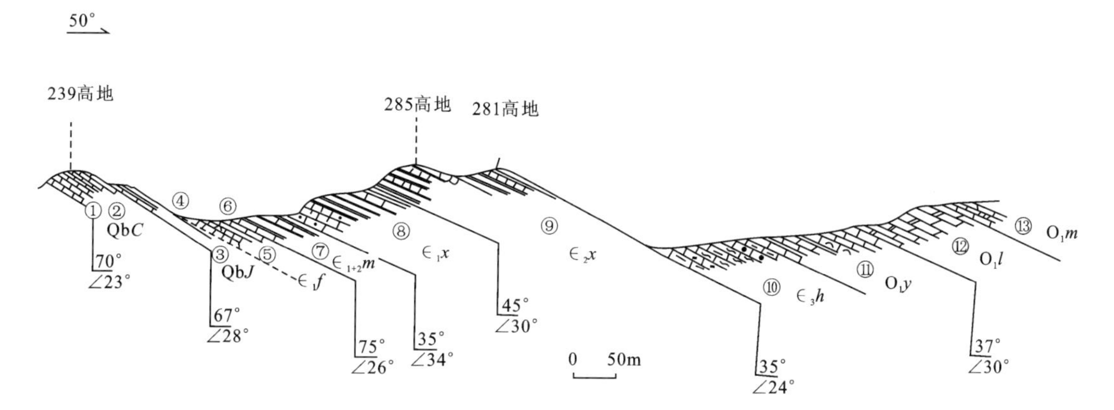

图 3-3-2 黄院东山梁地层信手剖面(据王根厚等,2010,修编)

①白色石英岩;②浅褐黄色砂质板岩;③白色板状大理岩;④浅绿色钙质板岩;⑤深灰色豹皮灰岩;⑥深灰色纹带灰岩夹豹皮灰岩;⑦灰绿色、土黄色千枚状板岩夹大理岩;⑧底部为深灰色中厚层灰岩,顶部为含孔雀石薄膜的灰绿色板岩;⑨灰色、灰绿色板岩夹中层鲕粒灰岩、杂色板岩及碳质板岩;⑩黄灰色薄层泥质条带灰岩;⑪泥质纹带灰岩、灰色中厚层灰岩夹白云质灰岩;⑫灰白色中厚层白云岩和灰质白云岩;⑬灰色中厚层灰岩夹白云质灰岩

(视频讲解二维码:No. 3-3-1)

(1)骆驼岭组(龙山组)(Pt_3l):该组基本特征已在八角寨路线详细描述,但在此应作如下补充观察:其一,区分判别下部变石英砂岩的沉积构造;其二,鉴别上部斑点状板岩的特征;其三,比较两处地层厚度(此剖面该组厚 19m)(图 3-3-3)。

(2)景儿峪组(Pt_3j):可分两段,下段由灰白色中薄层状大理岩夹灰黑色大理岩组成,厚 25 m;上段为钙质板岩,厚 11m。燕山地区该组中曾采到乔氏藻,时代为晚元古代。

(3)昌平组(府君山组)($\in_1c/\in_1f$):可分两段,下段为深灰色中厚层状豹皮灰岩夹白云质灰岩;上段为灰色中厚层状纹带灰岩夹豹皮灰岩,总厚约 45m。该组曾采到三叶虫(雷氏虫)化石。府君山组与下伏景儿峪组为平行不整合接触,其间虽有地层缺失,但不整合的直接标志欠佳。可向学生提供区域地质资料以及对比上下两套地层岩性及古生物化石情况,以示对不整合的鉴别。

(4)馒头组($\in_{1+2}m$):馒头组、毛庄组、徐庄组合称。据最新资料,馒头组应属寒武系第二统上部和第三统下部,但在该剖面各组界线不易划分,合并称为馒头组(童金南,2013)。主体岩性为灰色、灰黄色、浅灰绿色千枚状板岩夹灰黄色大理岩透镜体，厚 49m。本组在实习区东部羊屎沟中曾采到三叶虫碎片。1 个样品泥页岩的 *TOC*%为 0.01%。

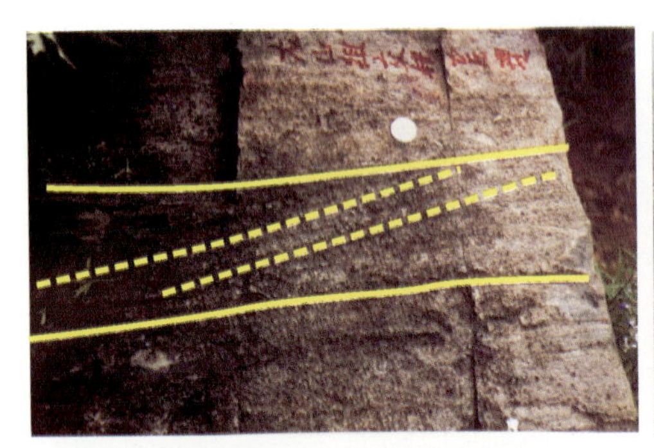

a. 板状交错层理，黄院剖面，龙山组

b. 平卧褶皱，黄院剖面，昌平组/景儿峪组

c. 下部灰色大理岩，上部钙质板岩，黄院东山梁，景儿峪组(Pt_3j)

d. 豹皮灰岩，黄院东山梁，寒武系府君山组

图 3-3-3　龙山组—昌平组地层中的典型地质现象照片

(5)张夏组($\in_2zh$)：应属于寒武系第三统上部。灰绿色千枚状板岩、粉砂质板岩与中厚层鲕状灰岩、结晶灰岩互层，板岩与灰岩比例在 3∶2～4∶1 之间；厚 134m。北京西山地区本组中产三叶虫(德氏虫)。该组岩性及其组合与徐庄组在此剖面中整合过渡，可告知学生层序划分及界线确定的依据是鲕状灰岩的层数明显增多且单层变厚，所含鲕粒较大且特征显著(图 3-3-4)。

(6)炒米店组(黄院组)($\in_3ch$ / $\in_3h$)：即前人所称的“崮-长-凤”(崮山组＋长山组＋凤山组)组合或总称上寒武统而不予分组，后据黄院东山梁层型剖面而起名。主要岩性为灰绿色、黄绿色薄层状泥质条带灰岩夹少量鲕状灰岩，沿走向可出现少量竹叶状灰岩，厚约 120m(图 3-3-4)。

在实习区东部一条龙—骆驼山—山顶庙一带岩性相变为灰绿色板岩、灰绿色薄层变质粉砂岩夹薄层鲕状灰岩、结晶灰岩、泥质条带灰岩及竹叶状灰岩等，厚约 200m。在牛口峪水库东岸泥质条带灰岩中曾采到三叶虫(蝴蝶虫)；泥质粉砂岩中曾采到褶盾虫、圆货贝、小海豆芽等化石，含化石的层位已包含了整个上寒武统，但其间地层分界难以确定，总称中上寒武统，在填图中可视为一个岩石地层单位。

(7)冶里组(O_1y)：浅灰色—青灰色中厚层纹带状结晶灰岩、豹皮状白云质灰岩夹黄绿色板岩，厚约 110m。曾采到房角石、蛇卷螺、原古杯等化石。

a. 中寒武统张夏组鲕粒灰岩，黄院剖面

b. 中寒武统张夏组鲕粒灰岩，黄院剖面

c. 泥质条带灰岩，黄院东山梁，上寒武统黄院组

d. 纹带状灰岩，黄院东山梁，冶里组

e. 白云岩，刀砍纹，黄院东山梁，马家沟组

f. 竹叶状灰岩，周口店陈列室，炒米店组/黄院组

图 3-3-4 馒头组—马家沟组地层中的典型地质现象照片

(8)亮甲山组(O_1l)：以浅灰色中厚层状结晶白云岩为主，夹有膏溶角砾岩 2～3 层，厚 70m。

(9)马家沟组(O_2m)：灰色。灰白色厚层状结晶灰岩、纹带状灰岩夹白云质灰岩，局部地段夹有褐色钙质板岩，白云岩中见刀砍纹，厚 200～300m。该组产阿门角石。

六、问题思考和讨论

(1)豹皮灰岩、鲕粒灰岩、竹叶状灰岩的基本特征是什么？各赋存的代表性层位是什么？

(2)膏溶角砾岩的基本特点及其油气地质意义是什么？

(3)鲕粒灰岩的水动力学和沉积环境意义是什么？

(4)龙山组石英砂岩的形成环境是什么？

(5)马家沟组顶部风化壳成矿和油气地质意义是什么？

第四节 太平山南坡—煤炭沟晚古生代地层路线

一、路线简介

该路线属于晚古生代地层观察路线，也是学生实测剖面教学路线，连接黄院东山梁早古生代地层马家沟组。位于周口店实习站东北部附近，该路线步行约 30min 即可到达。路线全长约 2.0km(图 3-4-1)。地层出露条件和连续性较好，沉积现象较丰富，交通便利。地层包括下奥陶统马家沟组(O_1m)、上古生界上石炭统本溪组(C_2b)、下二叠统太原组(P_1t)、山西组(P_1s)、中二叠统杨家屯组(P_2y)。

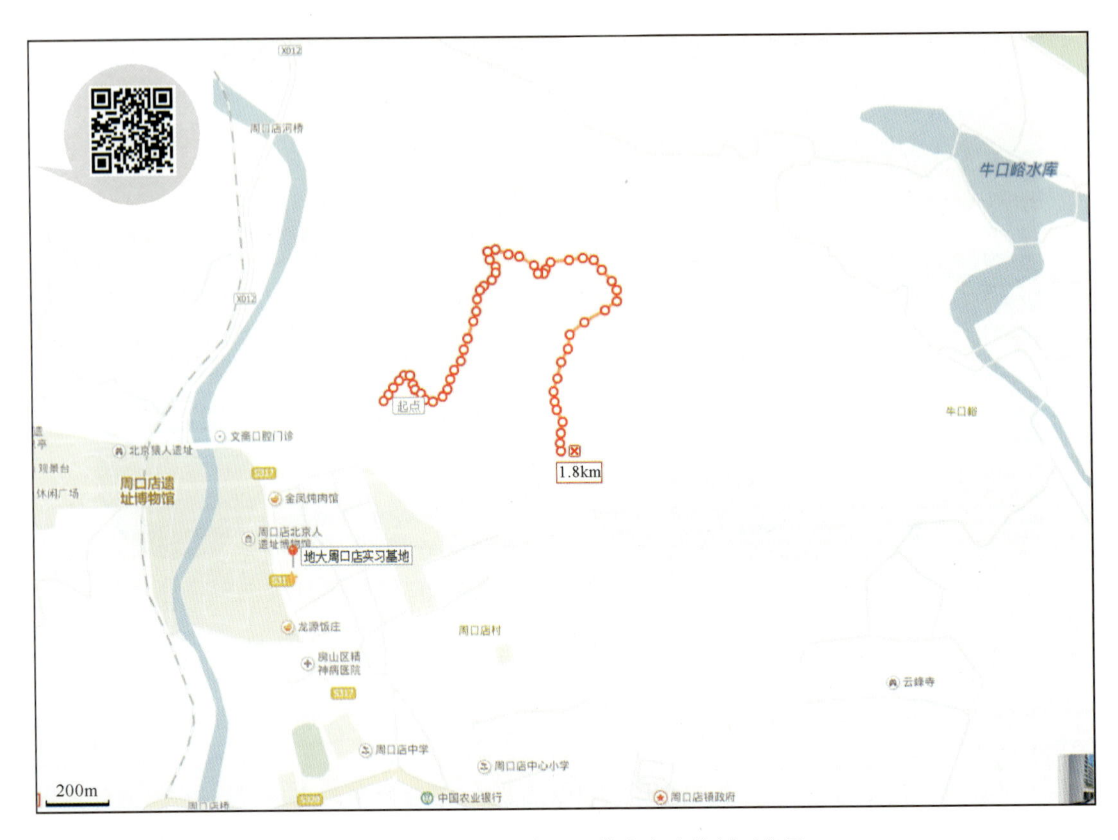

图 3-4-1 太平山南坡—煤炭沟路线剖面位置

二、路线地质背景知识

华北地区晚古生代时期属于陆表海环境，气候总体温暖湿润，植物发育，是我国华北地区重要的聚煤期。中奥陶世后，由于加里东运动的影响(周口店地区也称为怀远运动)，华北整体隆起，使上奥陶统至下石炭统缺失(沉积间断达 138Ma)。华北地区经历了长期风化剥蚀、夷平和准平原化过程，为晚古生代风化壳型“G层”铝土矿、含煤岩系的沉积创造了有利条件。

华北地区沉积地层包括上石炭统本溪组、下二叠统太原组、下二叠统山西组、上二叠统石盒子组和石千峰组。其中，太原组和山西组是主要含煤岩系。华北地区石炭纪—二叠纪主要为海陆交互相的古地理背景，发育碎屑滨岸-三角洲沉积体系、潟湖-潮坪沉积体系、滨浅海-碳酸盐岩台地沉积体系等（陈世悦，2000；李增学等，1996；邵龙义等，2013）。

三、教学内容及要求

（1）观察描述上古生界本溪组至杨家屯组地层的岩性及其组合特征、古生物化石情况、地层接触关系，并初步进行沉积环境分析。

（2）详细划分地层单位，并按实测剖面的精度要求分层。

（3）系统采集地层岩石标本和生物碎屑灰岩、含煤层系中的古生物化石标本。

（4）常规方法制作地层信手剖面图（1∶2000）。

（5）若有时间，在煤炭沟沿线及采石坑给学生初步讲解马家沟组发育的岩溶现象（岩溶角砾岩、崩塌角砾岩、溶蚀的孔缝洞等）与碳酸盐岩储层关系。

（6）按计算机软件系统在数字化地形图上定点、勾绘地质界线和实测剖面（1∶2000）。

四、教学进程及安排

（1）该条路线被设计为用常规方法和现代高新技术进行路线地质填图。因此，应按要求在各组地层分界处标定地质点。可首先安排在162.9高地附近（北侧）展开纸质地形图和开启便携式电脑呈显数字化地形图，对照地形地物标志，并在教员提示下标定出马家沟组与本溪组的分界点，其余观察点由学生定出。

（2）按路线地质要求勾绘地质界线。仍先由教员指导勾绘马家沟组与本溪组之间的地质界线，余者由学生完成，注意地形效应及“V”字形法则的正确运用。所勾绘的地质界线于地质点两测沿地层走向延长0.5cm即可。

（3）若选择该路线为地层实测剖面区段，则具体要求及安排同黄院路线。黄院东山梁剖面与此剖面相比各有所长，前者植被少，露头好，但距基地较远，工作时间受到交通工具的限制；后者距基地较近，步行往返且工作时间机动，但植被发育和长期踩踏，使某些岩性段有所覆盖，给分层和测量岩层产状等带来一定难度，但沿走向观察仍能达到要求，亦可使学生对“穿越法”“追索法”有所了解。

五、地层剖面介绍

本剖面与太平山北坡大砾岩山、小砾岩山地层剖面分别位于太平山向斜的南北两翼，均为实习区观察研究上古生界地层发育状况的有利区段。由于岩相变化和构造影响使三者存在一定差异。现以本剖面为例自下而上逐层简介，余者则以此为基础进行对比（图3-4-2、图3-4-3）。

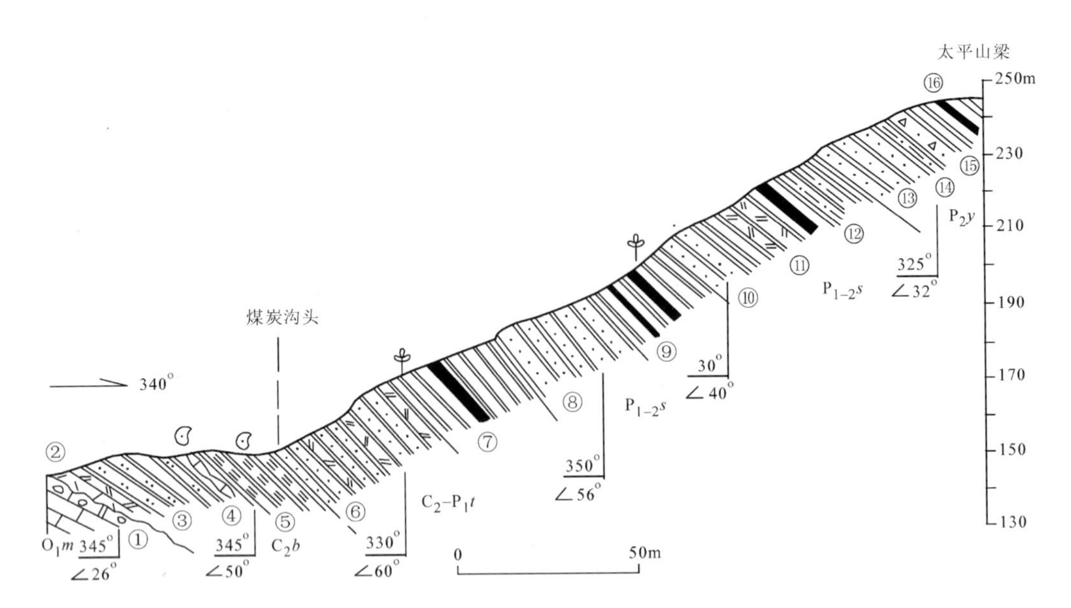

图 3-4-2 太平山南坡石炭系—二叠系实测地层剖面图(据谭应佳等,1987;赵温霞等,2003)

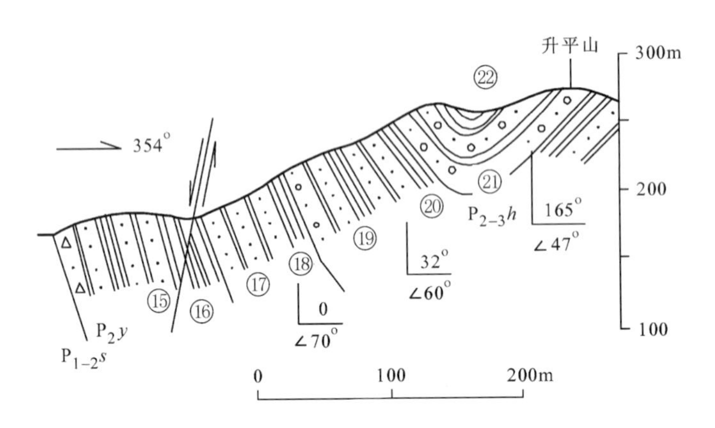

图 3-4-3 升平山南坡二叠系实测剖面图(据谭应佳等,1987;赵温霞等,2003)

①砾状白云质灰岩;②硬绿泥石角岩及红柱石角岩;③杂色粉砂岩、砂质板岩;④透镜体状泥质灰岩;⑤含黄铁矿黑色板岩(压力影板岩);⑥变质杂砂岩夹红柱石角岩;⑦杂色板岩夹碳质板岩、煤层(煤线);⑧变质中—粗粒杂砂岩;⑨黑色板岩夹煤层(煤线);⑩变质砂岩、粉砂岩夹少许黑色板岩;⑪黑色板岩夹煤线;⑫灰色砂质板岩;⑬变质杂砂岩;⑭砂质板岩;⑮灰色厚层状变质复成分角砾岩、变质含砾杂砂岩;⑯黑色板岩;⑰变质中—粗粒砂岩夹黑色板岩;⑱碳质板岩;⑲浅红灰色变质含砾长石石英砂岩夹同色粉砂质板岩;⑳灰色砂质板岩;㉑褐红色—灰黄色变质含砾长石石英砂岩夹同色板岩;㉒灰色—褐灰色砂质板岩与细砂岩互层

(视频讲解二维码:No. 3-4-1)

马家沟组(O_1m):角砾状白云质灰岩夹纹带灰岩、豹皮状灰岩,白云质灰岩与纹带灰岩互层。顶部发育风化壳。

本溪组(C_2b):

(1)灰绿色厚层状硬绿泥石角岩,厚2～3m。

(2)灰色红柱石角岩,厚4.5m。

(3)杂色(灰色—深灰色、黄色—灰黄色、褐色、粉红色等)粉砂质板岩,厚18m。

(4)灰色生物碎屑灰岩,厚0.8～1m。含海百合、刺毛虫类化石或其碎屑。

(5)灰色、浅灰色板岩,厚15m。含植物碎片等化石。该层中黄铁矿假晶具良好的压力影构造而被称为“压力影板岩”。

(6)灰色、灰黑色红柱石角岩,厚15m。

该组与下伏马家沟组为平行不整合接触关系,但在本路线其标志不大明显,可在煤炭沟口补充观察(图3-4-4)。

a. 本溪组与马家沟组接触关系，太平山剖面

b. 马家沟组顶部风化壳，煤炭沟

c. 红柱石角岩，太平山剖面，本溪组

d. 压力影板岩，太平山剖面，本溪组

图3-4-4 本溪组地层中的典型地质现象照片

太原组(P_1t):

(7)灰白色中厚层中细粒变石英砂岩。上部泥质胶结物渐多,粒度变细而为红柱石石英砂岩,厚13m。为便于沉积旋回划分,一般将该层称为“I砂”。样品测试砂岩孔隙度为6.5%～17.6%,渗透率为(0.003～2.49)$\times10^{-3}\mu m^2$(图3-4-5)。

(8)灰黑色板岩,厚1m。

(9)含红柱石细粒石英砂岩,厚2～3m。

(10)黑色板岩夹碳质板岩(含煤层位,又称为煤线),见有植物化石碎片,厚30m。该层称为“I板”及“I煤”。

(11)灰黄色薄层状粉砂质板岩及变质粉砂岩,厚12m。

a. 中细粒岩屑石英砂岩夹煤线，太平山剖面，太原组(P_1t) b. 中粗粒岩屑石英砂岩夹煤层，太平山剖面，山西组(P_1s)

c. 变质复成分角砾岩，太平山剖面，石盒子组(杨家屯组)(P_2y)

图 3-4-5 太原组—石盒子组地层中的典型地质现象照片

山西组(P_1s)：

(12)褐灰色中厚层中粗粒变质岩屑砂岩，底部偶含角砾，发育单向交错层理，厚 9m。

该层称为“Ⅱ砂”。样品测试砂岩孔隙度为 8.7%～29.87%，渗透率为(0.001～3.24)×$10^{-3}\mu m^2$。

(13)黑色碳质板岩夹煤层，厚 14m。含植物化石及其碎片。该层称为“Ⅱ板”及“Ⅱ煤”。

(14)深灰色中厚层状中细粒变质岩屑砂岩，厚 8m。该层称为“Ⅲ砂”。样品测试砂岩孔隙度为 11.05%～12.95%，渗透率为(0.019～0.166)×$10^{-3}\mu m^2$。

(15)黑色碳质板岩、粉砂质板岩夹煤层，含植物化石及其碎片，厚 13m。该层称为“Ⅲ板”及“Ⅲ煤”。

石盒子组(杨家屯组)(P_2sh/ P_2y)：

(16)浅灰色厚层状变质复成分角砾岩，俗称“豆腐块砾岩”，厚 70～120m。

六、问题思考和讨论

(1)各时代地层的主要岩性组成特征是什么？有哪些主要的原生沉积构造？是什么沉积环境形成的？

(2)本溪组与马家沟组是什么接触关系？主要依据是什么？

(3)各时代地层发育哪些典型的构造现象？

(4)能否与北戴河实习区所发育的同时代地层进行区域对比？

(5)角岩、板岩、片岩的主要特点是什么？红柱石角岩、硬绿泥石角岩、压力影板岩的基本特点是什么？

(6)矿物“红柱石”的主要特征是什么？

(7)煤系地层形成的古气候条件和沉积环境主要特征是什么？

(8)探讨华北地台早古生代的古地理环境。

第五节　太平山北坡古生代地层路线

一、路线简介

该路线属于晚古生代地层观察路线，与太平山南坡剖面相对应，属于太平山向斜的北翼。位于周口店实习站东北部附近，从太平山北坡大砾岩山—二亩岗，路线全长 2.0～3.0km(图 3-5-1)。地层出露条件和连续性较好，沉积现象较丰富，交通便利。地层包括下奥陶统马家沟组(O_1m)、上古生界上石炭统本溪组(C_2b)、下二叠统太原组(P_1t)、山西组(P_1s)、中二叠统杨家屯组(P_2y)。

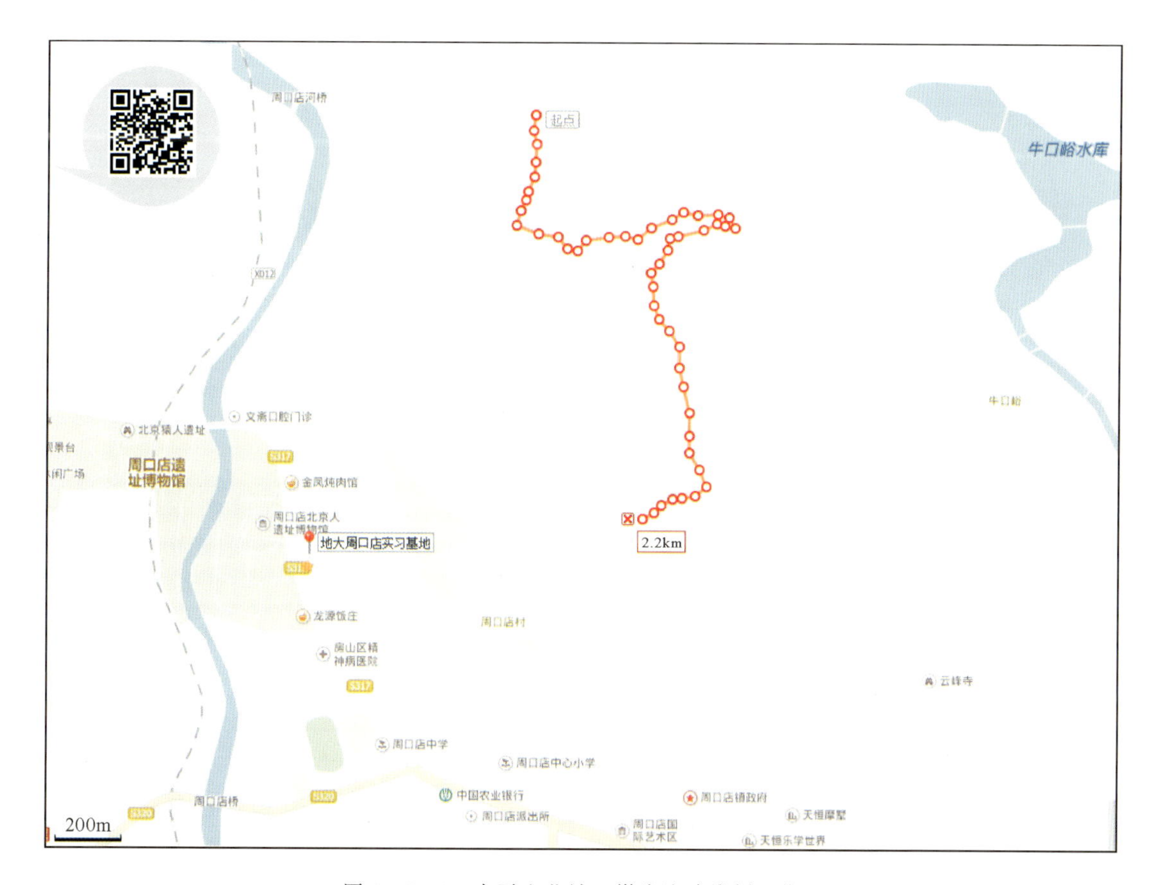

图 3-5-1　太平山北坡—煤炭沟路线剖面位置

二、路线地质背景知识

可参考甄春阳、王峰 2014 年发表在《中国科技信息》第 6 期上的论文“北京周口店地区三好砾岩沉积环境初探”。

三、教学内容及要求

(1)基本教学内容及要求同太平山南坡地层路线。

(2)与太平山南坡同时代地层岩性、岩性组合、地层厚度、岩相和沉积旋回以及岩层产状等进行对比并寻找异同点,从而熟悉和掌握上古生界地层发育总体情况及特征,建立地层分布的时空概念(图 2-2-4、图 3-5-2)。

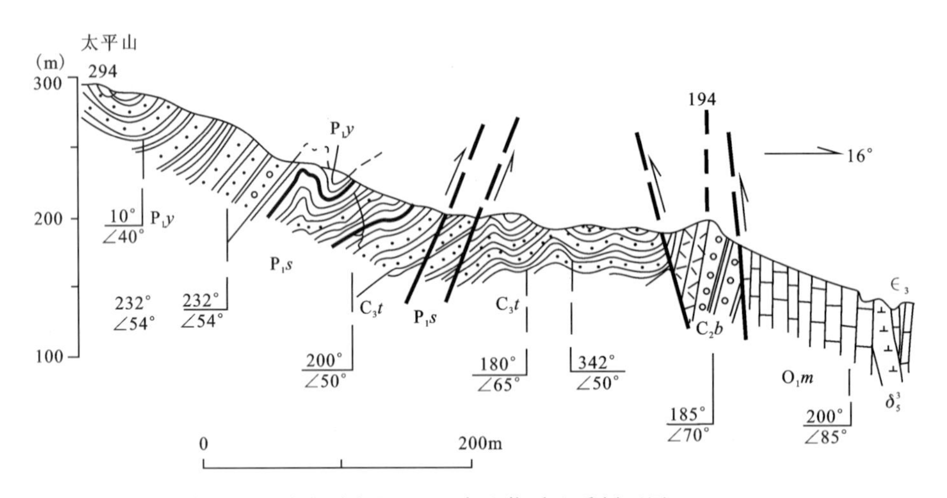

图 3-5-2 太平山北坡大砾岩山—194 高地信手地质剖面图(据王根厚等,2010,修编)

P_2y. 中二叠统杨家屯组变质砂岩、砂砾岩及板岩;P_1s. 下二叠统山西组变质砂岩、板岩夹煤层;P_1t. 下二叠统太原组变质砂岩、板岩;C_2b. 上石炭统本溪组变质砾岩、红柱石角岩;O_1m. 下寒武统马家沟组白云岩、白云质灰岩;$\in_3$. 上寒武统泥质条带灰岩;δ_5^3. 燕山晚期闪长玢岩

四、教学进程及安排

在太平山南坡路线观察之后,该路线可作为学生的野外独立考查路线设计。建议学生分组进行,5~6 人一组,独立观察描述,路线结束后,带队老师在路线终点集中收取野簿,并作为一次野外独立考查内容,记录成绩。重点强调野簿记录格式、记录内容,与太平山南坡地层的对比,找出异同点,并初步分析其沉积环境或成因意义。

五、地层剖面介绍

学生独立考察路线。

六、问题思考和讨论

(1)太平山南、北坡地层是否对称重复出现?其总体产状有何变化?能否识别或恢复出某一构造类型和形态?

(2)本溪组地层岩性组合在南、北坡有何差异？若有差异，是岩相变化还是构造影响？“三好砾岩”的基本特征及成因是什么？

(3)杨家屯组岩性特征在南、北坡有何变化？

(4)南坡所划分的沉积旋回，其特征在北坡是否存在？

第六节　车厂中生代地层考察路线

一、路线简介

该路线属于晚古生代—中生代地层和登山旅游地质考察路线，连接太平山地层路线剖面的杨家屯组“豆腐块砾岩”。该路线位于周口店实习站北部车厂客运站附近，距离实习站约7.8km，乘坐“房38路”可直达，步行至实习站约1个半小时，路线全长3～4km(图3-6-1)。地层出露条件和连续性很好，沉积现象丰富，交通极为便利。出露地层包括上古生界中二叠统石盒子组(杨家屯组)(P_2sh/P_2y)、红庙岭组(P_2h)，三叠系双泉组(Ts)、下侏罗统窑坡组(J_1y)、中侏罗统龙门组(J_2l)。

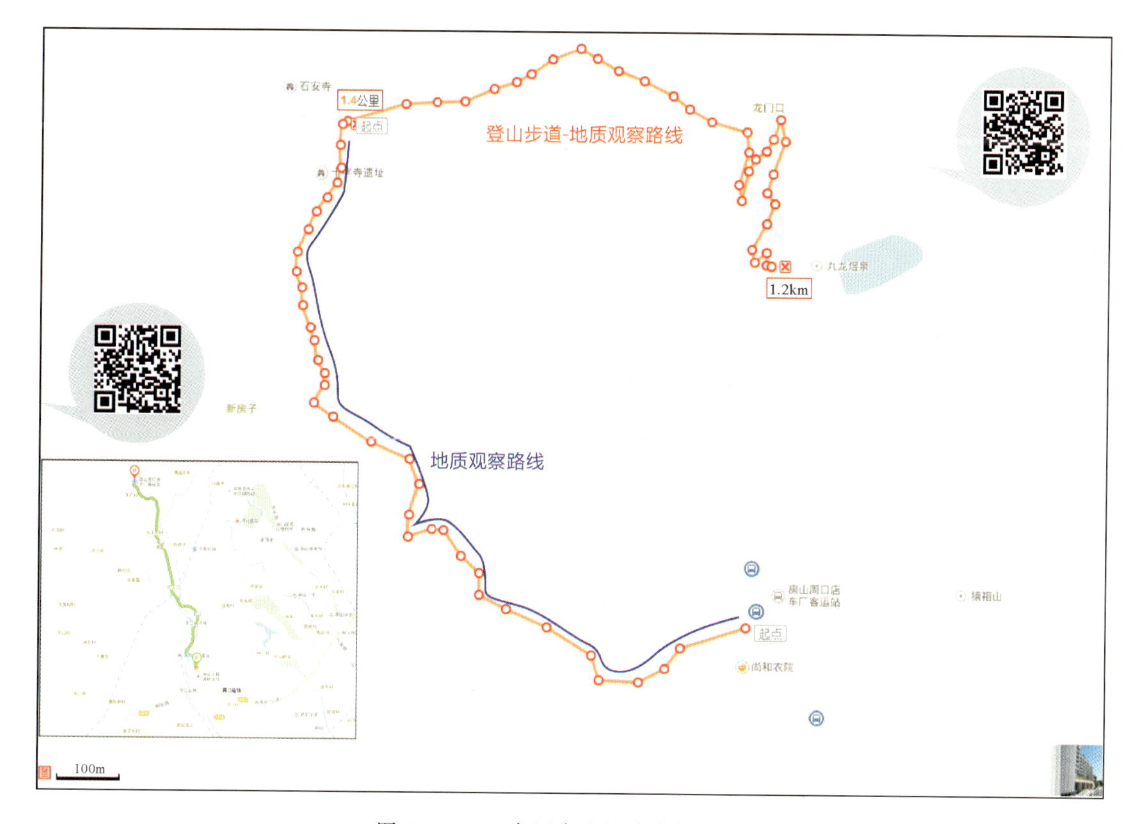

图3-6-1　车厂中生界路线剖面位置

二、路线地质背景知识

自晚二叠世以来，海水逐渐退出华北地区，开始进入大型内陆湖盆发展演化阶段，也是鄂尔多斯中生代大型克拉通盆地重要的油气聚集期。侏罗纪时期，我国北方地区气候温暖湿润，是我国北方地区重要的聚煤期。

周口店地区中生界分布在车厂、南车营、凤凰山、帽儿山、上寺岭、太平山一带，并组成北岭向斜核部。主要由一套浅变质的碎屑岩组成，包含砾岩、含砾砂岩、砂岩、粉砂岩、泥岩夹煤层、绿泥石片岩、千枚状板岩、红柱石角岩。早侏罗世窑坡组发育煤系地层，中生界地层中发育大型槽状交错层理、板状交错层理、粒序层理、平行层理、波状交错层理、砂岩透镜体的侧向叠置关系等，为河流、湖泊、三角洲、滨岸沼泽、辫状河冲积平原沉积环境。

三、教学内容及要求

(1)观察描述上古生界杨家屯组—中生界中侏罗统龙门组地层的岩性及其组合特征、古生物化石情况、地层接触关系，并初步进行沉积环境分析，讨论与矿产和能源资源的关系。

(2)详细划分地层单位，并按实测剖面的精度要求分层。

(3)系统采集地层岩石标本和含煤层系中的古生物化石标本。

(4)典型沉积构造的观察、描述、素描、照相，古水流方向初步判别和测量。

(5)常规方法制作地层信手剖面图(1∶2000)。

(6)结合登山路线考察，初步建立中生代地层的时空分布格局。

(7)对比中生界地层中的“压力影板岩”“红柱石角岩”特点，与太平山剖面古生界地层中的岩性进行对比，并与房山岩体关系展开讨论。

(8)按计算机软件系统在数字化地形图上定点、勾绘地质界线和实测剖面(1∶2000)。

四、教学进程及安排

(1)该条路线露头条件好，交通方便。路线观察结束后，直接进入登山路线，并注意与对面的露头剖面进行对比，让学生建立地层分布的空间概念。

(2)登山过程中，有许多很好的露头点，注意给学生讲解，特别是一些典型的岩性、沉积构造等，如“压力影板岩”“红柱石角岩”、大型槽状交错层理、板状交错层理、粒序层理、平行层理、波状交错层理、砂岩透镜体的侧向叠置关系等，结合沉积环境分析讲解。

(3)结合华北地区中生代盆地特点，给学生简单讲解我国中生代地层中赋存的矿产与能源资源。如北方的侏罗纪煤层、中生代含油气盆地、中生代页岩气等。

(4)该路线可作为实测地层剖面的备选路线，地层出露齐全，露头条件好，交通方便。若选择该路线为地层实测剖面区段，则具体要求及安排同太平山路线。但该路线距基地较远，工作时间和交通工具受到限制。

(5)该路线是实习区最后一条地层路线，至此，实习区的地层系统已经考察完成。教员可以适当给予总结整个地层分布及岩性组合特点，并初步分析沉积充填序列、沉积环境的演化过程，及其与矿产及能源资源的关系。

五、地层剖面介绍

本剖面已进行实测(周江羽等,2016),是实习区中生界地层观察研究的有利露头剖面。露头条件优越,交通十分便利,沉积构造丰富,路线地层观察与徒步登山相结合,可为野外地质考察提供丰富的专业实践体验,也可作为一条专业地质旅游的理想路线。本剖面自下而上地层及岩性发育如下(图 3-6-2)。

中二叠统石盒子组(杨家屯组)(P_2sh/P_2y):公路旁小溪附近出露。底部为深灰色角砾岩(豆腐块)。出露厚度 120m,未见底。中部为灰色细砂岩,发育板状交错层理;上部为黑色、深灰色碳质板岩、压力影板岩、粉砂岩夹煤线和薄煤层;含植物化石 *Lobatannularia* cf. *sinensis*(中华瓣轮叶比较种),*Sphenophllum verticillatum*(轮生楔叶)等。杨家屯组由多个正粒序组成,岩性较粗,分选磨圆中等—较差,发育槽状和板状交错层理,为近源辫状河道-辫状河冲积平原沉积环境(图 3-6-3d)。

上二叠统红庙岭组(P_3h):下部为深灰色含砾长石石英粗砂岩、中粗砂岩、灰色中砂岩,发育槽状交错层理、板状交错层理。中部为灰色粉砂质泥岩,砂泥岩互层;上部为黑色、深灰色千枚岩、绿泥石片岩夹深灰色粉砂岩和细砂岩;厚度 160m。红岭苗组由多个正粒序沉积旋回组成,二元结构清楚,发育槽状和板状交错层理、不对称波痕,为曲流河沉积环境(图 3-6-3c)。

三叠系双泉组(Ts):下部为灰色粉砂岩、泥岩,压力影板岩夹细砂岩,产植物化石:*Gigantopteris shangqianensis*(双泉大羽羊齿),发育水平层理;底部为灰白色中粗粒长石石英砂岩,变质风化,含有大量绢云母,岩层近于直立,发育平行层理。上部为灰黑色泥岩夹深灰色粉砂岩(覆盖);中部为含砾砂岩,具正粒序,大型槽状和楔状交错层理。厚度 228m。与下伏红庙岭组整合接触。双泉组为滨浅湖泊-三角洲沉积环境(图 3-6-3a,b)。

下侏罗统南大岭组(J_1n):在周口店北部南车营一带出露,本路线未见到该组地层。为一套灰紫色变质玄武岩及拉斑玄武岩,具石英质杏仁状构造,厚度很不稳定,属火山喷出岩。与下伏双泉组呈角度不整合接触。厚 91m。

下侏罗统窑坡组(J_1y):从下到上,可划分出 4 个由粗变细的岩性段(图 3-6-4c,d)。

(1)底部细砂岩夹砂砾岩-细砂岩-粉砂岩泥岩互层(含煤)段:底部为灰色细砂岩,深灰色含红柱石碳质泥岩;下部为细砾岩,过渡为含砾砂岩正粒序(一砂),上部主要为粉砂岩和含碳质泥岩互层,局部夹煤层,见植物碎片化石。厚度 46.5m。

(2)下部砂砾岩-砂岩-泥岩(含煤)段:下部为灰色细砂岩,局部含砾岩薄层(二砂),石英脉垂直侵入,节理发育,向上主要为碳质泥岩夹粉砂岩和细砂岩薄层,发育波状交错层理,局部夹煤线和煤层,含红柱石矿物,见植物碎片化石;厚度 60m。

(3)中部细砂岩夹砾岩-泥岩夹粉砂岩段:底部为一套细砂岩夹含砾砂岩(三砂),砾石次圆—圆,分选好,粒径 2～5cm,向上为粉砂岩,泥岩夹粉砂岩薄层,组成正粒序。砂岩底部见有弱冲刷构造。厚度 60m。

(4)上部细砂岩-粉砂岩泥岩互层段:下部为灰白色细砂岩、底部含透镜状砂体(四砂),可见多个砂体的侧向叠置,厚度 60m;上部覆盖泥岩、粉砂岩,厚度 100m。

纵观上述窑坡组岩性组成、沉积构造、粒序特征、砂体形态等,窑坡组总体显示(扇)三角洲-水下扇-滨浅湖泊-沼泽沉积环境,早期湖泊-沼泽化成煤作用明显,中—晚期聚煤作用结束，进入三角洲-滨浅湖泊沉积环境。窑坡组深灰色、黑色泥页岩层，也是华北地区重要的页岩气赋存层位和勘探目的层段。

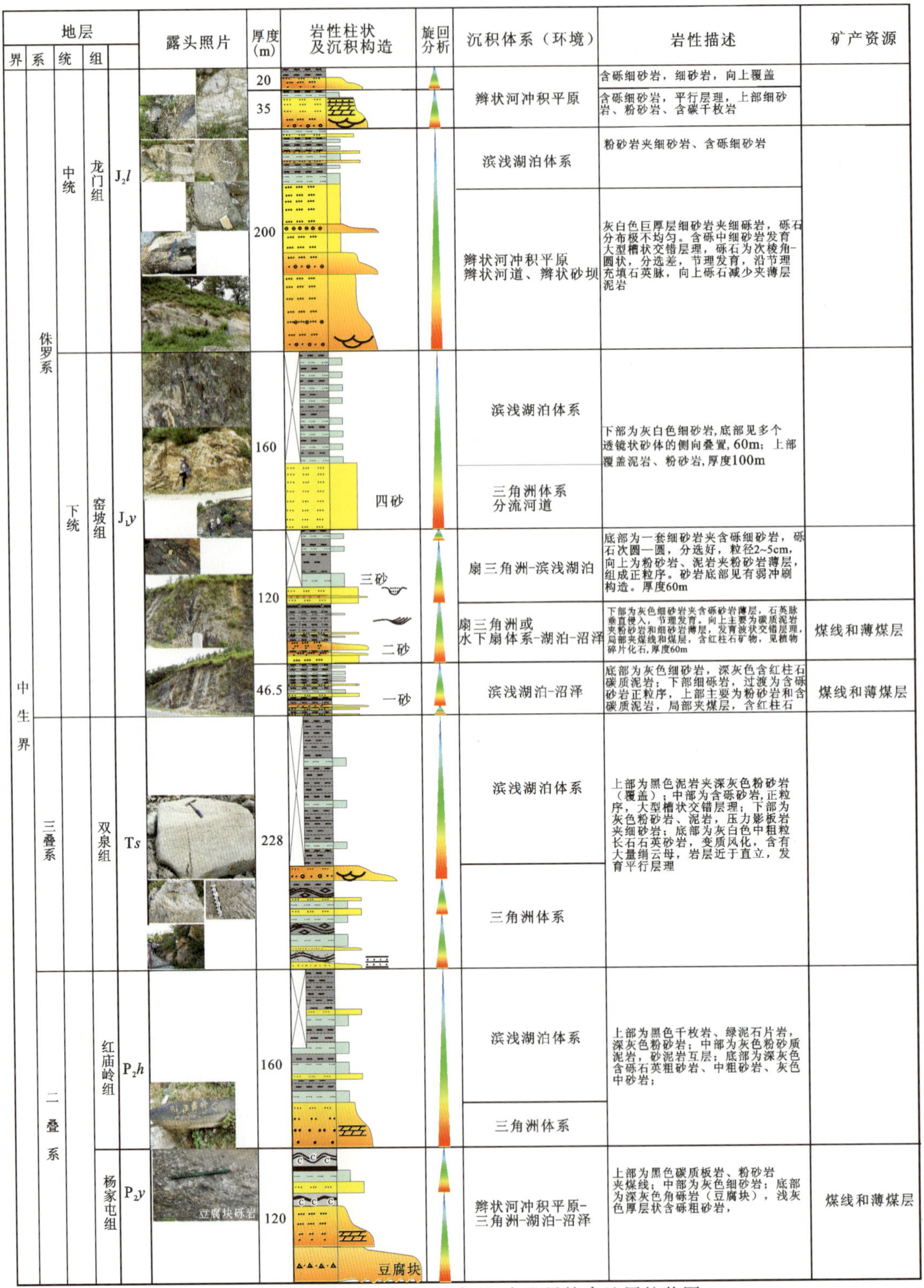

地层：界	系	统	组	代号	露头照片	厚度(m)	岩性柱状及沉积构造	旋回分析	沉积体系（环境）	岩性描述	矿产资源
中生界	侏罗系	中统	龙门组	J_2l		20			辫状河冲积平原	含砾细砂岩，细砂岩，向上覆盖	
						35				含砾细砂岩，平行层理，上部细砂岩、粉砂岩、含碳千枚岩	
						200			滨浅湖泊体系	粉砂岩夹细砂岩、含砾细砂岩	
									辫状河冲积平原 辫状河道、辫状砂坝	灰白色巨厚层细砂岩夹细砾岩，砾石分布极不均匀。含砾中细砂岩发育大型槽状交错层理，砾石为次棱角-圆状，分选差，节理发育，沿节理充填石英脉，向上砾石减少夹薄层泥岩	
		下统	窑坡组	J_1y		160			滨浅湖泊体系	下部为灰白色细砂岩，底部见多个透镜状砂体的侧向叠置，60m；上部覆盖泥岩、粉砂岩，厚度100m	
							四砂		三角洲体系 分流河道		
						120	三砂		扇三角洲-滨浅湖泊	底部为一套细砂岩夹含砾细砂岩，砾石次圆—圆，分选好，粒径2~5cm，向上为粉砂岩、泥岩夹粉砂岩薄层，组成正粒序。砂岩底部见有弱冲刷构造。厚度60m	
							二砂		扇三角洲或 水下扇体系-湖泊-沼泽	下部为灰色细砂岩夹含砾砂岩薄层，石英脉垂直侵入，节理发育。向上主要为碳质泥岩夹粉砂岩和细砂岩薄层，发育波状交错层理，局部夹煤线和煤层，含红柱石矿物，见植物碎片化石，厚度60m	煤线和薄煤层
						46.5	一砂		滨浅湖泊-沼泽	底部为灰色细砂岩，深灰色含红柱石碳质泥岩；下部细砾岩，过渡为含砾砂岩正粒序，上部主要为粉砂岩和含碳质泥岩，局部夹煤层，含红柱石	煤线和薄煤层
	三叠系		双泉组	Ts		228			滨浅湖泊体系	上部为黑色泥岩夹深灰色粉砂岩（覆盖）；中部为含砾砂岩，正粒序，大型槽状交错层理；下部为灰色粉砂岩、泥岩，压力影板岩夹细砂岩；底部为灰白色中粗粒长石石英砂岩，变质风化，含有大量绢云母，岩层近于直立，发育平行层理	
									三角洲体系		
	二叠系		红庙岭组	P_2h		160			滨浅湖泊体系	上部为黑色千枚岩、绿泥石片岩，深灰色粉砂岩；中部为灰色粉砂质泥岩，砂泥岩互层；底部为深灰色含砾石英粗砂岩、中粗砂岩、灰色中砂岩；	
									三角洲体系		
			杨家屯组	P_2y	豆腐块砾岩	120	豆腐块		辫状河冲积平原-三角洲-湖泊-沼泽	上部为黑色碳质板岩、粉砂岩夹煤线；中部为灰色细砂岩；底部为深灰色角砾岩（豆腐块），浅灰色厚层状含砾粗砂岩，	煤线和薄煤层

图 3-6-2 周口店地区(车厂)中生界综合地层柱状图

a. 灰白色含砾中粗长石石英砂岩，下部大型槽状交错层理，上部板状交错层理（双泉组，T*s*）

b. 灰色压力影板岩（双泉组，T*s*）

c. 灰白色含砾石英中粗砂岩（红岭庙组，P_2h）

d. 深灰色角砾岩（豆腐块，石盒子组/杨家屯组，P_2sh/P_2y）

图 3-6-3 车厂石盒子组—双泉组地层中的典型地质现象照片

车厂剖面三件窑坡组样品，黑色碳质泥岩的 *TOC*%为 1.49%～3.31%，*Ro* 为 1.05%；深灰色泥岩的 *TOC*%为 0.41%；生烃潜量 *S*1＋*S*2 为 0.06～0.15mg/g，产率指数 *PI* 为 0.29～0.33，氢指数 *HI* 为 1.66～9.76mg/gTOC。口儿村、上店村的 2 件泥岩样品 *TOC*%为 3.02%～5.38%，葫芦棚采集的煤岩样品 *TOC*%为 57.5%，*Ro* 为 3.21%。显然，下侏罗统窑坡组碳质泥岩和黑色泥岩具有较好的生烃潜力。样品测试砂岩孔隙度为 7.94%，渗透率为 $0.047\times10^{-3}\mu m^2$。

中侏罗统龙门组（J_2l）：由两个岩性段组成（图 3-6-4a，b）。

（1）下部为巨厚层状灰白色细砂岩、含砾中细砂岩夹细砾岩，砾石分布极不均匀。含砾中细砂岩发育大型槽状交错层理，砾石为次棱角—圆状，分选差，节理发育，沿节理充填石英脉，向上砾石减少。细砾岩具正粒序，底部截然接触。上部为薄层粉砂岩、泥岩、细砂岩互层；厚度 200m。

（2）上部以灰白色、灰黄色含砾砂岩、砂砾岩、细砂岩为主，夹粉砂岩、含碳千枚岩。发育大型槽状交错层理、板状交错层理和平行层理。厚度 55m。

龙门组总体岩性较粗，厚度巨大，正粒序特征，发育大型槽状和板状交错层理，显示了辫状河冲积平原-辫状河道沉积环境。样品测试砂岩孔隙度为 2.41%～7.22%，渗透率为$(0.001\sim0.614)\times10^{-3}\mu m^2$。

中侏罗统九龙山组(J_2j):在周口店北部南车营一带出露,本路线未见到该组地层。底部为灰绿色中—粗粒变质砾岩,砾石成分复杂,分选较差。下部为灰白色、灰绿色、黑灰色变质凝灰质砂岩,夹变质砾岩;中部为紫红色、灰绿色变质凝灰质细砂岩夹多层变质砾岩、砂岩、板岩;上部为浅灰色凝灰质砂岩、粉砂岩夹含砾火山岩屑砂岩。本组厚大于1000m。

a.灰白色厚层状含砾砂岩,大型槽状交错层理,正粒序,节理发育,辫状河道和砾质砂坝沉积(龙门组,J_2l)

b.灰白色含砾砂岩,下部槽状交错层理,上部板状交错层理,正粒序,辫状河道沉积(龙门组,J_2l)

c.深灰色碳质泥岩、泥岩夹薄层砂岩、粉砂岩和煤层(窑坡组,J_1y)

d.灰白色含砾砂岩透镜体,侧向叠置,分流河道(窑坡组,J_1y)

图3-6-4 车厂窑坡组—龙门组地层中的典型地质现象照片

六、问题思考和讨论

(1)采样并对比太平山剖面出现的"红柱石角岩""压力影板岩"的岩石特征,分析与房山岩体的关系。

(2)槽状交错层理、板状交错层理、波状交错层理、平行层理、水平层理的观察和素描。

(3)观察和描述砾岩的基本特征,砾石成分、结构、分选磨圆、排列方向、杂基和胶结物等,沉积岩粒序的变化;并与太平山剖面"豆腐块砾岩"和"三好砾岩"进行对比。

(4)古水流方向的初步判断和测定,初步分析物源方向。

(5)中生代盆地赋存的矿产和能源资源。

(6)初步分析沉积环境和沉积演化过程,主要依据是什么?

(7)结合徒步路线,观察地层展布的时空变化特征是什么?地层时代、产状和分界线特征是什么?

第七节 磊孤山—东山口侵入岩体路线

一、路线简介

房山复式岩体研究历史长，成果丰富，早在中国地质大学（武汉）周口店基地创建初期，业已开发成一经典的岩体教学路线，1996年第30届国际地质大会亦将其选择为国际地质参观路线。鉴于此，在2004年周口店基地创建50周年之际，中国地质大学（武汉）与当地政府部门联合对其立碑以示纪念和保护。该路线为房山岩体的观察路线。房山岩体是周口店地区面积最大的侵入体，观察路线位于周口店镇北侧西峰坡—迎风坡—东山口一线，自北东到南西由中心向边部，穿越房山岩体的东南边缘。岩体露头条件较好，观察点均有乡村公路通达，交通便利（图3-7-1）。

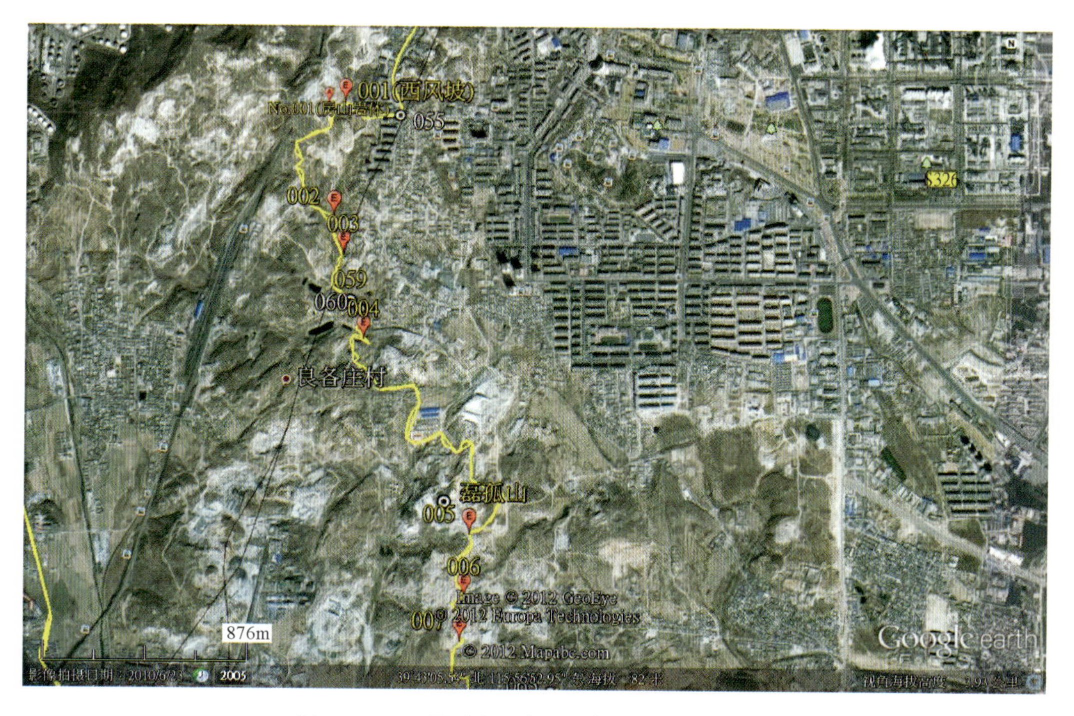

图3-7-1 磊孤山—东山口侵入岩体观察路线

二、路线地质概况

房山岩体位于房山区西北，其西界车厂，东临羊头岗，北抵东岭子，南至东山口、关坻，平面上呈南东—北西向延长的椭圆形，出露面积约54km²。房山侵入体与周围地层多为侵入接触关系，局部地段为断层接触。岩体东部、北部接触面向围岩倾斜；西部接触面近直立；南部接触面有的地段倾向岩体内部，有的倾向围岩。总体上看，是向围岩倾斜，为一中等规模岩株。房山岩体主要由位于中心的花岗闪长岩主体和呈不完整环带状分布于边部的石英二长闪长岩组成，并被镁铁质脉岩切割，为一复式岩体（图 2－3－1）。

暗色细粒石英闪长岩体零散分布于花岗闪长岩体边缘，过去曾认为前者是后者的边缘相，但实际上两者为侵入接触关系，暗色石英闪长岩侵入稍早，花岗闪长岩侵入稍晚，前者被后者侵入、穿切。主要证据包括：①两者存在侵入接触界线，在关坻、东山口、上店、南关隧洞附近可见侵入接触关系，有些地方可见到花岗闪长岩一侧有窄的、隐约可见的冷凝边；②花岗闪长岩中有暗色细粒石英闪长岩捕虏体；③暗色细粒石英闪长岩流动构造被花岗闪长岩所切割，但在局部地段两岩体之间表现为过渡关系，表明两次侵入时间间隔不是很长。也许是暗色细粒的石英闪长岩体侵位不久，外壳凝固而内部尚未凝固时，较酸性的花岗闪长岩浆接踵而来，可能是同源岩浆“脉动”侵入的结果。

（一）花岗闪长岩体

1. 相带划分

花岗闪长岩是房山复式岩体的主体，位于核部。按照岩体内部钾长石斑晶含量、大小和岩石特征的差异，将花岗闪长岩分为 3 个岩相带，从岩体中央向外依次称为中央相、过渡相和边缘相（图 2－3－1）。相带以中央相为核心，呈同心环状分布。南部及东部相带较宽，西北部相带较窄，各相带之间逐渐过渡，钾长石斑晶在过渡相内含量较高。各相带特征见表 3－7－1。

表 3－7－1 房山复式岩体花岗闪长岩相带特征

特征			相带			
			中央	过渡	边缘	变化规律
岩性			巨斑斑状 $\gamma\delta$	粗斑斑状 $\gamma\delta$	中粒石英二长闪长岩	酸性—基性
结构			似斑、巨斑状 基质中粒 钾长石卡氏双晶	似斑、粗斑状 基质中粗粒	少斑、等粒 基质中细粒	似斑—等粒 粗—细
构造			均一	均一、流动	斑杂、流动、原生节理	均一—不均
矿物成分	斑晶		3%～10% (15mm)	3%～20% (10～15mm)	0～3% (5～10mm)	较少—多—少 大—小
矿物成分	基质	Or	20%	20%～25%	5%	多—少
矿物成分	基质	Pl	40%	45%	>45%	少—多
矿物成分	基质	Q	<20%	10%～20%	<10%	多—少
矿物成分	基质	暗色矿物	15%	20%	25%	少—多
暗色包体	种类		少	中等	多	少—多
暗色包体	含量		少	较多	多	少—多
暗色包体	粒度		小	较大	大	小—大
暗色包体	形态		浑圆	次棱角、次圆	棱角、次棱角	次圆—棱角

注：Or. 钾长石斑晶；Pl. 斜长石；Q. 石英。

2. 矿物组成

花岗闪长岩主要由斜长石、钾长石(微斜长石、条纹微斜长石)、石英、黑云母和角闪石组成,副矿物为磁铁矿、磷灰石、榍石、锆石等。其中钾长石和部分斜长石构成过渡相和中央相斑晶,过渡相中偶见长条状角闪石斑晶。由于岩石为粗粒似斑状结构,单凭薄片定名有误,故前人采用野外和室内相结合的方法对斑晶和基质矿物的含量分别进行统计,8个点的统计结果见表3-7-2。

表3-7-2　花岗闪长岩体各相带矿物成分平均含量

矿物成分		岩相带		
		边缘相	过渡相	中央相
矿物成分含量(%)	石英	12.6	19.5	21.6
	斜长石	46.8	50.0	40.1
	钾长石	20.4	17.6	20.8
	黑云母	10.4	6.3	9.7
	普通角闪石	8.0	5.1	6.3
	磁铁矿	0.8	0.7	0.5
	榍石	0.4	0.4	0.6
	磷灰石	0.3	0.3	0.3
	单斜辉石	0.2	/	/
	其他	0.1(绿帘石、锆石、褐帘石)	0.1(绿帘石等)	0.1(绿帘石等)
岩石名称		石英闪长岩	花岗闪长岩	花岗闪长岩

据《1∶5万周口店幅区调报告》,1988。

从边缘到中央,造岩矿物的含量具有明显的变化规律:暗色矿物从多到少,石英由少变多,钾长石斑晶含量由无到逐渐增多,后又减少,反映了岩浆从边缘到中央,由较基性向较酸性的演化。经对比分类,岩体的过渡相和中央相岩石的正确命名应为花岗闪长岩,仅在岩体西北部由于钾长石斑晶含量增多而出现石英二长岩;边缘相的基本名称为石英闪长岩,仅在岩体东部丁家洼一带由于钾长石增多也出现石英二长岩种属。

(3)捕虏体(包体)。花岗闪长岩体中捕虏体(包体)主要集中于边缘相和过渡相,长轴多在10～50cm之间。处于边缘相中包体因经受强烈的压扁作用而呈铁饼状,其长轴或扁平面大致平行于接触带。它们可大致分为两类:一类为来自围岩的碎块(如大理岩、变质砂岩、角闪岩、各种片麻岩、细粒石英闪长岩等,如官地附近125.5高地所见);另一类为深部包体。经研究,从边缘相到中央相捕虏体(包体)具有一定的变化规律:数量由多到少;成分由复杂到单一;形状上从次棱角到纺锤状;界线由截然到不清楚至模糊;从没有长石变斑晶(交代斑晶)到出现白色斜长石变斑晶及浅肉红色钾长石变斑晶,改造程度由浅到深(图3-7-2、图3-7-3)。

暗色微粒包体的形态多呈椭球形,大小差别极大,最大的包体长轴可达2～3cm,最小的包体长轴仅2cm。据张金阳等(2013)研究,暗色微粒包体往往发育有向内部弯曲的凹边

(图 3－7－2e,f),可见寄主岩细脉切穿并分割微粒包体(图 3－7－2f),也可见被微粒包体包围的寄主岩团块(图 3－7－2g),表明寄主岩浆挤入包体并发生了物质交换。密集的暗色微粒包体群整体上呈岩墙的形态,说明长英质寄主岩浆冷凝过程中形成原生裂隙,镁铁质岩浆沿这些裂隙贯入,并发生物质交换。

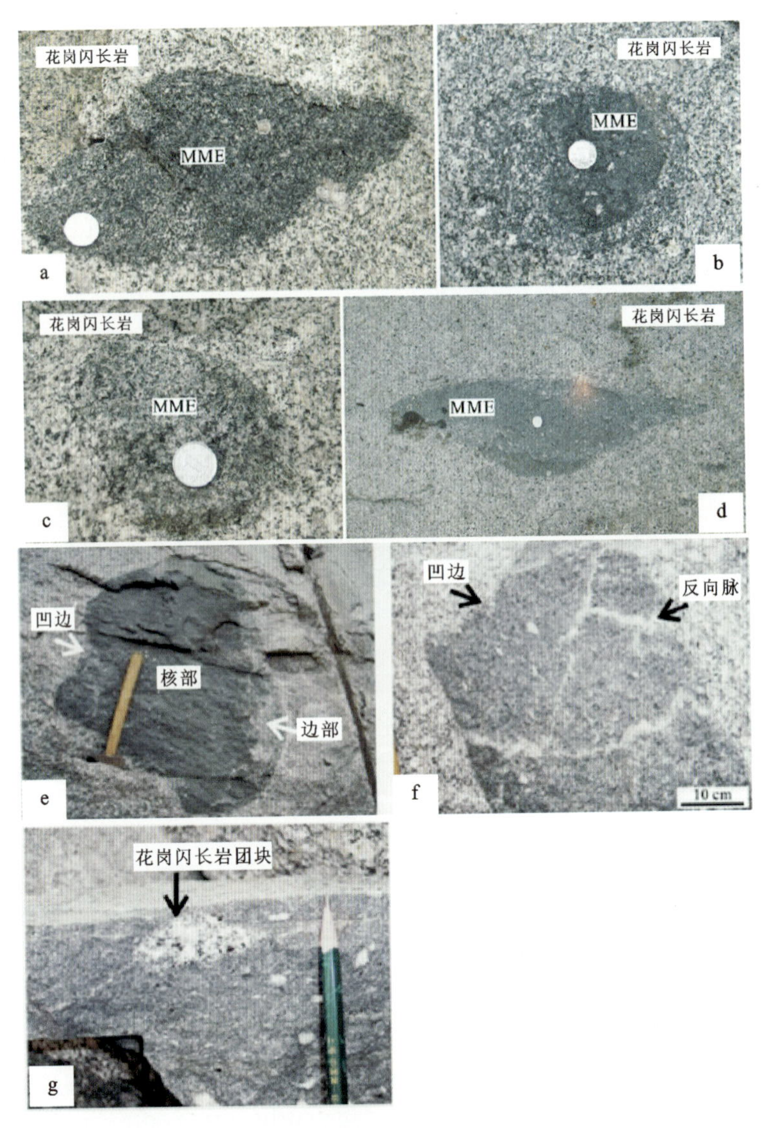

图 3－7－2 暗色包体(MME)与花岗闪长岩关系(据 Xu et al,2012;张金阳等,2013)

a. 椭圆形包体与主岩截然分界,大的钾长石斑晶位于主岩与包体边界;b. 暗色包体与花岗闪长岩主岩之间浅色过渡带;c. 大部分被消耗的暗色包体;d. 显示半塑性状态的纺锤形包体;e. 环带状暗色微粒包体及向内部弯曲的凹边;f. 贯入暗色微粒包体的反向脉及向内弯曲的凹边;g. 微粒包体包围的寄主岩花岗闪长岩团块

图 3-7-3　房山岩体野外典型地质现象照片

a. 花岗闪长岩中央相及包体(迎风坡)；b. 过渡相包体被脉体穿插(磊孤山)；c. 过渡相岩石及后期穿插脉体；d. 房山岩体边缘相(127.2 高地)；e. 边缘相包体(龙门口)；f. 边缘相中围岩捕虏体(125 高地)；g. 花岗闪长岩与石英闪长岩接触关系；h. 枪杆石复式岩体接触关系；i. 房山岩体蘑菇石

环带状暗色微粒包体(图 3-7-2b,e)核部颜色较深,暗色矿物含量高,粒度相对较细,边部一般较窄并发育不完全,颜色较浅,暗色矿物含量低,粒度相对较粗,浅色的边缘是包体与寄主岩物质发生交换的产物。也可见中心为暗色微粒包体,边部为富云包体组成的复合包体,这是寄主岩浆中黑云母围绕暗色微粒包体集中分布的结果,表明寄主岩浆处于未结晶的液相。这些类型暗色微粒包体一方面说明包体与寄主岩存在物质交换,另一方面说明镁铁质岩浆侵入贯穿于岩浆固结过程的始终,即存在多期次镁铁质岩浆的侵入活动。

微粒包体呈斑状结构,斑晶含量为 3%~5%左右,主要有斜长石和少量黑云母、角闪石,偶见钾长石。斜长石斑晶形态多不规则,边界不平直,有的呈卵圆形,其中可含黑云母、角闪石、磷灰石。黑云母斑晶呈深褐色—浅黄色多色性,内部可见针状磷灰石,角闪石斑晶边角钝圆,多色性呈草绿色—褐黄色。包体中除可见与寄主岩中相同的斑晶外,横跨于包体与寄主岩边界的长石斑晶也很多,表明包体中的长石与寄主岩中的长石相同,包体中的长石来源于寄主岩,且长石生长时包体未完全固结。基质中,角闪石呈半自形长柱状,多色性与斑晶角闪石一致,有的具简单双晶,黑云母以半自形为主,多色性与斑晶黑云母一致,局部可见扭折现象,长石多为半自形—自形,石英具波状消光,部分包体中含有少量的褐帘石。基质中长石和石英含量达 50%以上,暗色矿物占 45%~50%,角闪石含量多于黑云母。

2. 石英闪长岩体

石英闪长岩体是相对早期侵位的岩体,分布于花岗闪长岩体的外缘,受后者的侵入和穿切,分割成零散的十几个小岩体。最大的分布于羊耳峪—东流水一带,呈新月形,长 4000m,最宽处约 500m,面积约 $2km^2$,其次为丁家洼、官地及东山口等地岩体(图 2-3-1)。矿物组成特征见表 3-7-3。

表 3-7-3 石英闪长岩矿物含量(据谭应佳和叶俊林,1987)

岩体	矿物					
	斜长石	钾长石	石英	黑云母	角闪石	副矿物
东山口	52.3~53.6	6.5~15.7	10.0~11.1	11.3~17.0	6.6~13.0	1.7~2.2
关坻	48.3	4.8	1.4	16.1	26.3	3.1
东流水	52.5	6.8	10.5	12.0	16.2	2.2

东山口石英闪长岩为灰色,细粒,有不明显的条带状构造,原生节理发育,围岩捕虏体较多。根据矿物成分统计,定名为角闪黑云母石英闪长岩。为便于同花岗闪长岩体边缘相区别,定名为暗色细粒石英闪长岩。

关坻闪长岩为灰黑色,暗色矿物比东山口多,细粒等粒结构。镜下普通角闪石内有透辉石残余,角闪石具环带。斜长石为中长石,比东山口更显基性,具环带。岩石中碳酸盐化强。根据矿物含量统计定名为暗色细粒闪长岩。

东流水石英闪长岩,岩石为灰白色,细—中粒连续不等粒结构。岩石化学成分指示稍偏酸性。据矿物成分定名为角闪石英闪长岩。

石英闪长岩皆以细—中粒等粒结构、颜色深、暗色矿物含量高等特征而区别于花岗闪长岩体边缘相。

3. 房山岩体岩石化学

岩体从早至晚即从岩体的边缘至内部，SiO_2、Na_2O 和 K_2O 含量增加；MgO、Fe_2O_3、FeO 和 CaO 含量减少，Al_2O_3含量无明显变化。在 K_2O－SiO_2图解中，绝大多数样品的投影点均落在高钾钙碱性系列岩区，只有个别样品落入钾玄岩系列区域内（张丽芬等，2006）。在 $(La/Yb)_N$-$(Yb)_N$图解中，周口店岩体主期花岗闪长岩投影点全部落在埃达克岩区，早期石英二长闪长岩落入埃达克岩与典型的岛弧钙碱性岩的过渡区边缘；而在 Sr/Y－Y 图解中，周口店岩体全部落入了埃达克岩的区域，表明周口店岩体两期岩石具有与埃达克质岩非常相似的地球化学特征。具有高 Si、低 Mg 特征（Xu et al，2012），初始 Sr、Nd 同位素比值分别为 0.751～0.7055、0.5115～0.5118，$\varepsilon_{Nd}(t)$在－13.7～－17.9（张丽芬等，2006；蔡剑辉等，2005）。综合元素与同位素地球化学特征，推断房山岩体起源于加厚的大陆下地壳（Xu et al，2012）或来自中生代时增生在华北下地壳底部年轻的基性麻粒岩的部分（张丽芬等，2006）。

4. 房山岩体侵位时间

从房山岩体侵入接触的最新地层为下二叠统，以及岩体热变质晕圈影响到中侏罗统龙门组来看，岩体的侵位时间应在中侏罗世之后。已有的同位素定年结果，包括蔡剑辉等（2005）获得的花岗闪长岩 SHRIMP 锆石 U－Pb 年龄 130.7±1.4Ma；Sun et al（2010）对花岗闪长岩、石英闪长岩和微粒包体的锆石 SIMS 和 LA－ICP－MS U－Pb 定年，获得的花岗闪长岩年龄（130～134Ma）（自边缘到核部分别是 133±1Ma、132±1Ma、130±1Ma/SIMS；132±2Ma、134±2Ma/LA－ICP－MS），石英闪长岩年龄为 130～134Ma，暗色微粒包体的年龄为 134Ma。Yan et al（2010）对早期石英闪长岩两件角闪石 Ar－Ar 定年，获得坪年龄为 134.3±0.4Ma 和 136±0.5Ma；Xu et al（2012）对花岗闪长岩、微粒包体和镁铁质脉岩的 LA－ICP－MS 定年，获得三者年龄分别为 136±2Ma、136±2Ma 和 134±2Ma。上述结果显示，暗色细粒石英闪长岩侵位时间为 130～136Ma；花岗闪长岩的侵位时间为 130～134Ma，微粒暗色包体年龄 134～136Ma，镁铁质脉岩岩浆侵位时间在 134Ma 左右，以上不同作者采样不同的定年方法所获得年龄在误差范围内基本一致，反映暗色细粒石英闪长岩、花岗闪长岩和镁铁质微粒暗色包体以及晚期的切割早期岩体的镁铁质脉岩，其形成时间非常接近。它们均为在早白垩世侵位的岩体。

三、教学内容及要求

（1）了解房山复式岩体位置、规模、平面形态及侵入时代。

（2）观察并描述复式岩体相带或单元划分标志及各自岩石学特征。

（3）观察认识岩体的原生构造并进行测量。

（4）观察描述析离体、捕虏体及浆混体（成因不明者可统称包体）发育的位置、含量变化、形态特征并进行岩性鉴定。

（5）观察鉴别不同岩体、岩脉的穿插关系及形成的先后顺序。

（6）观察描述岩体与围岩的接触关系。

（7）横穿岩体相带测制岩体信手地质剖面图并对典型地质现象进行素描和利用数码相机拍照。

（8）分别按常规方法和 GPS、计算机软件系统在纸质地形图、数字化地形图上定地质观察点并勾绘相带界线及岩体与围岩的接触界线。

（9）系统采集不同相带基岩标本和不同风化类型的样品，以便镜下薄片鉴定和利用便携式测试分析仪进行地球化学测试分析工作。

四、教学进程及安排

1. 西峰坡

路线起点，观察花岗闪长岩体中央相岩性、结构、构造，准确定名；观察钾长石巨斑晶（长4～5cm）的环带构造；统计斑晶数量。

2. 磊孤山东南坡采场

此处为岩体过渡相，相距不远有多个采石点，其地质内容皆同且岩石露头均佳。若有数个教学班可安排在不同处进行观察。教学进程可依次安排介绍岩体地质概况、岩体工作方法、过渡相岩石观察描述、原生构造的观察与测量、过渡相与边缘相分界、定点及在地形图上勾绘岩相界线，以此为起点开始制作岩体信手地质剖面图。

从磊孤山东南坡向南至127.2高地的路线地质中，除完成过渡相与边缘相的分界任务外，还应安排观察浆混体、析离体、捕虏体由内向外其大小、形状、数量及成分变化的有关内容。在这一带蘑菇石成群出现，千姿百态、景观秀美，可安排学生在此照相、素描并讨论其成因，引导学生回忆地质风化作用及特征。

3. 127.2 高地南侧

该观察点为花岗闪长岩体边缘相与石英闪长岩的分界。依次安排如下观察内容并完成相应工作：127.2高地南侧为花岗闪长岩与石英闪长岩接触关系所在，二者岩性、粒度及颜色的差异、原生构造交切关系、伴生岩脉与二者关系、三者形成顺序等均为主要观察内容，确定岩性分界点并勾绘地质界线；继续绘制地质信手剖面图。

4. 官地村西侧大路旁

观察描述复式岩体与围岩的接触关系。岩体在此处的岩性为石英闪长岩，露头良好、岩石新鲜、便于观察描述。围岩为太古宇官地杂岩，岩性为灰色、灰黄色片麻岩，已风化，其中有长英质脉体发育。可提示岩体与围岩呈侵入接触，其证据和标志在官地村村东等处可见，将在另外路线中安排观察此项内容。于此点完成岩体信手地质剖面图。

5. 官地村西约300m 处101.8 高地

此点位于公路旁侧，所观察露头被称为“枪杆石”。观察描述数种侵入岩（其中有脉岩）岩性特征并观其穿插关系。可展开讨论，最后完成定点、勾绘地质界线及素描和照相等任务。

6. 一条龙北坡

为岩体与围岩接触处，描述岩体的岩性特征并给予正确定名；观察围岩的岩性组合特征并判断其时代归属和组名。详细观察二者的侵入接触关系（岩体呈树枝状侵入于围岩中）。完成定地质点、勾绘地质界线和侵入接触关系素描及照相任务。从磊孤山—127.2高地—官地村西侧采用穿越路线进行地质观察，而从此点至一条龙西端（被称为“龙头”）则采用追索路线进行工作并勾绘岩体与围岩接触地质界线。

（视频讲解二维码：No. 3－7－1/2/3）

五、思考与讨论

（1）通过此路线观察实践，本人对岩浆岩岩石学的知识掌握程度如何？还需在哪些方面加强？

（2）侵入体的观察研究及工作方法与地层学的工作方法有何差异？

（3）房山复式岩体岩石学特征、岩体内部相带（单元）划分标志、岩体内部及边缘的各类“包体”、岩体的原生构造及岩体与围岩接触关系等地质现象或内容观察及了解程度如何？

（4）试分析复式岩体侵位机制。

（5）个人写出有关岩体观察研究小结。

第八节　车厂—龙门口房山复式岩体热动力变形路线

一、教学路线

龙门口东沟—龙门口东山梁路线位于房山复式岩体西北缘，为一观察房山岩体侵位过程中形成的热动力变形构造现象的教学路线（图 3－8－1）。

图 3－8－1　车厂—龙门口房山复式岩体观察路线

二、路线地质介绍

岩体内部组构及变形特征，是研究岩体侵位机制的重要基础。前人对房山岩体的侵位机制有过较为深入的研究，20世纪80年代中期中国地质大学（武汉）北京西山队在1∶5万周口店幅地质调查中提出了房山岩体气球膨胀模式（张吉顺，李志忠，1990）；马昌前（1988）根据岩浆动力学原理，定量地研究了岩体的成分分带与岩浆侵位的关系，提出房山岩体的侵位机制为底辟式膨胀；何斌等（2005）通过对北京西山房山岩体边缘围岩构造、变形和应变的研究，提出房山岩体为典型的岩浆底辟构造，同时具有底辟和膨胀模型特征。

1.岩浆原始组构特征

由岩浆侵位过程导致的黑云母、角闪石及钾长石、斜长石巨晶以及拉长的包体定向排列所显示的岩浆面理（S_{mag}）和线理（L_{mag}），被称为岩浆原始组构。岩体内部面理和线理组构较为发育，面理总体呈陡倾同心环状分布，强度上自边缘到中心逐渐减弱。前人研究揭示了房山岩体面理构造总体上平行于两岩体单元边界和复式岩体的边缘，在岩体的东北、东南和西南部，岩浆面理为外倾，倾角为65°～85°，西北则变为内倾，倾角在80°～90°。而岩浆流动线理较为一致，指向SE50°～85°（图3-8-2）。

2.岩体构造变形特征

房山岩体西北部边缘发育一弧形的塑性强变形带，前人称为韧性剪切带，是一条长约6km、中段宽度达700m的弧形塑性强应变带。该带以岩体接触面为外部边界，向岩体内部则为渐变过渡关系（图3-8-2）。在岩体的西北部，花岗闪长岩呈片麻状，包体形状从棱角状变成饼状，发育了良好的变形组构。

房山岩体西北部边缘强变形带位于岩体的过渡相，原岩是似斑状花岗闪长岩，按照变形程度由强到弱依次划分为两个岩相带：花岗闪长质糜棱岩带、糜棱岩化的花岗闪长岩带。花岗闪长质糜棱岩带在岩体强变形带外侧，整体呈弧形分布，由于受到岩浆涌动的挤压作用，使此带内的岩石糜棱岩化，具有粗糜棱岩的特点，发育S-C面理组构（图3-8-3）。糜棱岩化的花岗闪长岩带位于强变形带内侧，发育S片理和部分C片理。在显微镜下可见糜棱岩中的角闪石和黑云母也发生了韧性变形。

暗色包体普遍变成不同程度的压扁椭球体，最常见的是近剪切带向剪切方向收敛，按挤压片理方向排列，具有S-C糜棱面理组构的呈曲颈瓶弯曲状、铁饼状的变形包体（图3-8-3）。根据包体计算出的强变形带的应变轴率（Rs）达8以上，个别点可高达20～50（王人镜等，1990；张吉顺，李志忠，1990）。

小型韧性剪切带宽几厘米到数米，长十厘米到几十米不等，形态上沿走向中间略粗，两端逐渐变细到线状，组合形式有雁列式和共轭式两种。岩体中发育两组共轭韧性剪切带，一组为走向北东东右行剪切，另一组为走向北北西左行剪切（图3-8-3），两者皆发育S-C组构（图3-8-3b）。S面理和C面理均陡倾斜，其中S面理走向北东，而C面理走向北北西和北东东。S是挤压片理，C为剪切片理。剪切标志有3种：一是最常见的呈弯曲状的变形包体（图3-8-3c）；二是近剪切带向剪切方向弯曲的挤压片理（图3-8-3a，b）；三是长英质岩脉的弯曲。剪切带中的拉伸线理为近水平，共轭韧性剪切带的夹角在110°～130°之间，其钝角等分线指示挤压方向。

根据共轭韧性剪切带的钝夹角分析其形成动力来自于岩体内部的不断膨胀。即房山岩体前期岩体侵入以后在边缘形成了较发育的流动构造，早期岩浆冷凝的同时，内部岩浆继续上涌向四周挤压扩张，在岩浆动力的持续作用下，岩体先遭受压扁变形，形成挤压片理，随着变形作用继续，又出现剪切变形，从而促使小型韧性剪切带形成（燕滨等，2008）。

房山岩体边缘围岩的面理较为发育，产状与岩体边界完全一致，表现为协调整合岩体（图 3-8-2）。接触带边缘围岩面理近于直立，多数倾向围岩。面理的性质为透入性片理和片麻理，总体同原始层理近于平行。远离岩体面理的产状逐渐变缓，反映了房山岩体对围岩面理产状的控制作用。

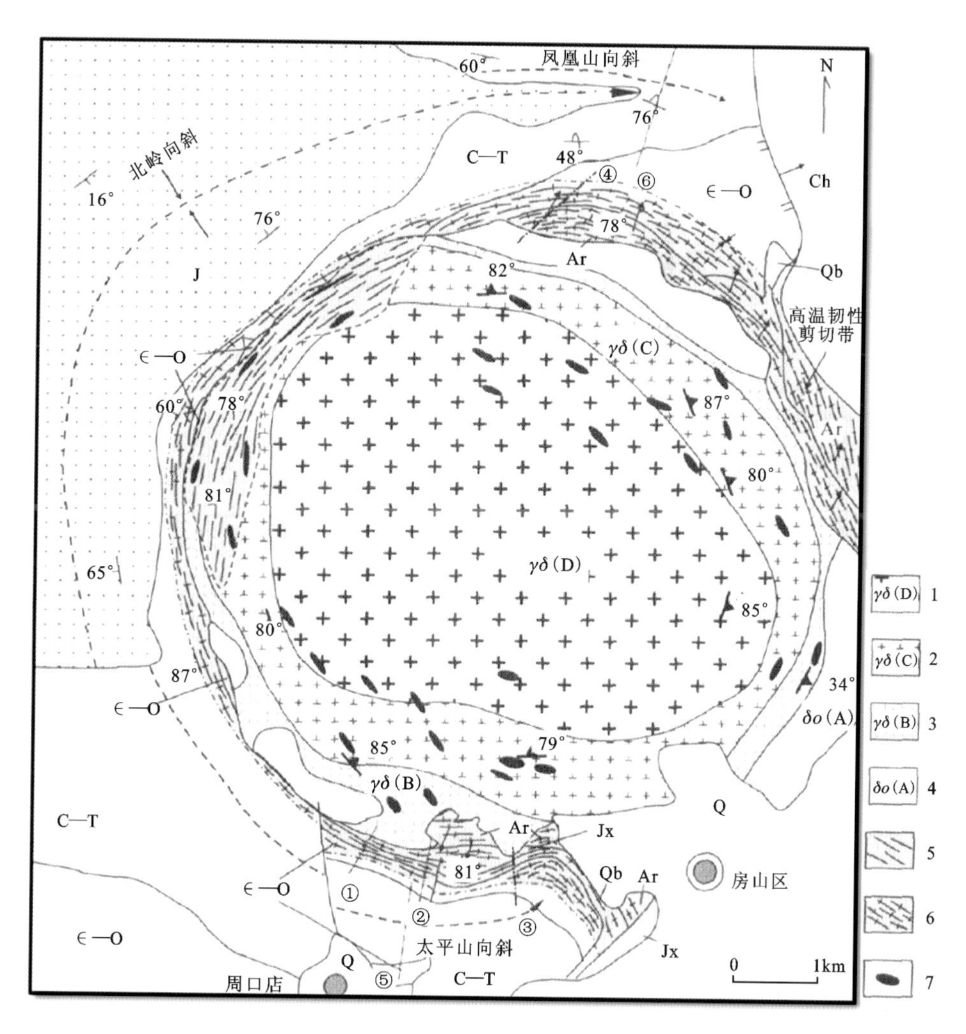

图 3-8-2　北京西山房山岩体地质构造（据马昌前，1988；张吉顺，李志忠，1990 修改）

1.石英闪长岩；2.中粒花岗闪长岩；3.斑状花岗闪长岩；4.巨斑状花岗闪长岩；5.强变形带；6.高温剪切带；7.应变椭球体

图 3-8-3 房山岩体西北部花岗闪长岩体发育的韧性剪切带和脆性变形照片(据 Yan et al,2010)

a. 由S-C组构和暗色闪长质包体(颈缩)指示的右行平移韧性剪切带;b. 通过S-C组构显示的右行平移韧性剪切带;c. 由S-C组构及暗色包体(拖尾)指示的左行平移韧性剪切带,Φ是X轴与S面理夹角;d. 由旋转的斜长石碎斑和S-C组构指示的左行平移运动方向;e. 左行平移断层以及X轴、S面理和Φ关系;f. 由绿帘石和角闪石显示的矿物线理

三、教学内容及要求

(1)观察描述复式岩体西北缘岩性特征。

(2)观察识别发育于岩体边缘的韧性剪切带、同构造片麻岩、挤压片理等热动力变形构造,测量有关数据。

(3)识别如S-C面理组构、旋转碎斑、书斜式构造(“多米诺骨牌”构造)、曲颈状构造等可指示韧性剪切方向的运动学标志并分析判断剪切方向。

(4)观察识别发育于岩体中的脆性破裂带并对其规模、产状等进行测量,据其伴生构造(如羽状节理)和标志物(如捕虏体、析离体)错开来判断运动方向及力学性质。

(5)综合不同观察点上各种构造标志、构造类型和构造关系，对岩体西北缘构造现象进行构造分期配套工作。

(6)在教员提供区域资料的基础上对复式岩体的侵位机制进行分析。

(7)完成各观察点上典型构造素描和使用数码相机进行拍照。

四、教学进程及安排

1. 东沟小河旁

该点教学安排顺序为岩体的岩性特征；观察由黑云等矿物及由扁平状捕虏体、浆混体、析离体显示的面状构造(同构造片麻岩、挤压片理)或组构并进行产状测量；观察韧性剪切带的表现特征、规模、产状、运动学标志和性质；剪切带发育的间隔、尾端变化、剪切带与挤压片理带的先后交切关系等。

2. 东山梁西坡

观察程序同上，但 S－C 面理组构、由粗粒钾长石发育而成的旋转碎斑、“多米诺骨牌”构造、曲颈状构造较发育且形态更为典型。可向学生提示，该点发育的韧性剪切带运动方向和产状是否与前点有异？二者关系如何？应带着问题进行观察分析和研究。

3. 东山梁

首先观察挤压片理带的发育状况并测量产状，与前二点对比是否异同；而后识别脆性破裂带表现特征、规模、产状、伴生构造和运动学特点(左行和右行)；判断分析挤压片理带、韧性剪切带和脆性破裂带三者交切关系及形成顺序。

(视频讲解二维码：No. 3－8－1)

五、思考与讨论

与地层路线相比，构造现象观察和研究的特点是要善于将不同区段看起来似乎彼此孤立、零散不全的资料联系起来进行归纳、整理和综合分析，以求得到较为合理的解释。在以后有关构造路线中应有意识地加强空间和时间方面的地质思维训练。现按此思路提出问题以供思考和讨论：

(1)宏观上已确定出某一韧性剪切带的运动学特征(某一地质体如析离体已明显被错开)，其旁侧微观构造如旋转碎斑、“多米诺骨牌”构造等是否也表现出相关的运动学特征？

(2)位于相距不远的两点，各自发育方位不同、运动学特征不同(如其一为左旋性质，另一为右旋性质)的剪切带能否将二者配套并进行构造应力分析？

(3)该教学路线中所观察到的诸多构造能否进行分期？其依据是否充分？

(4)诸多岩体热动力变形构造集中发育于岩体西北边缘，能否在上述构造应力分析的基础上与复式岩体的侵位机制相联系？

六、提示

由黑云母等矿物及扁平状捕虏体(析离体)显示的面状组构于岩体边缘最为发育。面理一般与岩体接触界面平行且多倾向于围岩，东南边缘倾角较缓，为 40°～60°；西北边缘较陡，为 80°～90°。经对捕虏体(析离体)进行观察及应变测量，得知岩体西北边缘变形程度最强，可能反映了岩浆侵位时从东南向西北斜向上拱之效应。岩体边缘(尤其是西北边缘)发育有由韧性剪切带、同构造片麻岩、挤压片理等构成的强变形带,最瞩目者为车厂—龙门口一带长约6km、最宽处达700m、总体呈新月形且弧顶指向北西的强变形带。该带内部又叠加了间隔性小型韧性剪切带,它们切割了前者而构成局部高应变带,其组合为雁列式或共轭式。共轭式韧性剪切面之钝夹角平分线指示了挤压方向。它们所示挤压方向在新月形强变形带内因部位不同而略有变化,但总体则呈放射状展布且来自岩体中心。

第九节 164背斜褶皱构造路线

一、教学路线

164采石场—137高地—煤炭沟(图3-9-1)。

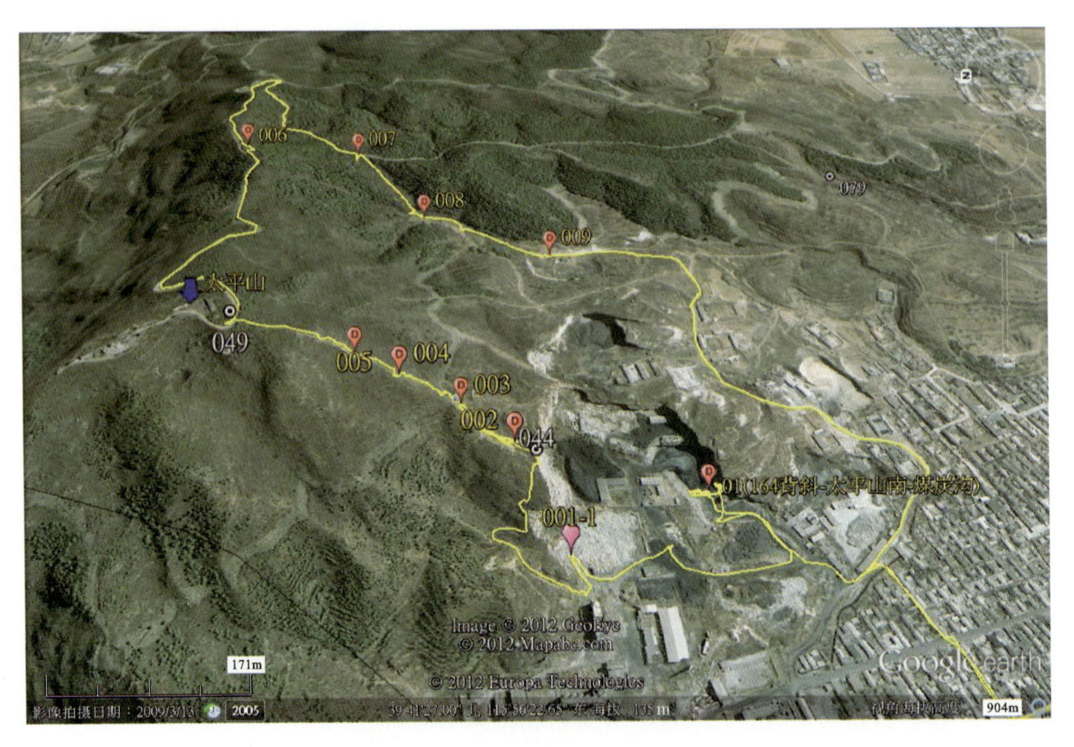

图3-9-1 164背斜褶皱构造观察路线

二、路线地质介绍

著名的164背斜位于太平山南坡,展布于164高地至牛口峪一带,轴迹近东西向,枢纽具波状起伏特征,但总体向东倾伏。背斜核部出露下奥陶统马家沟组,至煤炭沟东侧倾没于地下,由此向东主要出露石炭系和二叠系。南北两翼为本溪组,宏观上构成了一开阔圆滑、轴面直立的简单背斜(图3-9-2)。由于石炭系、二叠系岩性以中厚层至薄层砂页岩为主,因此在背斜转折端次一级褶皱及与之相关的劈理非常发育，造成方头山、大东坡、大南坡一带，尤其山脊线附近岩层产状变化很大，而且往往导致劈理掩盖层理。在南翼煤炭沟一带，发育一些近南北向的平缓褶皱。

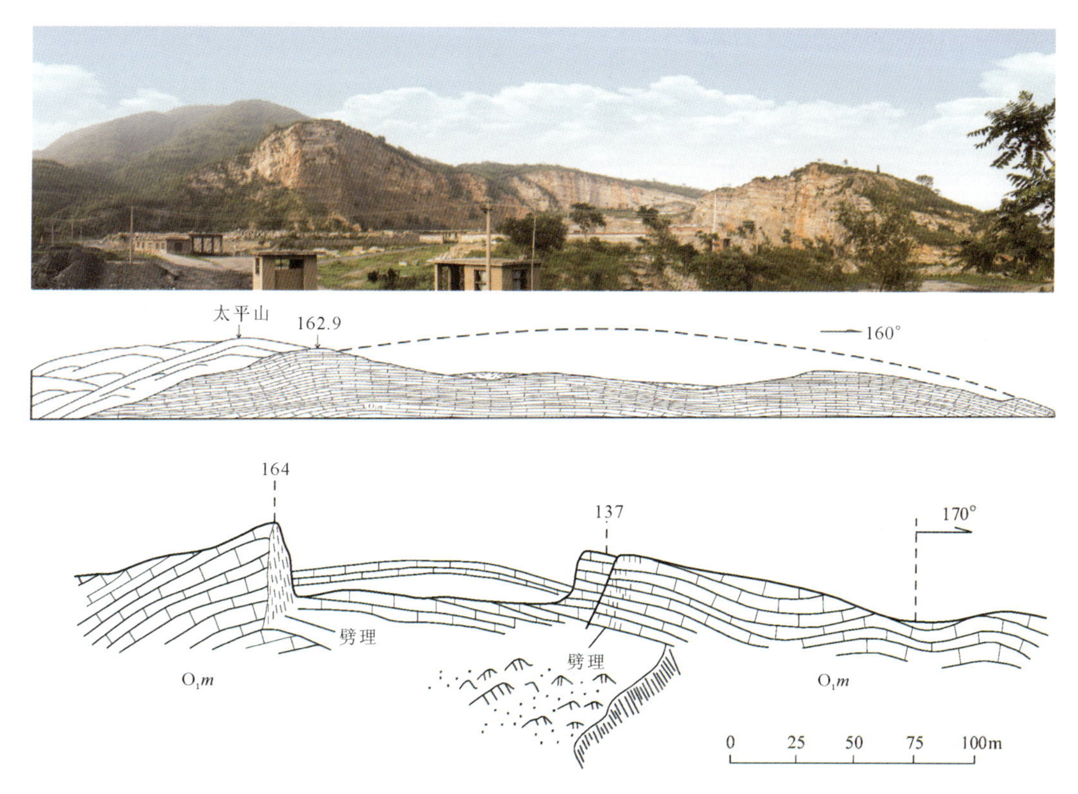

图 3-9-2　164 背斜整体面貌及剖面示意图(上)及 164 高地第一采石场信手地质剖面图(下)

在 164 高地及煤炭沟之间的马家沟组灰岩中，发育许多小型构造，如厚层灰岩中所夹的中—薄层白云质灰岩、灰质白云岩，在背斜转折端及翼部，受压形成构造透镜体、串珠状或藕节状石香肠构造等。在转折端部位的中厚层白云质灰岩中，经常可见破劈理、剪切带，以及在此基础上发育形成的、被方解石脉充填的雁行式张节理；或由两组共轭剪切带发育而成的"火炬状"节理。在背斜北翼，可见马家沟组灰岩中发育的层内无根褶皱、顺层劈理、拉伸线理、小型顺层剪切带、变形的岩脉和方解石脉等，代表了早期褶叠层的诸多构造要素，其中层内紧闭无根褶皱枢纽和相关线理与 164 背斜枢纽一致，故也显示了共轴叠加的性质(图 2-2-6)。

三、教学内容及要求

(1)观察确定构成 164 背斜的地层时代，描述岩性及其组合特征和岩层厚度变化。

(2)观察识别 164 主体背斜构造的形态特征并对其进行描述。

(3)观察鉴别主体背斜不同部位之伴生构造发育状况并分析构造意义。

(4)厘定该路线中的早期构造、主期构造和晚期构造的类型、特征、成因、相互关系并初步进行序次划分。

(5)系统进行各种构造要素的测量及有关野外属性数据、野外图形数据收集存储工作，采集有关构造标本和构造岩标本，制作典型构造素描图和利用数码相机拍照。

（6）分别要求用常规方法和高新技术在纸质和数字化地形图上定出主体构造不同部位的构造观察点。

（7）利用便携式电脑和计算机软件系统标定第四系与基岩分界点并勾绘第四系地质界线。

（8）学会远景素描的方法与技巧。

四、教学进程及安排

1. 第一采石场西侧开阔地带

选择一点为164背斜轴迹大致通过处以便能观其转折端及两翼之全貌。教学程序为：教员对164背斜概况简介并示出其主要部位；提示远景素描制作的原理、方法和技巧并进行示范；学生通过认真观察、分析、比较和归纳完成该主体构造全貌景观图。

2. 162.9高地南侧陡坎下

该点为164背斜北翼，按序定出第四系与基岩分界点并勾绘第四系界线；测量北翼岩层产状并标注于景观图相应位置；观察早期层内紧闭褶皱之规模、形态并进行有关线理、面理要素的测量，分析与主期褶皱的关系；判别早期褶皱枢纽与其转折端处发育的线理关系；从运动学角度分析其属性（A型或B型）。

3. 第一采石场中部背斜转折端及其附近

观察转折端的形态并测量枢纽及两翼产状；认识翼部小型伴生构造如阶步、擦痕并进行运动方向的判定；进一步掌握线理（擦痕或滑移线理）倾伏向（指向）和倾伏角、侧伏向和侧伏角诸产状要素的测定方法；判别上述线理和主体背斜枢纽关系，从运动学角度分析主期褶皱属性（A型或B型）。

4. 137高地北侧陡坎下

定地质点并勾绘第四系地质界线；测量主体背斜（164背斜）南翼产状并标注于景观图相应位置，观察翼部同构造的次级从属小型褶皱发育情况、形态特征及构造意义；在此处观察测量与层理近直交的陡倾劈理（该类构造在转折端和北翼均有发育），描述其特征，鉴别其类型并思考与主期褶皱成因是否有关。

5. 137高地

该点位于164背斜南翼，顺序观察早期小型顺层剪切带、早期小型层内紧闭褶皱；主期褶皱的轴面劈理；观察石香肠构造、楔入褶皱、火炬状节理及陡倾劈理等。对上述诸多小构造的发育情况、表现特征、规模、形态、产状及构造意义进行详细测量、记录、描述、素描照相并初步进行成因、配套及期次的研究和划分工作。

6. 煤炭沟

煤炭沟一带为164背斜倾伏端处。要求顺沟在短距离内制作一大比例尺横向构造剖面图，观察背斜核部及两翼地层发育状况并进行对比，其两翼地层是否对称重复出现。沿煤炭沟东壁追索马家沟组上层界面并系统测量岩层产状，从产状变化规律理解外倾转折的含义。

（视频讲解二维码：No.3－9－1）

五、思考与讨论

(1)该路线构造现象典型,内容丰富而复杂,要对各观察点所获得的多种信息联系起来进行综合分析。发育于层内的紧闭褶皱,其轴面劈理和早期小型顺层剪切带显然与总体层理平行(S_1平行于S_0),而在层内紧闭褶皱转折端处发育的滑移线理又与其枢纽产状一致,此种褶皱成因如何?

(2)层内紧闭褶皱的枢纽与164背斜主体褶皱枢纽近于一致,这种现象说明了什么问题?

(3)从164背斜两翼、转折端及枢纽的产状分析该构造的空间形态如何?

(4)从主体褶皱的伴生构造标志(从属褶皱的倒向、阶步和擦痕的动向等)能否恢复其成因机制?

(5)其他小型构造如近南北向的陡倾劈理、楔入褶皱、火炬状节理等在成因上能否与主体褶皱相联系?

第十节 孤山口复杂褶皱及小型构造路线

一、教学路线

孤山口火车站铁路旁峭壁。

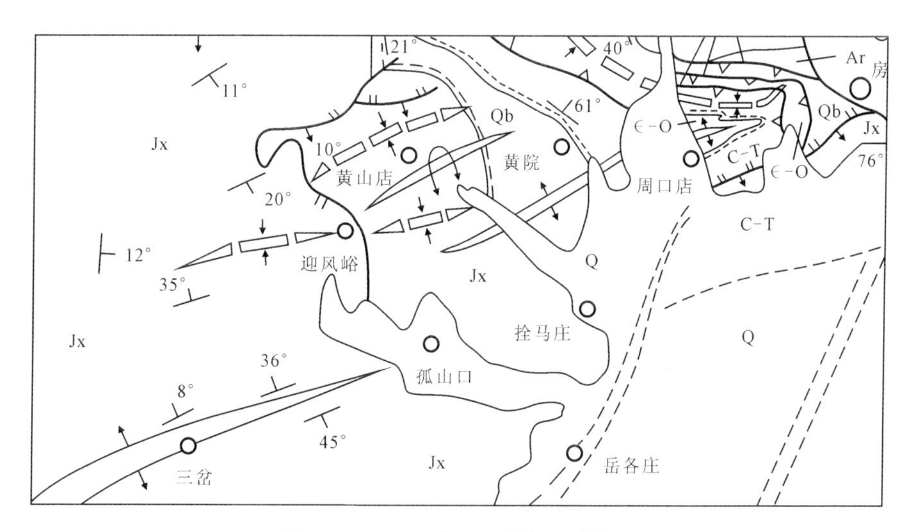

图3-10-1 孤山口路线地质简图

二、路线地质介绍

孤山口复杂褶皱观察路线位于三岔复杂背斜向北东的倾伏端部位(图3-10-1)。孤山口到三岔一带的褶皱成为三岔复杂背斜构造,核部和两翼均为雾迷山组,轴向为NE60°—SW240°。背斜核部大致在三岔北侧至大站尖,下中院至三岔盘山公路分水岭为背斜转折端部位。其南、北两翼地层产状分别为SE140°∠5°与NW340°∠40°~65°。背斜被许多次级褶皱所复杂化(图3-10-2)。

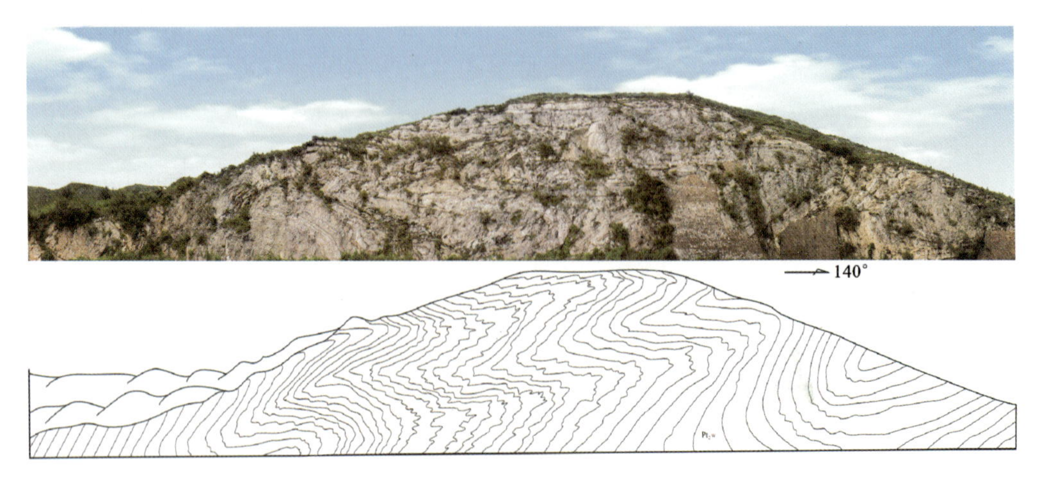

图3-10-2 孤山口火车站铁路旁峭壁复杂褶皱构造变形露头照片及剖面示意图(据赵俊明等,2011)

上中院至孤山口一带为三岔背斜倾伏端北翼,出现了一系列轴向北东倾斜的紧密褶皱。在孤山口火车站两侧的陡壁上,清楚展示出几个倒转背斜和向斜的复杂图案(图3-10-2)。这些褶皱有以下特点:①两翼岩层变薄,尤其在倒转翼的软岩层变薄明显,而在转折端部位软岩层明显加厚;②多组牵引褶皱组合,小褶皱在倒转翼表现为“S”形,在转折端变为“M”形,在正常翼变现为“Z”形;③褶皱倒转翼薄层软硬相间岩层中常出现寄生小褶皱;④与褶皱相关的劈理发育,它主要发育在软岩层(千枚岩、泥灰岩)中。夹于厚层白云岩中的泥灰岩或钙质千枚岩由于层间挤压错动,伴随小褶皱形成一组轴面劈理,而在褶皱转折端部位千枚岩中多发育反扇形流劈理;⑤张节理主要发育在厚层白云岩中。在褶皱转折端部位往往形成扇形张节理;在正常翼常可见在两组共轭剪节理基础上形成的火炬状张节理(图3-10-3、图3-10-4)。

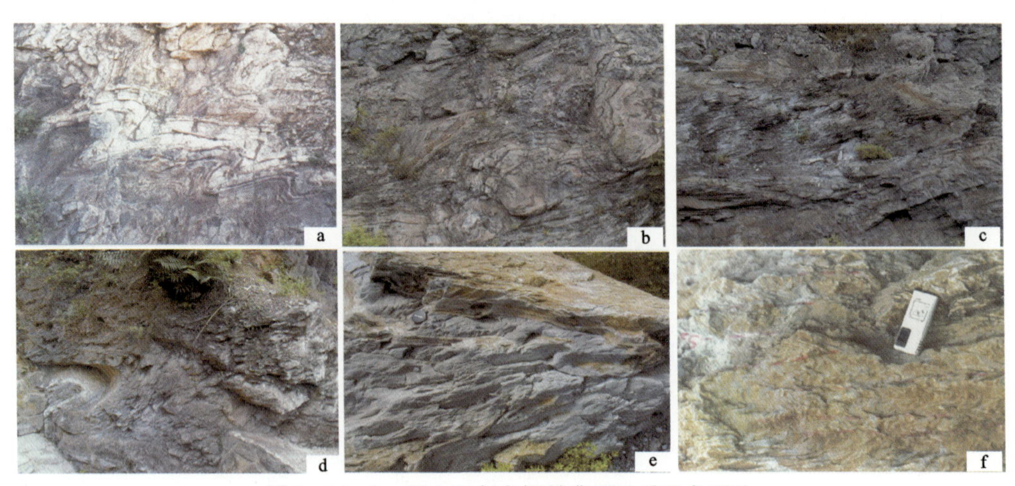

图3-10-3 孤山口复杂褶皱典型地质现象照片

a.孤山口雾迷山组大一级向斜核部次级褶皱呈“W”形;b.孤山口不协调褶皱(雾迷山组);c.孤山口“扇形”劈理组合样式(雾迷山组);d.孤山口斜歪褶皱三度空间特征;e.孤山口片理无根褶皱;f.孤山口褶劈理(滑劈理)(雾迷山组)(据赵温霞等,2004)

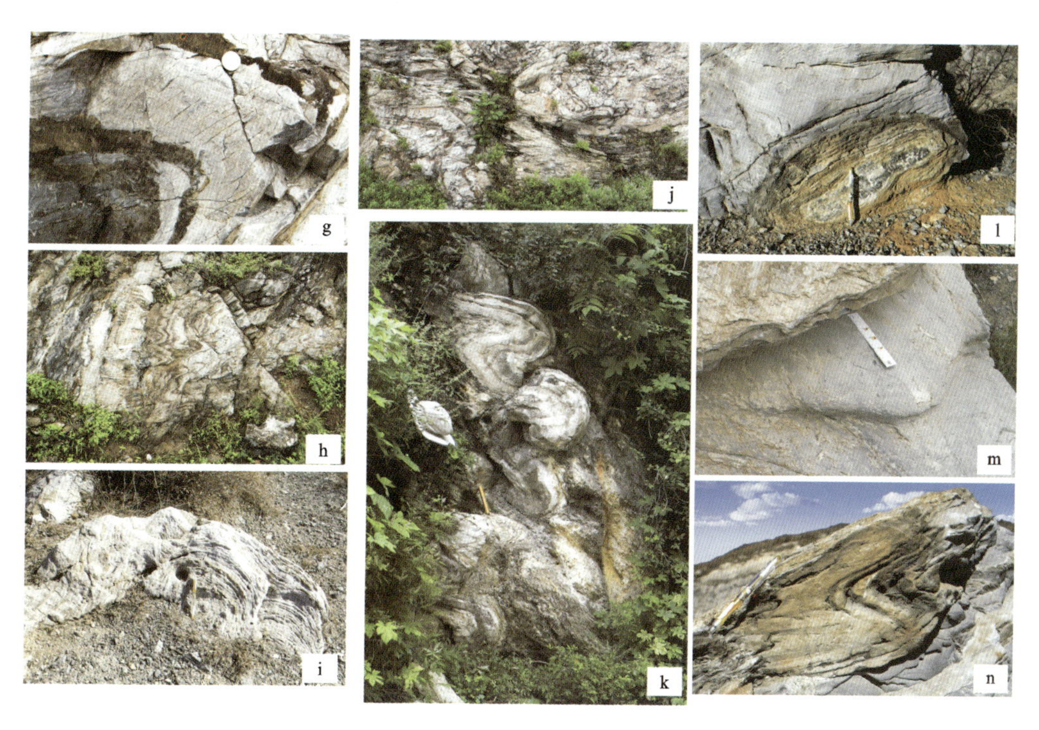

图 3-10-4　孤山口复杂褶皱典型地质现象照片

g. 孤山口破劈理；h. 孤山口雾迷山组白云岩次级褶皱转折端发育的被方解石脉充填的放射状张节理；i. 孤山口小型复式背斜；j. 孤山口轴面劈理；k. 孤山口窗棂构造；l. 鞘褶皱（*YZ* 面）；m. 鞘褶皱（*XY* 面）；n. 鞘褶皱（*XZ* 面）（据赵俊明等，2011）

三、教学内容及要求

（1）了解地层时代以及观察描述岩性及其组合特征。

（2）观察识别和描述与褶皱构造相关的各类典型构造，进行各种构造要素的测量及有关资料的收集工作。

（3）观察不同级别的褶皱构造形态特征及其相互关系。

（4）对其他各类小构造的意义进行解释。

（5）制作典型构造露头素描图及景观素描图并利用数码相机拍照。

四、教学进程及安排

1. 铁路南西侧高地

介绍区域地质背景及孤山口复杂褶皱所处的构造位置；了解地层时代及岩性组合特征；远观铁路北东侧峭壁褶皱构造总体轮廓；完成构造景观素描图并用数码相机拍照。观察认识鞘褶皱，尤其是在不同剖面上的形态特征，了解成因机制及构造意义。

2. 铁路北东侧峭壁

从北西到南东顺序观察以下构造点：

(1)褶皱位态观察点。此点发育一小型褶皱构造,三度空间暴露良好,可进行两翼、枢纽、轴面劈理和相关线理等要素的产状测量,在此基础上进行褶皱位态分类。

(2)次级从属褶皱观察点。大型褶皱中常发育有同构造期的次级从属褶皱,两翼从属褶皱具有不对称性而被称为"S"形或"Z"形,转折端处则为对称的"M"形(背斜)或"W"形(向斜),总体构成"SMZ"形或"SWZ"形组合。因此,对其进行观察研究是厘定大型褶皱的基础。该点大一级褶皱为一向斜构造,除两翼发育有上述类型的次级从属褶皱外,其转折端发育的则为对称的"W"形。另外,在此还应掌握有关褶皱倒向、褶皱包络面等概念并加以利用。

(3)滑劈理(褶劈理)观察点。观察此点滑劈理(褶劈理)表现特征及间隔大小,并对其结构形态进行分类。

(4)石香肠构造及楔入褶皱观察点。该点除发育石香肠构造与楔入褶皱外,尚有火炬状节理发育。注意观察描述小型构造的表现特征并分析其构造意义。

(5)劈理与节理观察点。观察厘定劈理与节理的类型及表现特征;劈理与节理的产状和排列(扇形、反扇形)特征及与褶皱构造的关系;不同岩性层中劈理发育情况及其组合特征(劈理折射);劈理与层理的关系并用其判定层序正常或倒转。

3. 铁路南东侧峭壁

观察描述岩性组合特征及厘定大型线理构造类型、形态;测量线理产状要素;分析大型线理与褶皱构造的关系以及相邻不同岩层中构造类型的差异性。

4. 火车站旁

观察认识鞘褶皱,尤其是在不同剖面上的形态特征,了解成因机制及构造意义。

(视频讲解二维码:No. 3 - 10 - 1/2)

第十一节 萝卜顶—煤炭沟叠加褶皱构造路线

一、教学路线

萝卜顶—二亩岗—煤炭沟。

二、路线地质简介

在周口店附近萝卜顶、煤炭沟一带发育的北东向褶皱群(图 2 - 2 - 3),主要表现为:①北东向褶皱是以杨家屯组下部复成分砾岩为标志层进行追索研究而厘定,其层位与构成该区段东西向展布的、印支主期的 164 背形、太平山向形属于同一构造层;②标志层在平面上形成近于等轴状地质闭合体或呈新月形、蘑菇形和哑铃状等复杂图案,构成了早期近东西向褶皱与晚期近南北向(北北东→北东向)褶皱的"横跨"或"斜跨"干扰格式;③经对早期近东西向太平山向形、164 背形以及代表北北东向叠加褶皱的萝卜顶—二亩岗区段(图 2-2-7)和煤炭沟区段(图 2-2-8)进行构造解析,可分别对其两翼、枢纽、轴面劈理等构造要素进行配置而加以区分。

三、教学内容及要求

(1)观察厘定叠加褶皱并描述剖面——平面形态特征和空间展布方向。
(2)识别叠加褶皱存在的依据。
(3)利用计算机软件系统测制构造剖面图。

四、教学进程及安排

1. 萝卜顶—二亩岗区段

以杨家屯组底部变质角砾岩为标志层追索,可见平面形态呈花边状、哑铃状,或呈不规则状圈闭;区别层理与劈理并分别系统测量产状即能厘定出与太平山向斜轴迹(呈东西向延伸)大致垂直的一组北北东向(NE10°左右)展布的叠加褶皱群;制作萝卜顶—二亩岗东西向构造剖面图以观察叠加褶皱的剖面形态特征。

2. 煤炭沟

鉴别区分层理与劈理,分别测量产状;观察追索山西组变质砂岩和板岩空间展布方向;制作东西向构造剖面图以厘定北北东向叠加褶皱。

(视频讲解二维码:No. 3-11-1)

五、思考与讨论

本路线识别出的北北东向叠加褶皱伴生有典型的轴面劈理,一般倾角陡倾,走向亦为北北东向。应联系到 164 采场和 137 高地业已观察到的陡倾劈理走向、楔入褶皱枢纽、石香肠长度(b)指向以及火炬状雁列脉交线方向均呈北北东向,它们是否为同一应力场的产物?可否视为北北东向叠加褶皱的伴生构造或相关构造?

第十二节 官地—羊屎沟变质岩路线

一、教学路线

官地—羊屎沟—骆驼山—三不管沟(图 3-12-1)。

二、路线地质介绍

官地杂岩呈带状出露于北京西山房山岩体南北两侧,出露总面积约 0.37km²,最早由北京地质学院西山队命名。历史上对于官地杂岩的时代和成因主要有两种观点:一种观点认为官地杂岩是寒武纪地层强烈变质的产物,或为新元古代青白口系下马岭组的千枚岩在房山岩体侵入作用过程中,发生混合岩化后的产物(郭沪祺,1985;刘国惠等,1987),而且区内出露的地

图 3－12－1 官地—羊屎沟变质岩综合观察路线

层层序与燕山地区基本可以对比；另一种观点则认为官地杂岩的形成时代为新太古代，其岩石学和岩石化学特征与北京北部燕山构造带内出露的山神庙群相似，官地杂岩与上覆从中新元古代至古生代不同地层间为剥离断层接触关系，是一个印支期区域伸展作用下形成的变质核杂岩构造。变质核杂岩经过了后期多期构造的叠加和改造，其中最显著的是印支晚期至燕山早期的近南北向挤压作用（宋鸿林等，1984）和燕山期房山岩体的侵入作用，使区内构造变形复杂化（单文琅等，1991；宋鸿林，1996；宋鸿林等，1998）。

官地杂岩主要岩性为黑云母角闪斜长片麻岩、斜长角闪岩、黑云母角闪石变粒岩等，局部具混合岩化特征，内部层序不清。官地杂岩锆石 U－Pb 年龄为（2521±20Ma），应属新太古代。从岩石组合及岩石地球化学特征上可以与北京以北山神庙群等新太古代变质岩系对比。与房山侵入体间呈明显的侵入接触关系，在侵入岩体南北边缘部分，有大量的片麻岩等捕虏体；沿杂岩的片麻理或构造软弱部位，发育大量的花岗闪长岩脉，岩脉成分与岩体一致。

官地杂岩与上覆不同地层间表现为剥离断层接触关系。由于剥离断层的作用，造成杂岩与上覆层位间地层不同程度缺失或厚度减薄。在房山岩体两侧，与官地杂岩直接接触的地层，可以是从中元古代蓟县系雾迷山组至寒武奥陶系，其间缺失了整个长城系，中新元古界至古生界则不同程度地减薄或缺失。在接触界线上野外可普遍观察到糜棱岩、变余糜棱岩和各种韧性变形标志，以及断层泥和微构造角砾岩等（图 3－12－2）。

剥离断层及其他变质核杂岩构造均被卷入到近东西向的印支晚期挤压构造变形，如东西向的褶皱和由南向北的逆冲推覆构造中（图 3－12－2）。地质关系表明，变质核杂岩的形成时代可能为印支期。

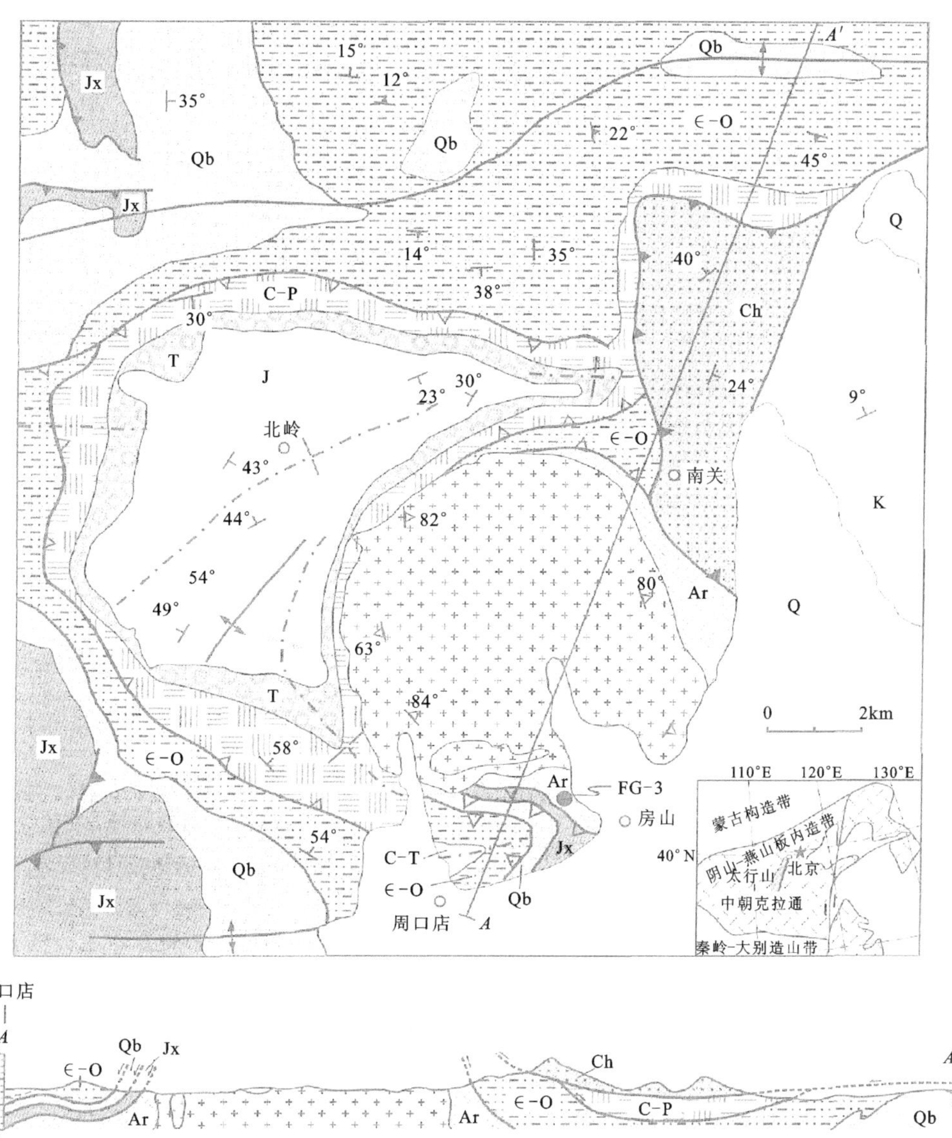

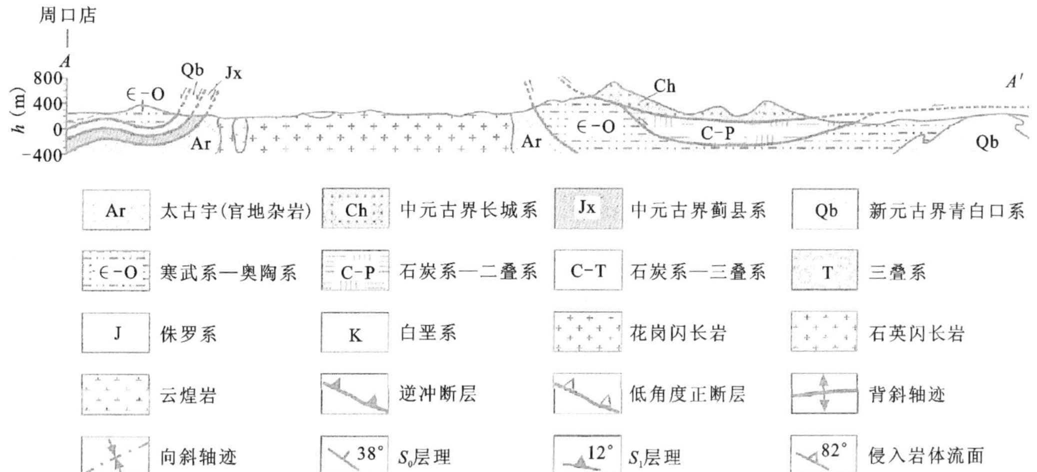

图 3-12-2　变质核杂岩地质略图及剖面图(据颜丹平等,2005)

三、教学内容及要求

(1)观察描述太古宇官地杂岩岩性组合特征及与房山复式岩体接触关系,了解形成时代、区域地质构造位置和成因背景。

(2)观察描述接触热变质岩的岩性特征、岩石类型,分析变质作用条件并划分变质相带。

(3)认识剥离断层及其表现特征,识别与其有关的伴生构造。

(4)观察描述沿断裂发育的岩脉之岩性、变形特征及构造意义。

(5)观察地层发育情况并侧重注意地层缺失、各层厚度变化及与断层的关系。

(6)利用便携式电脑和计算机软件系统测制信手地质剖面图(1∶2000)并勾绘路线地质图。

(7)厘定并观察层内紧闭褶皱,观其发育特征及赋存层位。

(8)系统采集各种岩石标本和构造定向标本。

(9)完成各种典型地质现象素描图和使用数码相机进行拍照。

四、教学进程及安排

1.官地村东侧

于官地村东大路旁观察描述太古宇官地杂岩的总体面貌特征并与沉积岩系、岩浆侵入体进行对比;观察变质杂岩与房山复式岩体的接触关系并沿接触界线追索,确定接触类型;观察片麻理构造并测量产状,对变质杂岩的岩性、岩性组合进行观察描述,至少应区分出4～5种岩石类型并对其进行命名。

教学提示:太古宇官地杂岩分布于房山岩体南北两侧及东缘,出露面积总计不足0.5km^2,区域上构成房山变质核杂岩构造的一部分。主要岩性组合为黑云母斜长片麻岩、混合花岗岩、斜长角闪岩、浅粒岩、黑云母变粒岩、角闪石变粒岩。关于官地杂岩的成因及时代曾有两种观点:其一认为是太古宙古老变质岩系;其二认为是元古宙乃至古生代变质沉积岩系,经房山复式岩体岩浆混杂所致。近年来通过岩石学、岩石化学、副矿物及稀土元素分配特征等方面的研究并结合野外产状及所处的区域构造位置分析,尤其是测定出杂岩中锆石Pb-Pb年龄值约2449Ma的数据之后,现已确认该套杂岩时代应为太古宙,属于华北陆块古老结晶基底的一部分。

2.乱石垄附近101.4高地一带

为变质岩构造观察点。观察认识官地杂岩中发育的小型韧性剪切带、小型褶皱构造、透入性面理及线理构造;识别糜棱岩并观察认识其宏观结构和构造。

3.官地村南101.3高地附近

为主剥离断层(发育于基底与盖层间)观察点。该点零星岩石露头之岩性为糜棱岩,应为主剥离断层活动的产物。除此之外,可用地层效应作为识别断层存在的标志:该点之北为官地杂岩分布区;该点之南约100m即为铁岭组地层出露处,其下部洪水庄组、雾迷山组等大套地层缺失。主剥离断层向东延伸到山顶庙西沟,断层许多识别标志更为清楚,有关内容待后续路线学习观察。

4. 羊屎沟沟头

铁岭组出露点。观察描述该组岩性及其组合特征;与八角寨剖面相比其厚度变化情况;识别鉴定透闪石大理岩、透辉石大理岩中特征矿物,如透闪石、透辉石等。

5. 骆驼山西北侧

可见铁岭组与下马岭组之间为断层接触。观察断层面的特征并测量产状、断裂带的宽度及构造岩发育状况与类型、断层两盘的鞘褶皱等伴生构造特征及其构造意义,两盘地层厚度变化等,综合诸方面标志判定断层性质。观察描述下马岭组岩性变化及其组合特征,鉴定红柱石、石榴石等矿物;鉴定描述石榴石云母片岩、红柱石云母片岩岩性特征及空间分带现象;了解接触热变质作用地质条件及与区域变质作用的叠加关系。

6. 骆驼山南侧至三不管沟

观察描述下马岭组至中上寒武统各组地层的岩性、岩性组合及厚度变化,与已知地层路线进行相应层位对比;分析判断各组地层间的接触关系是何种性质并了解走向断层引起地层缺失的情况;在教员提示下认识发育于盖层中的剥离断层系统。

7. 三不管沟采石场

观察描述该点脉岩的宽度、产状并正确定名;观察岩石的变形特征、产出部位并分析与剥离断层的关系及多期变形依据(中上寒武统与马家沟组之间亦为剥离断层接触,脉岩发育于剥离断层带中,二者在平面上延伸一致);厘定发育于马家沟组中的小型层内紧闭褶皱并观察其形态特征和产状特征,分析其构造意义。

(视频讲解二维码:No. 3 - 12 - 1/2)

五、思考与讨论

本路线为一条综合观察教学路线,地质内容丰富,包括地层、变质岩、脉岩、断裂及其相关构造等。在路线教学获得诸项资料的基础上对下述问题进行思考与讨论:

(1)本路线所现的变质作用类型有几种?接触热变质作用的地质背景是什么?

(2)与八角寨—拴马庄桥地层剖面、黄院东山梁地层剖面进行对比,该路线中各组地层分子多有保留,唯其厚度锐减,分析是相变还是断层作用所为?

(3)试对主剥离断层、盖层剥离断层系统表现特征进行归纳总结。

(4)按剥离断层的含义应为一种低角度的正断层,而该路线中所观察到的剥离断层倾角皆已变陡甚或直立,此种变化的构造意义如何?

(5)顺沿剥离断层发育脉岩之现象在实习区多处可见,其构造意义如何?

(6)磁铁石英岩型铁矿(即 BIF 型铁矿),是我国华北地台太古界结晶基底中分布最广的铁矿类型,也是全球铁矿最主要的类型。可以在官地—一条龙路线教学考察官地杂岩过程中,作为一个补充内容介绍给学生。

第十三节 房山西断裂构造路线

一、教学路线

房山西—向源山—山顶庙(图 3-13-1)。

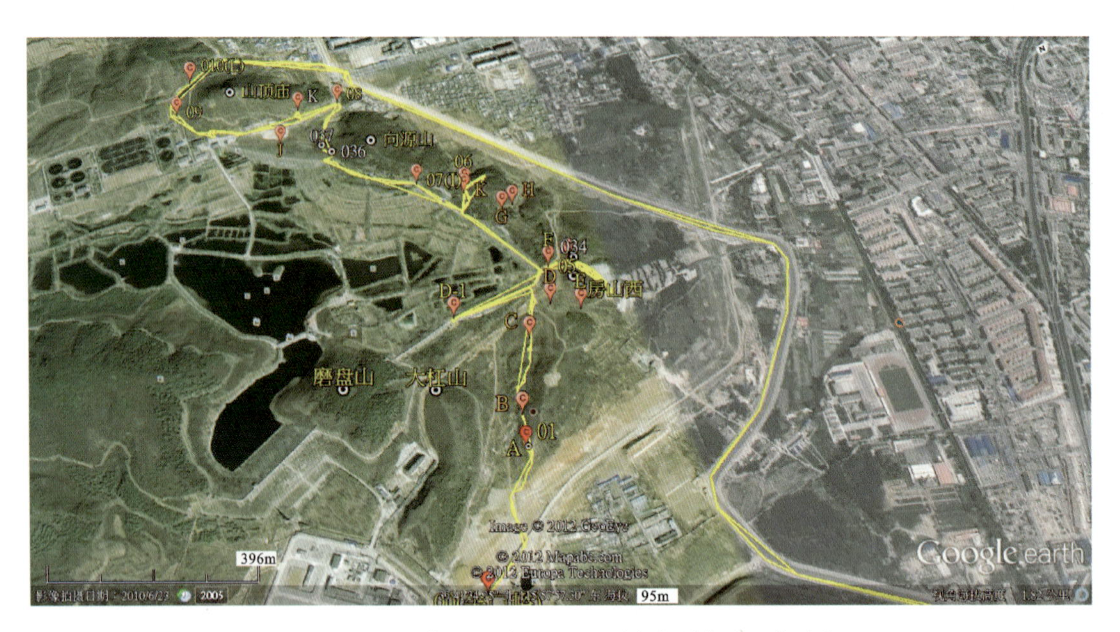

图 3-13-1 房山西-向源山-山顶庙断裂构造观察路线

二、路线地质简介

房山西断层属于区域上八宝山-南大寨断裂带的组成部分,为周口店地区规模最大的断层。其上盘为中上元古界,下盘为下古生界马家沟灰岩,中间缺少大套地层。断层带宽约50m,带内结构复杂,构造分带清楚,多期活动特征明显,属早期强烈挤压逆冲性质、晚期正断层性质。其形成时代为燕山期,目前仍在活动(图 3-13-2)。

三、教学内容及要求

(1)认识逆断层及表现特征,观其伴生构造发育状况、类型,要求学会利用伴生构造判定断层性质。

(2)鉴定描述相关断层岩类。

(3)沿断裂走向追索调查平面展布形态。

(4)观察断裂构造多期活动的表现特征,综合分析断裂活动期次。

(5)对东部独立实践区(填图区)的范围、地形地貌特征、穿越条件、基岩(地层、侵入岩体)出露状况、主体构造类型的性质及发育情况等进行全面了解并初步确定填图单元。

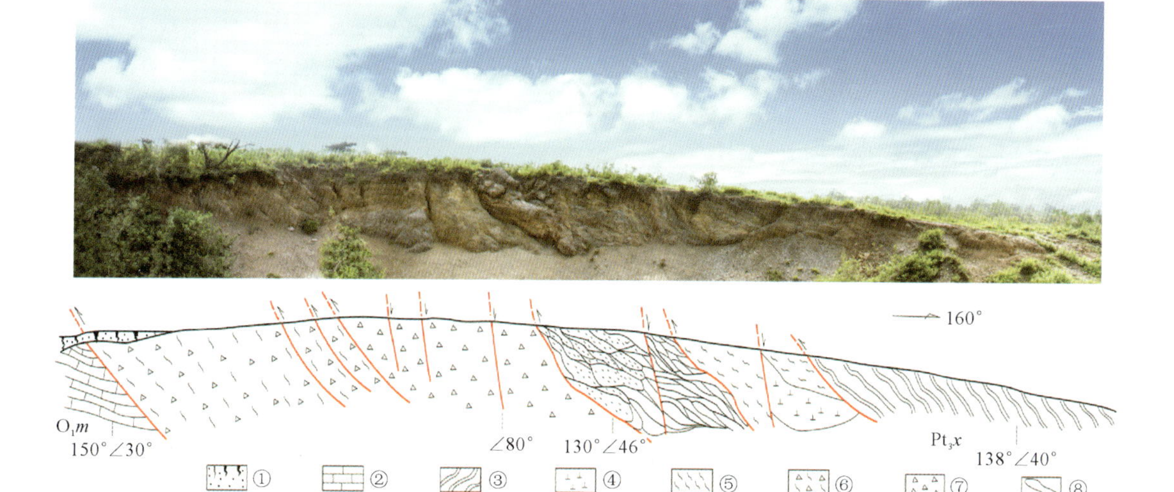

图 3-13-2 房山西断层野外露头特征及剖面示意图(据赵俊明,2011)

1.第四系;2.灰岩;3.板岩;4.闪长岩;5.千枚岩;6.千枚状构造角砾岩;7.构造角砾岩;8.构造透镜体

(6)制作典型地质现象素描并用数码相机拍照。

(7)利用便携式电脑和计算机软件系统测制编绘断层联合剖面图。

(8)系统采集构造岩标本。

四、教学进程及安排

1.房山西 99.7 高地南西侧

此处为断裂构造观察点。步测断裂带出露宽度并定出所涉及地层的组名、岩性及层序;观察逆冲断层之断层面上发育的摩擦镜面、擦痕和阶步并判断断层运动方向;观察断裂带中次级断层、节理、劈理、小型揉皱、构造透镜体等伴生构造特征并掌握其指示断层动向的方法;观察描述破碎带内断层岩的发育情况及类型;测量断层面和伴生构造的有关数据并进行素描照相;根据断裂带中次级断层的表现特征、交切关系并参考区域地质资料,在教员提示下对该断裂构造带的活动期次进行划分。

2.牛口峪水库一副坝附近

追索"灯泡"花岗岩体边界并观察围岩的时代及岩性;寻找岩体内部的地层残留体并确定其时代和岩性;描述花岗岩岩性特征;观察岩体平面展布形态。

3.房山西 110.8 高地北侧

此处为人工露头观察点,亦为一断裂破碎带。观察内容及方法同第一点。制作大比例尺构造剖面图,分析两处断裂构造有何联系。

4.牛口峪水库三副坝—蘑菇山剖面观察

确认该剖面中地层时代、岩性及其组合特征;观察描述蘑菇山北西侧断裂构造特点及下马岭组地层中小型褶皱构造。

5. 牛口峪水库管理局附近

对牛口峪水库周围山头的相对位置、植被发育情况、路径分布及穿越条件宏观上进行观察；对地层、岩体大致分布区域、露头发育情况亦进行认真观察，以求对牛口峪一带的地形、地貌、地质等情况有全面了解，为在此区段独立填图奠定良好基础。

6. 山顶庙与向源山之间

依次安排以下观察内容：

(1)龙山组的岩性、产状变化及平面展布形态。

(2)府君山组的岩性、产状变化、平面形态及与相邻地层接触的关系。

(3)馒头组—毛庄组的岩性、产状变化、平面形态及与相邻地层接触的关系。

(4)中、上寒武统的观察内容同上。

(5)房山复式岩体的岩性及与围岩的接触关系。

(6)断裂带中脉岩岩性及其发育情况。

(7)断裂带在平面上分支或会合现象。

(8)中、上寒武统中小型韧性剪切带及层内紧闭褶皱表现特征。

7. 污水净化厂大门附近

此处视野开阔，可对向源山以西地形、地质概况宏观上进行了解以便独立填图前的路线布置和设计。

8. 山顶庙西沟

依次安排以下观察内容：

(1)主剥离断层(此处太古宇官地杂岩与下马岭组直接接触)两盘地层岩性特征、地层缺失情况，断裂带宽度、构造岩发育情况，混合岩化、绿帘石化和硅化表现特征。

(2)官地杂岩中发育的糜棱岩在露头—标本尺度上的表现特征。

(3)房山复式岩体在此区段为何种岩性及与围岩的关系。

(4)第四系分布情况。

(视频讲解二维码：No. 3－13－1/2)

五、思考与讨论

经前期若干路线观察，区内主要构造类型均已涉及，在此基础上完成有关构造方面的研究小结，内容包括：

(1)区内褶皱构造的类型、特征、序次、成因机制。

(2)断裂构造小结，内容基本同上。

(3)各种小型构造与大型构造的关系。

第十四节　东山口—乱石垄变质岩、岩浆岩路线

一、教学路线

东山口—乱石垄—细脖子沟。

二、教学内容及要求

北部独立实践区(填图区)是指三不管沟以北区域。以往独立填图实践主要是在盖层区进行,仅侧重于对学生进行地质调查方法和能力训练,而对其科学研究意识培养不够。选择该区段填图则可对基底变质岩系、房山岩体等方面进行深入研究,同时还涉及到与新型国土资源调查相关的某些内容。

(1)研究基底结晶变质岩系——官地杂岩(Arg)岩石学特征、变质程度、展布范围、区域构造位置、形成时代及其内部韧性变形形迹。

(2)研究房山复式岩体岩石学特征、各种包体(捕虏体、析离体、浆混体)分布规律及成因、岩体内部相带(或单元)划分标志、不同岩体和岩脉形成相对顺序以及它们与围岩的接触关系。

(3)北部填图区第四纪地质、工程地质、环境地质和农业地质等现状调查。

(4)进行全面踏勘以便为独立填图和小型专题研究做好准备工作。

三、教学进程及安排

1. 一条龙西端

了解北部填图区范围;主要地质体展布区域;观察花岗岩丘陵地貌特征;洪积物组成的地貌形态及其岩性、结构特征,纵向变化规律及剖面上新老洪积扇的关系。

2. 乱石垄一带

该区段主要观察石英闪长岩、花岗闪长岩、官地杂岩(Arg)及部分盖层岩系分布区域,各种地质体接触关系,尤其是寻找研究主剥离断层存在依据等。划分填图单元,确定填图方法,设计填图路线,明确研究专题。

3. 细脖子沟一带

该区段临近工业废水排泄场所——牛口峪水库南西侧,观察净化后的水质和土壤状况及对植被、农作物的影响情况。在教员指导下按要求从乱石垄—细脖子沟一带系统采取水样和土样进行化验、分析、研究,以便填图时圈定出可能存在的污染区。

第十五节 黄山店断裂、褶皱路线

一、教学路线

恒顺厂—黄山店—鸡场。

二、地质概况介绍

此观察研究路线与南西侧八角寨—拴马庄教学路线所出露的地层可以对比，自下而上为雾迷山组、洪水庄组、铁岭组和下马岭组。但该区段却能观察到一系列倒转褶皱构造，其倒转翼部的洪水庄组、下马岭组软弱层系中发育有逆冲断层，二者组合称为褶皱-冲断构造。此种构造类型在实习区西部黄山店、黄元寺、上方山、霞云岭等处皆有发育且颇具特色。

黄山店一带发育的主要构造现象有顺层褶皱、构造透镜体、无根肠状褶皱、正扇形及反扇形劈理、旋转碎斑、花边褶皱、劈理置换、鞘褶皱和紧闭褶皱等(图 3－15－1)。

倒转褶皱表现为两翼岩层产状平缓且向南倾斜。清楚者是该村北山以下马岭组为核部，铁岭组、雾迷山组(洪水庄组由于断层破坏而缺失)为翼部的倒转向斜构造，山脚正常翼与山梁倒转翼分别由雾迷山组中的叠层石正常与倒转显示出来。

三、教学内容及要求

(1)进一步熟悉中元古界、新元古界地层岩性及其组合特征。

(2)识别厘定褶皱-冲断构造，并对其特征及组合样式进行观察研究和描述。

(3)观察认识原生沉积构造、软沉积变形构造表现特征，研究它们在较大尺度构造之不同部位的分布状况及构造意义。

(4)制作构造景观素描图、典型地质现象素描图并用数码相机拍照。

四、教学进程及安排

1. 恒顺厂水渠旁

该处为一倒转背斜正常翼所在，出露有雾迷山组厚层状白云岩。观察认识正常层位发育的叠层石、泄水构造、冲刷构造、小型生长断层及扰动层理等原生沉积构造和软沉积变形构造，并对其进行测量、素描、照相和描述(提示：原生构造形态完整、厚层状白云岩内部的矿物定向不明显、次生构造线理和面理欠发育等现象说明该处岩石变形强度不大，在较大构造尺度上可视为一相对稳定的弱应变域)。

2. 黄山店村东侧北沟口

此处为黄山店北山倒转向斜正常翼所在，出露为雾迷山组厚层状白云岩，观察认识正常层位发育的叠层石构造。

3. 黄山店小学后侧南沟口

观察描述内容如下。

图 3-15-1　黄山店断裂和褶皱构造典型照片

(1)向北远观前已述及的黄山店北山大型倒转-平卧褶皱全貌及转折端形态,向学生提示其枢纽呈 NNE75°～80°方向延伸,轴面向 SSE 倾斜。与褶皱相伴的逆冲断层,在更北侧的黄元寺东沟 628 高地附近为其消失点。

(2)在该处业已褶皱的雾迷山组中观察叠层石形态特征。由于冲断层的影响(不排除次一级顺层剪切作用)使得纹层向上穹起的墙状叠层石和柱状叠层石变形歪斜,极端者呈现平卧和倒转的状态(此大型构造标本已采运基地,作为地质展景置放,可进一步在室内观察)。提示学生,与第 1 观察点原生沉积构造对比,此区段显示出强变形带之特征。

4. 黄山店村西公路壁

从黄山店村西沿公路观察,依次出露倒转向斜下翼铁岭组薄层状白云质结晶灰岩和核部下马岭组千枚状板岩。观察认识露头尺度的各类小型构造诸如豆荚状褶皱、层劈关系、构造置换等现象并进行测量、描述、素描和照相,同时分析与大一级构造关系。

5. 鸡场

黄山店村西三岔路口至部队营房一段基岩露头连续而良好,仍为倒转向斜下翼铁岭组薄层状白云质结晶灰岩,是一强应变带所在。其中小型紧闭褶皱、肠状褶皱、杆状构造、劈理置换以及露头尺度上的 S－C 组构等现象典型直观,是进行构造解析和小型专题研究的理想场所。该区段与褶皱相伴的较大规模的逆冲断层未见发育,如此强烈变形则是顺层剪切作用所致。

(视频讲解二维码:No. 3－15－1/2)

第十六节　孤山口—十渡旅游地质及区域地质考察路线

一、地质背景知识

素有"北方小桂林""北方大峡谷"之称的十渡位于北京西南郊房山区境内的拒马河中上游,距周口店约 15km(图 3－16－1),是中国北方唯一一处大规模喀斯特岩溶地貌(赵温霞,曾克峰,2000;王志农,2006)。古代的拒马河水很大,河上不能架桥,每拐一个大弯进一个村庄就有一个渡口,在一渡至十渡 20km 内共有 10 个弯,也就有 10 个渡口,十渡也由此而得名。现在公路已经修入河谷,这十处渡口早已改建为漫水桥,没有真正的渡口了,但是十渡的名字却一直沿用至今(360 百科,十渡)。

十渡风景名胜区主要由低山深谷、河漫滩、古阶地地貌构成,旅游景点分布于拒马河沿岸或两侧峡谷。十渡山水景观不同于南方的桂林山水景观,桂林雨水多,山石的造型线条圆润流畅,形态俊秀柔美,而十渡缺雨水滋润,表现为构造-岩溶地貌,山石受构造节理制约,线条大多呈直线直角,因此地貌形态粗狂雄奇(耿玉环等,2015;陈兆棉,2005)。近年迅速发展为京郊难得的集游泳、探险、景观、避暑渡假和影视拍摄基地于一体的良好场所。为拓宽周口店野外实

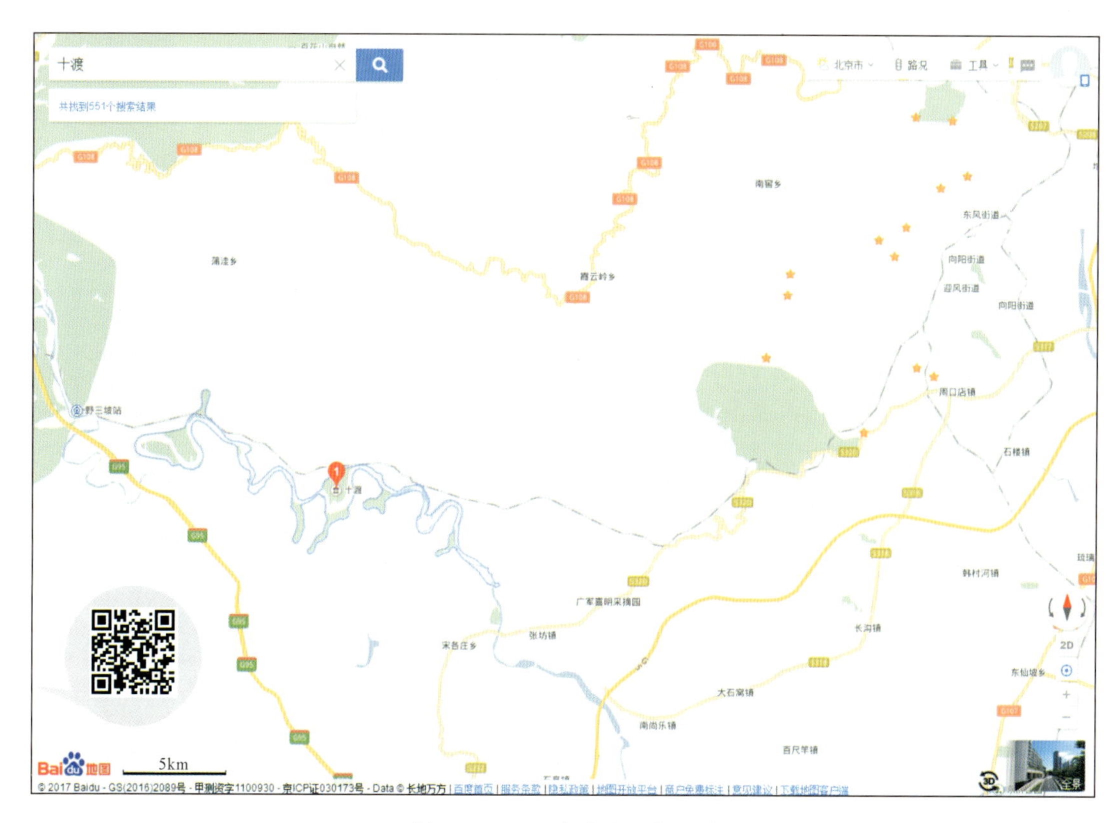

图 3-16-1 十渡地理位置图

习区地学教育资源，现已将该区开辟启用为一条教学路线（赵温霞，曾克峰，2000）。

经初步研究，峰林峡谷形成的地质因素如下：①拒马河数度蛇曲实为北西、北东向两组陡倾角的区域性节理或断层所控制。于三渡处测得岩层产状为 SE110°∠5°；两组节理产状为 NW320°∠83°，SE125°∠85°。②平缓的地层产状和近于垂直的节理，有利于形成陡峭峻险的地貌景观。经过漫长时间的风化、溶蚀、剥落、坍塌，便出现陡倾的冲沟峡谷和耸立的峰林石塔。③深切峡谷景观是在长达 70Ma 时间内地壳急剧抬升上隆和拒马河强烈下切侵蚀作用的产物，业已在峡谷口及一渡、八渡、十渡识别厘定出Ⅰ、Ⅱ、Ⅲ级阶地。④该区广布的硅质白云岩、灰质白云岩、泥质白云岩等碳酸盐类岩石是岩溶和喀斯特地貌发育的物质基础。⑤发育在峡谷区宽十米到几十米的煌斑岩墙（可能为著名的太行山岩墙群的延伸部分，以北西走向为主）经风化剥蚀形成次级峡谷或“一线天”景观，如六渡—七渡所见（赵温霞，曾克峰，2000；陈兆棉，2005）。

作为地学教育资源，从周口店强烈变质-变形带到三岔-云居寺过渡带直至十渡地质构造相对稳定区的不大范围内，对其演化进行研究分析有助于学生更好地了解地质构造在空间上的不均一性，强应变带和弱应变域的差异性和对比性以及板内造山作用的类型和机制（赵温霞，曾克峰，2000）。

二、教学内容及要求

（1）了解实习区西部三岔村—十渡一带区域地质特征并与实习区进行对比。

(2)理解板内(陆内)造山作用特征及区域地质构造的不均一性。

(3)分析十渡峡谷形成的地质背景并对其旅游资源进行评价。

三、教学进程及安排

1. 孤山口火车站两侧峭壁

作为一条独立教学路线(路线9)已介绍,故从略。本路线之所以从该变形-变质作用复杂区段开始,是便于与下述各观察点进行对比。

2. 孤山口—三岔村观察路线

此段路线大致沿三岔复式背斜轴迹自东向西观察,组成复式背斜核部及两翼的地层皆为雾迷山组,轴向NE 60°左右,孤山口一带为其倾伏端所在。向西纵向追索至下中院与三岔村分水岭处(488高地一带)为复式背斜转折端部位,虽被次一级褶皱复杂化,但由于露头良好,仍能清楚地观其全貌;再向西至三岔村一带,背斜总体形态渐变为开阔平缓的构造样式;从三岔村开始向西,背斜轮廓已不明显,岩层呈低角度的波状起伏直至水平(图3-16-2)。

图3-16-2 孤山口-三岔村复式背斜(十标注处为孤山口火车站)

要求分段于孤山口火车站、488高地一带和三岔村等处制作背斜构造横剖面图(即联合构造剖面图),加深对该复式背斜区域变化特征的认识以及学会剖析大型构造的思路和方法。

3. 十渡峡谷区观察路线

十渡区内展布的地层为水平或近水平状态产出的雾迷山组白云岩、白云质灰岩,是北京乃至华北地区少见的喀斯特峰林地貌景观区。从峡谷口向内(总体向北)依次安排的教学观察内容有:

(1)一渡:为拒马河汇入华北平原处。在此观察识别河流阶地;远观三皇山风景区由水平岩层组成的峰林地貌并绘制景观素描图和照相;在公路旁侧观察发育良好且未变形的大型叠层石(图3-16-3)。

(2)三渡:此段河床平缓、水流缓慢,引导学生观察岩层与水面近于平行,以加深理解水平岩层的概念;观察层间张节理、缝合线构造、石香肠构造、鱼嘴构造以及风暴沉积等景观(图3-16-4)。

(4)七渡:发育有开宽圆滑的、规模不大的短轴状褶皱构造,由两个背斜和一个向斜所组成。褶皱轴向近东西延伸,向南北两侧岩产状渐缓趋于水平。理解在以水平岩层为主的区域内,出现褶皱构造是应变局部化的标志。此种褶皱一般多为断续褶皱,观察时注意产状逐渐变化的特征。

图 3-16-3 一渡隔槽式褶皱(箱状褶皱)

图 3-16-4 三渡雾迷山组白云岩中所观察到的沉积构造

(5)八渡:观察局部应变强化而形成的断坪、断坡构造并进行素描和照相。

(6)十渡:参观由国家民政部授予的爱国主义教育基地——平西抗日烈士陵园,此处已被中国地质大学(武汉)挂牌辟为德育教育基地。

No. 01

坐标与 GPS:N39°41′ E115°56′ H:1m

点位:一渡

露头:天然,一般

点义:雾迷山组隔槽式向斜构造观察点

描述:隔槽式褶皱表现为向斜紧密而两个向斜之间的背斜开阔平缓(画素描图)。

No. 02

坐标与 GPS:N39°41′ E115°56′ H:1m

点位:三渡

露头：天然，一般

点义：雾迷山组沉积构造观察点

描述：①张节理（两组节理面）；②缝合线构造；③石香肠构造；④鱼嘴构造；⑤风暴沉积，并画素描图。

张节理的节理面上可见溶蚀现象，是由含 CO_2 的孔隙水溶蚀碳酸盐岩造成的。与缝合线构造不同的是，缝合线构造是固态沉积物在高压诱导下发生的互嵌式接触关系。

风暴沉积是风暴流或风暴将未固结的岩石打散，而呈角砾状分布于新形成的岩石中。

鱼嘴构造（鱼嘴状石香肠构造）：在能干层和基质存在较大能干性差异的条件下，岩层受到垂直层面或者层面大角度相交的引力作用，导致先期形成的断裂石香肠的断裂面产生弯曲，进而在剖面上呈现向香肠内凹进去的形态，因其在剖面上近似鱼嘴的形态，因此被称为鱼嘴构造。

No. 03

坐标与 GPS：N39°41′ E115°56′ *H*：1m

点位：七渡

露头：天然，一般

点义：雾迷山组背斜观察点

描述：该褶皱为一典型背斜，其转折端有正扇形的张节理。在该大型背斜北侧还有一小型背斜，画素描图（图 3－16－5）。

图 3－16－5 七渡背斜构造

No. 04

坐标与 GPS：N39°41′ E115°56′ *H*：1m

点位：八渡

露头：天然，一般

点义：雾迷山组逆冲推覆构造观察点

描述：该观察点可见两组逆冲推覆构造，在其上可见明显的断坡与断坪，画素描图（图 3-16-6）。

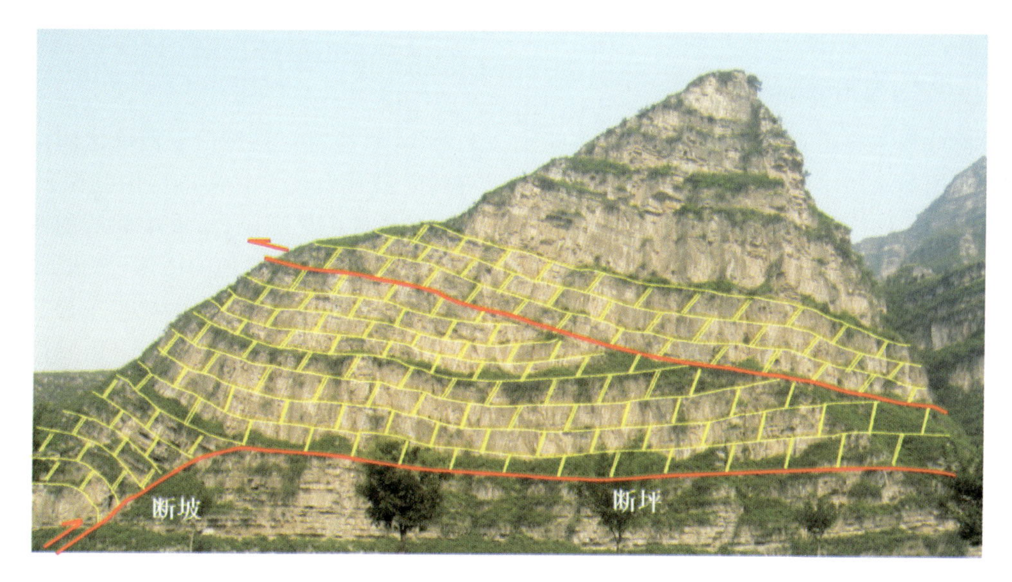

图 3-16-6 八渡断坪-断坡构造景观

四、思考与讨论

（1）从岩层变质-变形较为明显的实习区，经过三岔一带地质构造过渡区，直至十渡未经变质-变形或变形微弱区，这种在区域上由强到弱的地质变化特征说明了什么问题？联系到北部下苇店一带亦属于变质-变形较微弱区段，试综合分析实习区大地构造属性，总结板内（陆内）造山作用的表现特征。

（2）分析十渡峡谷区形成的地质构造因素。

（3）综合分析、评价周口店及其邻区地学旅游资源、自然景观和人文旅游资源并提出合理开发和规划意见。

（视频讲解二维码：No. 3-16-1）

五、教学提示

（1）经区域地质调查研究，大致以房山复式岩体为中心，往北、往西之半径约 15km 的范围内，岩浆活动及变质、变形作用均较为强烈（东部、南部虽为山前平原区，但经地震资料分析亦有一定的活动性），说明实习区属于板内造山活动带，但此类造山机制尚待深入研究。

（2）十渡峡谷形成的地质背景概括为：其一，此区段碳酸盐岩发育；其二，呈水平状态的岩层被两组近直立的区域性节理所切割（煌斑岩脉亦受区域性节理或断层控制）；其三，地壳急剧抬升等。

第十七节 长流水—上寺岭登山地质考察路线

一、路线简介

该路线属于登山训练及区域地质考察路线。上寺岭，原指通行猫耳山东西峰之间山脊的古道；现在，越来越多的地图把猫耳山最高峰称上寺岭。猫耳山位于北京市房山县城以西20多千米处，原是一座高耸的高山，因山下有煤，长年挖煤造成山体塌陷，形成中间凹的两座山峰，因外形像猫的双耳，称为猫耳山。猫耳山是花岗岩和汉白玉石为基地的山体，海拔1307m。从周口店出发，坐车沿黄山店沟，过涞沥水路口，到达长流水村大本营。然后徒步东进长流水谷，登上寺岭。即黄山店—长流水—上寺岭，路线全长约8.0km（图3-17-1）。山腰以上多云，不见峰顶。山多植物，山坡路也较陡，多为手脚并用。

图3-17-1 周口店实习基地—黄山店—长流水—上寺岭路线图

二、教学内容及要求

（1）攀登实习区内最高峰——上寺岭（1307m），以训练艰苦奋斗、团队协作、野外生存等能力。

（2）鸟瞰实习区地形、地质全貌。

（3）宏观了解北岭叠加向斜构造和其核部的岩石地层单位。

（4）典型地质现象素描、照相并采集主峰岩石标本。

三、教学组织、进程及安排

（1）此路线宜安排在地质报告编写阶段进行。首先选择数名身体条件好并具有登山经验的师生开展选线、设营和试登；然后选拔培训队员并传授野外生存、登山技术和注意事项；同时组织落实大本营和各攀登营地负责人以及后勤、医务人员；准备交通工具、通信设备、登山设备、医疗器械、药品、食品和饮料等；成立登山领导小组并严明登山纪律，所有人员必须接受统一指挥。

（2）选择晴天攀登，时间一天，无论登顶成功与否，下午3时所有师生必须返回大本营（长流水村）。

（3）登山队员以梯队形式编组，梯队队长、教练由教工担任。

（4）早上6点从周口店实习站乘车出发至大本营，各攀登营地负责人先行出发，然后各梯队依序攀登。由于身体条件或其他原因不能继续攀登者，由梯队负责人就近安排在某一营地休息或由营地负责人组织下撤，梯队和营地负责人之间必须有严格的移交手续。

（5）登顶队员在主峰不宜过久逗留，一定要有妥善的计划和安排，并为返程留有充足时间。当完成各项教学任务和身体得到恢复后，准确清点人数并及时撤退返回。

（6）此项教学活动可灵活安排，亦不硬性要求所有师生参与。若有下列情况之一者即取消该项教学活动：其一，未经校方和国家登山协会批准；其二，天气状况不佳（炎热、阴雨或大风等）；其三，上述各项准备工作未能全面落实。

第四章 实测剖面教学实践

第一节 实测剖面的分类及目的

实测地质剖面是沿选定的野外地质观察路线逐尺测量，综合观测，真实描述客观地质体和地质现象，并绘制剖面图的过程(尤继元，2015)。实测地质剖面是区域地质和矿区地质测量工作中的基础工作，一般放在地质填图工作的初始阶段即设计阶段进行，个别放在后期阶段进行，依据测区实际情况而定，可按需补测一定数量的剖面。地质普查和区域地质调查中的地质剖面可分为五类(周瑞华，刘传正，2013)。

(1)地层剖面，主要是通过研究岩石物质及矿物成分、结构构造、古生物特征及组合关系、含矿性、标准层、沉积建造、地层组合、变质程度等，建立地层层序，查清厚度及其变化、接触关系，确定填图单位。

(2)构造剖面，主要是研究区内地层及岩石在外力作用下产生的形变，如褶皱、断裂、节理、劈理、糜棱岩带的特征、类型、规模、产状、力学性质和序次、组合及复合关系。

(3)侵入岩剖面，主要是研究侵入岩的矿物成分、含量及组合、结构构造、含矿性、同化混染、接触蚀变作用、原生及次生构造、侵入体与围岩的接触关系、岩相变化特征、侵入期次、时代及侵入体与成矿的关系。确定侵入体中单元划分。

(4)第四系剖面，主要研究第四纪沉积物特征、成因类型及含矿性、时代、地层厚度及变化特征、新构造运动及其表现形式。

(5)火山岩剖面，主要研究火山岩的岩性特征，与上下地层的解除关系，火山岩中沉积夹层的建造、生物特征，火山岩的喷发旋回、喷发韵律，火山岩的原生构造及次生构造，确定火山岩的喷发形式、火山机构和构造。

实际工作中，根据不同的地质问题和研究需要，可有针对性地测得地层、构造、侵入岩、第四系、火山岩等不同类型的剖面。概括而言，实测剖面的目的、内容主要包括以下6个方面(尤继元，2015)。

(1)研究工作区地层的岩石组合、变质程度、地层划分、地层层序接触关系及其厚度变化。

(2)观察沉积特征、原生沉积构造、化石和产出状态以及古生物组合，分析岩相特征及沉积环境。

(3)观察地形变形的特征，确定褶皱、断裂、新生面状、线状构造要素的类型、规模、产状及其几何学、运动学、动力学特点，分析形成次序及其叠加、改造关系。

(4)研究侵入岩的岩石特征、结构构造、捕虏体和析离体在岩体内的分布；接触变质和交代蚀变作用及含矿性；观察原生构造和次生构造，划分岩相带；确定岩体产状，与围岩关系、剥蚀程度、侵入期次和形成时期等。

（5）研究第四纪沉积物的性质及其特征、厚度变化、成因、新构造运动及其表现形式。

（6）研究地层的含矿性和矿产的类型、产状特征及其分布规律。

简而言之，实测剖面的目的是为了了解和掌握各种地质体的特征、属性、相互关系及区域变化，为合理划分填图单位和填绘地质图服务，是区域地质调查中的一个重要环节（丁俊，肖渊甫，2014）。

第二节　教学要求、准备工作和注意事项

实测剖面是操作性强、对学生动手能力要求较高的一个教学环节，学生在剖面测制的整个过程中，必须建立良好的团队合作意识，通过集体的共同努力来完成此项工作。为保证实测剖面教学任务的顺利开展，在实际的野外实测剖面工作开展之前，带班教员要引导学生做好准备工作，并提醒学生关注剖面实测过程中的注意事项。

一、实测剖面前的准备工作

主要是要收集相关资料、明确团队的人员分工、准备必备的工具和器材。

（1）收集相关资料。收集地形图、区域上前人已经取得的相关地质资料、前人所测得的该区剖面或邻近剖面相关资料等（丁俊，肖渊甫，2014）。

（2）人员分工。实测剖面原则上要求5～6人，采取组长负责制。大致分工是分层人员1名，多由相关专业知识较为全面的组长担任；前、后测手各1人；野簿记录及填表人员1名；采样和产状测量人员1人。在实际工作过程中，可根据需要灵活安排，各组员要密切配合。为使得各成员都有机会进行扎实的基本功训练，可酌情轮换，在轮换过程中必须做好交接工作，以保持实测剖面工作正常、高效地进行。

（3）准备必备的工具和器材。包括地质锤、罗盘、放大镜、测绳或皮尺、钢卷尺、野外记录簿、剖面测量记录表、记号笔、油漆或毛笔（或喷漆）、铅笔、橡皮、量角器、三角板、GPS数字填图掌上机、相机、样品袋、包装纸、厘米坐标纸、稀盐酸、钢钎凿子等（丁俊，肖渊甫，2014）

二、剖面实测过程中的注意事项

剖面实测过程复杂，涉及到的人员分工较多，因此在正式开始野外实测工作之前，对地层的分层及描述方面，观察描述的全面及规范性方面，构造的观察及描述方面，信手剖面图的绘制方面，剖面线起点、终点和地层分界点等的确定及标注方面，遇覆盖区的处理方面以及一天工作结束之后的查验方面的注意事项要事先掌握（尤继元，2015）。

（1）地层分层：地层分层及其观察、描述是实测地质剖面过程中的主要工作。分层的基本原则是依据岩石的颜色、成分、结构构造的明显不同及上、下层所含化石种属的不同划分的。分层比例大小按工作的精度要求而定，一般以能在剖面图上表示为1mm的单层为限，对不足1mm但有特殊意义的单层仍应划分出来。对不同成分的薄层重复出现者，可作为一个组合层划分，但需详细记录其组成、结构和构造特点。

（2）观察、描述记录要求：实测剖面观察要求认真、细致、全面综合地观察地质现象，描述则要求重点突出，条理清楚，书写工整。

(3)构造方面:主要观察、描述小褶皱、断层、节理、劈理等岩石的产状特征、运动学特征及其性质。

(4)作信手剖面图者,须按实测剖面比例尺和剖面方位,依据实际地貌和地质情况,在方格纸或记录本上信手绘制剖面,以作为室内绘制实测剖面图的重要参考。同时,对于特殊的地质现象,诸如地层接触关系、断层特征、小构造、地层和岩体的原生构造,进行必要的地质素描和照相,这些是总结和编写报告时必不可少的实际素材。

(5)沿剖面线用定地质点方法控制剖面线起点和终点、地层分界点、构造点和矿化点等,地质点和分层号应用红漆在露头上标出,以便于查找、核对。

(6)在剖面线上,导线若遇不可通达的地段和覆盖区,可采用沿标志层平行移动法避开,并重新按原导线方位拉测绳,尽可能连续观察,以保证剖面质量,尤其关键区段更应如此。

(7)一天工作结束之后,组长应召集担负不同工作的人员对野外实测工作进行逐导线、逐地层核对,使记录、登记表、平面图、信手剖面图、标本样品互相吻合,以保证不出差错;若查出问题,室内不能解决,可在第二天复查后再开始工作。

第三节 实测地层剖面图编制方法

地层剖面是地层学研究的基础,通过实测剖面可以准确地建立地层层序,确定岩石地层、生物地层、磁性地层和生态地层的地层单位。此外,沉积相和古地理的研究、古生态和古地理的研究都是从实测剖面入手的。

一、实测剖面线的选择

实测剖面之前必须对研究区进行野外踏勘,选择实测剖面线。选择剖面线的一般要求是:①剖面线距离短而地层出露齐全;②地质构造简单,尽量选择未遭受褶皱、断层和侵入体破坏而发生地层重复或缺失的剖面;③所测地层单位的顶面和底面出露良好,接触关系清楚;④化石丰富,保存完整,有利于生物地层工作。

除上述一般要求之外,还需注意以下方面:

(1)剖面地层露头的连续性良好,为此应充分利用沟谷的自然切面和人工采掘的坑穴、沟渠、铁路和公路两侧的崖壁等,作为剖面线通过的位置。

(2)实测剖面的方向应基本垂直于地层走向,一般情况下两者之间的夹角不宜小于60°。

(3)当露头不连续时,应布置一些短剖面加以拼接,但需注意层位拼接的准确性以防止重复和遗漏层位,最好是确定明显的标志层作为拼接剖面的依据。

(4)如剖面线上某些地段有浮土掩盖,且在两侧一定的范围内找不到作为拼接对比的标志层,难以用短剖面拼接时,应考虑使用探槽或剥土予以揭露。特别是当推测掩盖处岩性有变化,或产状、接触关系和地层界标等重要内容因掩盖而不清时,必须使用探槽。

(5)剖面线经过地带较平缓,剖面线拐折少。

(6)实测剖面的数量应根据工作区地层复杂程度、厚度及其变化情况、课题需要及前人研究程度等因素综合考虑而定。一般各地层单位及不同相带,至少应有1~2条代表性的实测剖面控制。

(7)实测剖面的比例尺按研究程度确定，一般以1∶1000到1∶2000为宜，出露宽1～2m的岩层都应画在剖面图上。有特殊意义的标志层或矿层，出露宽度不足1m也应放大表示到剖面图上。

(8)为了便于消除误差，剖面起点、终点及剖面中的地质界线点都应标定在实际材料图上。

二、实测地层剖面的野外工作

1. 信手地层剖面的测制

为使实测地层剖面选择和地层分层准确以提高工作效率，在开展实测地层剖面之前，一般应先测制地层信手剖面。主要工作是选择较理想的剖面线位置，观察研究地层结构，确定地层单位的分界线并实地标记，选定标志层及发现化石层位。

2. 地形及导线测量

测量导线方位、导线斜距和地面坡度角，工作由前、后测手二人完成。一般用地质罗盘测量导线方位和坡角，读数相差超过3°时应重测，读数相近则采用平均值记入记录中。

实测剖面必须取得以下数据，并记入实测地层剖面登记表中(表4-3-1)。

(1)导线号：以剖面起点为0，第一测绳终点为1，表内记为0—1；第二测绳为1—2，依此类推。

(2)导线方位角(φ)：指前进方向的方位角。

(3)导线斜距(L)：每一测段的距离。

(4)分层斜距(l)：同一测线上各地层单位的斜距，分层斜距之和等于导线斜距。

(5)坡角($\pm\alpha_1$)：测段首尾之间地面的坡角，以导线前进方向为准，仰角为正，俯角为负。

(6)岩层产状：测量岩层倾向和倾角(α)，应记下所测产状在导线上的位置。

(7)分层号：从剖面起点开始按划分的地层单位顺次编号。

(8)地质点位置：记录剖面中各地质点在导线上的位置。

表4-3-1　实测地层剖面登记表

<table>
<tr><th rowspan="3">导线编号</th><th rowspan="3">导线方向</th><th rowspan="3">坡度角</th><th colspan="3">导线距</th><th colspan="2">高差</th><th colspan="4">岩层产状</th><th rowspan="3">岩层走向与导线间夹角</th><th colspan="2">分层</th><th colspan="3">真厚度</th><th colspan="4">岩性描述</th><th colspan="2">样品</th></tr>
<tr><th rowspan="2">斜距L</th><th rowspan="2">水平距M</th><th rowspan="2">累计</th><th rowspan="2">分段H</th><th rowspan="2">累计</th><th rowspan="2">斜距</th><th rowspan="2">水平距</th><th rowspan="2">倾向</th><th rowspan="2">倾角α</th><th rowspan="2">野外</th><th rowspan="2">室内</th><th rowspan="2">分段</th><th rowspan="2">分层</th><th rowspan="2">累计</th><th colspan="2">分层</th><th rowspan="2" colspan="2">分层描述</th><th rowspan="2">斜距</th><th rowspan="2">编号</th></tr>
<tr><th>斜距</th><th>水平距</th></tr>
<tr><td></td><td></td><td></td><td></td><td></td><td></td><td></td><td></td><td></td><td></td><td></td><td></td><td></td><td></td><td></td><td></td><td></td><td></td><td></td><td></td><td></td><td></td><td></td></tr>
<tr><td></td><td></td><td></td><td></td><td></td><td></td><td></td><td></td><td></td><td></td><td></td><td></td><td></td><td></td><td></td><td></td><td></td><td></td><td></td><td></td><td></td><td></td><td></td></tr>
</table>

3. 地层分层、观察、描述和记录

地层分层、观察和描述是实测剖面的重要工作，分层的基本原则如下。

(1)按地层剖面比例尺的精度要求，分层厚度在图上大于1mm的单层。

(2)岩石成分有显著的不同。

(3)岩性组合有显著的不同。

(4)岩石的结构和构造有明显的不同。

(5)岩石的颜色不同。

(6)岩性相似,但上、下层含不同的化石种属。

(7)岩性不同,但厚度不大的岩层旋回性地重复出现,可将每个旋回单独作为一个旋回层分出。

(8)岩性相对特殊的标志层,化石层,矿层及其他分布较广、在地层划分和对比中有普遍意义的薄层,应该单独分层。如果其在剖面上的厚度小于1mm,可以按1mm表示。

(9)重要的接触关系,如平行不整合、角度不整合或重要层序地层界面处可分层。

在地层分层过程中,根据第一节中所述的地层观察和描述方法,描述各导线内各层的岩石学和古生物学特征,并记录在记录表中。

4. 绘制地层剖面草图

在实测剖面时,必须现场绘制导线平面草图和地层剖面草图,将导线号、地质点、岩层产状、标本、样品和化石采集地点的编号及剖面线经过的村庄、地物的名称标注在草图上,以供室内整理时参考。

5. 标本和样品的采集

应逐层采集岩矿、化石标本,还要根据需要采集岩石化学分析或光谱分析样品、人工重砂样品、同位素年龄样或古地磁样。标本和样品应该按规定系统编号,并在记录表和剖面草图上标记清楚。

6. 照相和描述

对剖面上的重要地质现象,如接触关系、沉积构造、基本层序及古生物化石等应照相和素描,并根据其在剖面的位置记录在记录表中和在剖面草图上标注。

三、实测地层剖面的室内整理

室内工作包括野外资料数据的整理与换算,导线平面图和地层实测剖面图的制作3个方面。

1. 野外原始资料的整理

在本阶段,小组成员应认真核对剖面登记表和实测剖面草图,使各项资料完整、准确、一致,并将登记表中数据及剖面草图上墨。如果出现错误或遗漏,应立即设法更正和补充。

此外,还应将登记表上各空项通过计算逐一填全。

导线平距:$M=L\cos\alpha_1$

分段高差:$H=L\sin\alpha_1$

累计高程为剖面起点高程加各分段高程之代数和。

导线与岩层倾向夹角为导线方位角与岩层倾向的方位角之锐夹角,是计算岩层厚度的一个参数。

2. 岩层厚度的计算

岩层厚度是指岩层顶、底面之间的垂直距离,即岩层的真厚度。其计算方法有公式计算法、查表法、图解法和赤平投影法。下面仅介绍常用的公式计算法。

倾斜岩层厚度(h)计算方法有下列几种情况：

(1)导线方位与岩层倾向基本一致(二者夹角<8°)时，若地面近于水平($\alpha_1<6°$)，则 $h=L\sin\alpha$，式中，α 为岩层倾角；若地面倾斜，则 $h=\sin(\alpha\pm\alpha_1)$，式中，地面坡向与岩层倾向相反时为 $\alpha+\alpha_1$，相同时为 $\alpha-\alpha_1$，但取其绝对值。

(2)导线方位与岩层倾向斜交时，若地面倾斜与岩层倾向相反，则 $h=L(\sin\alpha\cdot\cos\alpha_1\cdot\sin\beta+\sin\alpha_1\cdot\cos\alpha)$，式中，$\beta$ 为导线方向与岩层走向之锐夹角；若地面倾斜与岩层倾向相同，则 $h=L|\sin\alpha\cdot\cos\alpha_1\cdot\sin\beta-\sin\alpha_1\cdot\cos\alpha|$，岩层厚度以 m 为单位，一般小数点后取一位数即可。

3. 绘制实测剖面导线平面图和剖面图

(1)总导线方向的确定。一个剖面应是通过一定方向的横切面，这个方向即称总导线方向。但实际丈量是按分导线的方向丈量的，因此应以分导线的方向为依据，求出总导线的方向。总导线方向一般是按顺序将分导线方向、水平距绘制在一张方格纸上，取第一分导线之首与最终分导线之尾的联线作为总导线方向，其方位角可用量角器量出。

(2)导线平面图的制作。以水平线作为总导线的方向，通常以左端为导线北西或南西方位，右端为南东或北东方位，按各分导线的水平距和方位依次画出各分导线。在此基础上标出分导线号、地质点号、地层单位代号(包括分层号)、岩层产状、地物及地物名称；在地层分界处根据产状画出其走向线段。此外，还应在总导线的起点上端画上指向箭头，标上总导线方位(图 4-3-1)。

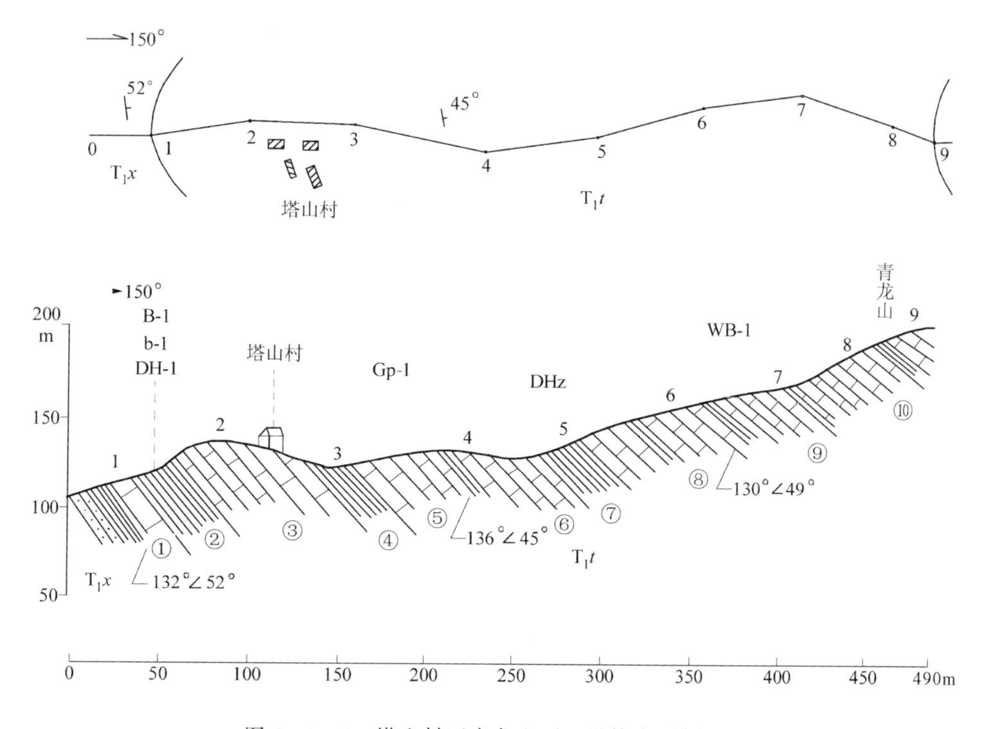

图 4-3-1　塔山村至青龙山下三叠统实测剖面图

(据地质矿产部《区域地质矿产调查工作图式图例》,1983；转引自谭应佳等,1987 修改简化)

(3)地层剖面图的制作。在总导线之下适当位置处用铅笔画水平线作为实测剖面的底线或高程基线,在其两端画线,按比例标上高程,然后依次将各导线点的海拔高程点在方格纸上,参照野外实测剖面图勾绘地形轮廓线。将总导线上的地层分界点垂直投影到地形线上,按地层视倾角画出地层分界线,一般层之间的分界线长 2cm,段和组的分界线长 2.5～3cm。再按各地层单位岩性组合,画上规定的岩性花纹符号(岩性花纹长 1cm)。在地形轮廓线上标上分导线号、地质点号、化石采集点、标本和样品编号以及剖面经过的地物名称。在地形轮廓线之下标上地层单位代号(包括地层层号),岩层产状。在图的上方写上图名、比例尺(水平线段比例尺或数字比例尺),在图的下方画上图例,填好责任表,最后着墨清绘即完成了实测地层剖面图的制作。

第四节 实测地层柱状图和综合柱状图编制原则及方法

一、实测地层柱状图的制作

实测地层柱状图是进行地层分析和对比的基础,一般有惯用的格式(表 4-4-1),其内容可根据具体要求做增减。

表 4-4-1 实测地层柱状图格式

年代地层				岩石地层				层厚(m)	岩性柱	沉积构造	基本层序	岩性简述及化石	备注
界	系	统	阶	群	组	段	层						

具体作图方法可参照以下几点:

(1)根据具体情况选定实测柱状图的内容。如在古生物化石带发育且易识别的地区,应在年代地层和岩石地层之间加上生物地层一栏。而在沉积构造发育、相标志清楚的地区则应加强沉积相分析,可在岩性描述及化石之后加上沉积相及海平面变化一栏。

(2)根据岩性及厚度绘制岩性柱,其岩性符号、岩性花纹和各种代号均与实测剖面图相同。比例尺原则上也应一样,特殊情况下可以适量改变。

(3)岩性以层为单位,分层描述,应用岩石的全名或突出特征来简明描述。若岩性明显分上、中、下,则依次由上而下分别描述。

(4)化石需按类别和数量的多少依次标明类别和属种名称,一般类别用中文,而属种名用拉丁文。

(5)在"岩性柱"一栏中,应注意化石产出的相应位置并标上化石符号。

(6)"沉积构造"栏中的层理、层面构造及其他构造,一般用花纹来表示。

(7)"岩性柱"一栏中,应注意标明表示接触关系、相变和岩浆活动符号,并相应在"岩性描述”一栏上注明“角度不整合”或“平行不整合”等字样(整合不用标注)(图4-4-1)。

(8)在图面许可的情况下,可在“岩性简述”与“沉积构造”栏之间标上各地层单位的基本层序。

(9)矿产或其他内容可在备注中注明。

(10)在图上方写全图名及比例尺,在图下方标上图例及填写责任表。

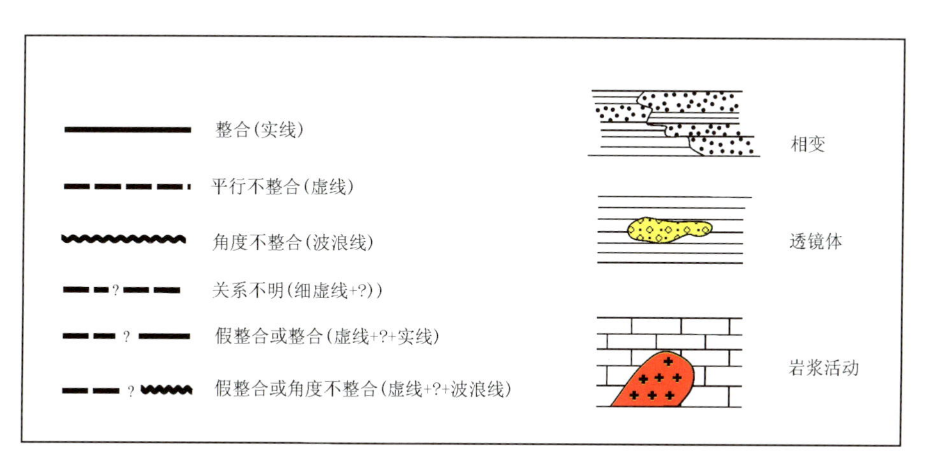

图4-4-1 接触关系、相变和岩浆活动符号(据杨逢清等,1990)

二、地层综合柱状图的制作

地层综合柱状图是在一个地区或一个工作区范围内的若干地层柱状图的基础上综合整理而成的。它从纵向上反映了一个地区或一个工作区岩性和化石的变化特征。它的制作方法基本上与地层柱状图相同,其不同就在于“综合”这个特点上。

(1)岩性通常以段、组为单位,综合描述。描述要有代表性,同时也需对区域上较大的岩相变化进行描述,相变规模大时,要在岩性柱上画上相变线。

(2)地层厚度以综合厚度表示,一般应包括最薄的和最厚的范围,例如20~80m。

(3)化石名称应选择有代表性的或特征性的属种。

(4)一般要加上“沉积相和海平面变化”一栏,以描述该地区地质历史时期的环境变化。

(5)综合地层柱状图多和地质图配套,因此,综合地层柱状图可上色。

(视频讲解二维码:No.4-1-1)

第五章 独立填图教学实践

第一节 目的和意义

独立填图教学实践是整个实习过程的一个十分重要的教学环节，是对学生前述实践教学成果的一个系统总结和训练。是在前期地层、构造、岩浆作用、变质作用路线教学实习的基础上和在老师的指导下，由学生独立承担完成的地质填图教学任务。独立填图实践既是对前期教学效果的检验，亦是对学生进一步综合性地全面训练，该阶段教学活动进展如何，将直接影响整个教学实习的质量。对于学生全面系统地理解和巩固地质基础知识，掌握野外工作方法，新技术、新方法的应用具有十分重要的意义。

第二节 教学要求和工作方法

一、教学要求

为顺利完成该项实习任务，必须进行填图前的踏勘、路线布置和工作设计。带队教员应该对各独立实践区（填图区）的地质情况进行简要介绍，提出相应的教学要求，指导学生进行路线踏勘设计、基本要求讲解。由于每一独立实践区（填图区）涉及的地质问题和实习的侧重点不同，因此，在保证教学质量的前提下并考虑到时间和进度，每班选择1～2个区域进行综合训练为宜。填图组织仍以各班原教学小组为基本单位，教员发挥指导和督导作用，鼓励直接到现场与学生开展互动交流。有条件的班级可以选择一个工作区进行数字填图，具体教学要求如下。

(1)测区踏勘、路线设计和工作计划制定，时间1天。

(2)野外路线时间安排6天左右，合理设计踏勘路线；该阶段由组长负责，其他成员密切配合。地质路线的布置、地质观测点的确定、地质界线的勾绘由全组成员讨论以尽可能达到共识。野外补课阶段安排1～2天，对确属难点、疑点问题可在教员指导下在现场共同商讨解决。

(3)教员在此阶段要掌握教学进程、严控教学质量。初始阶段指导学生对测区实施踏勘，对学生路线设计和工作计划要进行审批修正。正式填图前期可以让学生独立工作，以便发挥学生的主动性和创造性。填图后期和补课阶段针对普遍性的地质问题或难点到野外答疑辅导。

(4)在整个填图阶段，教员每天都应在室内逐一检查各组填图工作，并抽查手图或野外记录簿；对利用便携计算机和计算机辅助填图系统进行工作的小组，则要检查其地质信息、地质数据处理和存储情况。对学生填图中遇到的问题要及时答疑，不符合填图基本要求和规范以及存在教学质量问题要求及时返工。

(5)根据需要，应在教学小组或全班进行教学讨论或总结以便交流经验，共同提高。独立实践的成绩是整个实习成绩的重要组成部分，填图结束后除带班教员对每个学生在该阶段的成绩进行综合评定外，第二次全队性质量检查验收也在此时进行，其方法是将各班学生的野外记录簿、手图等进行展示和评分。

二、工作方法

1. 准备工作

每个小组准备1∶5万地形图，每人带上地质三大件；确定沉积岩、变质岩、岩浆岩的填图单位。

2. 观察路线布置

(1)穿越路线，基本垂直于地层或区域构造线的走向布置，按一定的间距横穿整个测区。

(2)追索路线，沿地质体、地质界线及区域构造线走向布置，用于追索化石层、含矿层、标志层等层位，以及接触界线或断层等。

(3)全面综合路线，它是将上述两种方法结合使用而开展填图工作。

观察路线布置应视预期解决的地质问题为依据，三种方法都是针对观察路线同地质构造走向线的关系而言。实际上，野外地质观察路线的具体布置还须考虑测区自然地理状况及穿越条件、露头分布情况、基站设置、野外工作组织等因素。一般而言，经实地踏勘和遥感图像解译之后，每条路线的观察内容是可以预先设计的，故每条路线的布置都应该有既定的目的和任务。对初学者来说，培养解决地质问题的应变能力是对地质填图工作者的基本要求。沿原设计路线工作过程中视地质现象的复杂性应对原方案进行修改或补充。例如在穿越路线上发现了矿化标志、化石点、断层、不整合界面等重要地质现象，就应改变原定路线方向而对其进行追索研究。

3. 观察点的布置和标测

观察点的布置以能有效地控制各种地质界线和地质要素为原则。一般应布置在具有明确地质意义的位置。观察点的标测，野外填图过程中在手图(地形底图)上标定观察点的位置，不能超过规范精度要求的允许误差范围，即不论何种比例尺，一般要求在野外手图上的误差不超过1mm。

4. 路线地质观察程序

路线地质观察的一般程序是：标定观察点的位置；研究与描述露头地质和地貌；系统测量地质体的产状要素及其他构造要素；采集标本和样品；追索与填绘地质界线；沿前进方向进行路线观察与描述；绘制信手剖面图和素描图等。地质人员在路线上必须连续进行地质观察，当某一观察点工作完毕后，无论沿穿越或追索路线皆应连续观察和记录到下一观察点，以了解和掌握如层序、岩性、产状要素、接触关系以及厚度等地质内容从此点到彼点的变化情况。若只孤立地对观察点进行研究描述而放弃路线地质观察，中间缺乏足够的系统性、综合性资料则很难对区域地质特征得出完整的认识。

5. 路线观察的编录要求

野外观察内容和收集资料的编录形式包括野外记录、地质素描和地质摄影等。

6. 地质界线的确定及标绘

地质界线的确定。准确地标定地质界线是保证图面结构合理的前提。地质界线的标绘应在现场据其出露情况直接填绘在地形图上。采用方法是以观察点为基点，测量地质体产状后，根据“V”字形法则将地质界线沿地层走向向两侧延伸1/2线距。

7. 标本和样品的采集

标本、样品的采集和处理是区域地质调查过程中一项不可少的工作。在填图过程中，需要采集岩石标本、古生物化石标本、定向标本等，需要采集的类型繁多。其总体要求是：采样目的要明确，采样应具有代表性和真实性，不可随手拈来来源不明的岩块；一般要采取新鲜岩石；认真进行标本样品的编录工作。

第三节　独立填图区地质简介

一、中东部独立实践区

位于牛口峪水库和南洛凹之间的太平山南北坡，出露地层为下古生界马家沟组至上古生界杨家屯组，各类岩石在区域变质基础上又叠加了热变质作用。主体构造是以褶皱为主，包括著名的太平山向斜和164背斜；北坡发育有横断层和斜断层，但规模较小。马家沟组灰岩、太原组和山西组含煤层是测区主要矿产，但由于开采所导致的灾害地质（滑坡）和因烧制水泥及石灰造成的环境污染较为严重。

在该区进行独立填图步行往返。常规地质调查方法训练和高新技术运用等方面教学要求同前。要解决的基础地质问题是上古生界地层在太平山南北坡发育的差异性是相变还是构造作用所致；马家沟组和本溪组间的平行不整合界面在南北坡差异的影响因素等。重点应加强不同世代的褶皱构造研究，其中包括印支早期（或前印支期）层内紧闭褶皱、无根褶皱的成因机制、表现特征及与后期褶皱作用的叠加关系；印支主期形成的太平山向斜、164背斜成因机制及诸多伴生构造的特点和组合样式；萝卜顶、二亩岗、煤炭沟等处发育的近南北向（或 北北东向）褶皱是印支主期褶皱由于枢纽波状起伏所致，或是燕山期横跨叠加褶皱等问题。

另外，对测区小型煤矿和石灰岩的过量开采导致植被破坏和滑坡、烧石灰和生产水泥对测区大气污染等灾害地质、环境地质和可持续发展问题亦应在教员的指导下进行调查，并提出资源合理开发和综合利用的建议。

二、东部独立实践区（可作为数字填图区）

范围大致包括牛口峪水库外围房山西至山顶庙一带。区内分布的地层有官地杂岩（Arg），中、新元古界和下古生界等；侵入体包括“灯泡”岩体和房山复式岩体一部分；构造以断裂为主，多为走向断层且构成地层间的接触界面。另外，牛口峪水库作为排污场所导致的环境地质、水库渗漏涉及的工程地质、房山西活动断裂与地震关系等均为重要的地质调查问题。

在该区进行独立填图需乘车往返，牛口峪和山顶庙均有公路通行可作为送、接地点。教学要求除进行常规地质调查方法训练外，尚要利用GPS、便携机、数码相机和便携式测试分析仪进行地质数据、信息采集和处理等现代高新技术训练。重点解决的基础地质问题主要是断裂构造，包括其空间展布、存在标志、性质（正断层、逆断层、脆性断层）、相对活动时间以及活动断裂对工程地质（牛口峪水库大坝渗漏）和地震地质（房山西断裂旁侧设有地震监测站，可收集有关信息和资料）的影响等方面。在调查研究过程中还应在牛口峪水库及其附近按要求系统采取土样、水样，并利用便携式测试分析仪进行化验，了解工业废水净化程度，以及排泄和渗漏后是否对周围环境造成影响作出相应评价。

第四节　数字填图教学内容和基本工作方法

随着“数字国土”工程的启动，加强和培养学生利用高新技术在地质填图中的应用技能训练，周口店实习基地以国家地质学理科以及工科基地班为试点，实现了现代高新技术与传统野外地质方法相结合的实践教学模式。以组为单位配备笔记本电脑（notebook computer）、掌上机（包含 GPS）、数码相机（digital camera）、便携式现场分析测试仪（portable analyzer）、对讲机和数字区域地质调查系统 RGMAP(TG)。实现了从野外定点、地质素描到地质图件制作等环节直接使用数字技术进行工作的流程。经过近几年的实验和实践，已将高新技术所涉及的教学内容逐步推广普及到所有地质类专业。

数字填图实践教学，主要应用 RGMAP 数字填图技术。它是基于 GIS、GPS、RS 技术平台的区域地质调查野外数据的数字化获取、数字化成图的一体化组织、管理、处理分析技术。

一、主要教学内容

教学内容分为野外和室内两部分。

（1）室内部分：包含数字填图基础理论教学和 RGMAP 软件操作系统学习。包括数字填图桌面系统（PGMAPGIS）、数字剖面系统（REGSECTIONGIS）和数据岩石花纹库编辑系统（SECSIGEDIT）的学习和掌握。教员安排必要的课堂讲解，对学生讲授 RGMAP 系统的基本组成、核心内容、工作原理等，主要子系统的用途及应用等，让学生充分理解 PRB 过程的真正意义，掌握掌上机 PRB 的编号规则。让学生熟悉和掌握 RGMAP 软件系统的具体操作。

（2）野外部分：包括野外地质调查与填图掌上数据采集系统（RGMAP 3850）、野外地学剖面数据采集系统（RGSECTION）和野外素描图系统（SKETCH）。独立安排一条野外路线，要求学生在野外正确定点、描述、分层、数字剖面绘制等工作，使学生有充足的时间来接触设备并进行实地操作，真正领会数字填图的野外工作方法。以小组为单位，安排学生独立进行地质填图，要求提交完成野外地质填图路线设计、定点、地质界线划分、室内整理等工作，掌握数字填图的基本工作原理、方法步骤。

二、数字路线地质调查的基本程序(RGMAP)

数字路线调查的基本程序包括：

（1）设计路线。

（2）设计的路线文件拷入掌上电脑（CF 卡或连接线）。

（3）实测数字地质路线野外调查包括 GPS 定点、PRB 过程、产状、样品、信手剖面、地质照片、地质素描等。

(4)掌上机 PRB 数据备份及导入手图库。

(5)PRB 数据整理、PRB 数据入库。

(6)PRB 实际材料图野外连图及地质体形成。

(7)完成数字地质图。

具体操作流程有老师讲解,并参考相关多媒体资料。

视频讲解二维码:No. 5 - 4 - 1/2。

1. 张雄华,野外数字路线地质调查,中国地质大学(武汉)地球科学学院。

2. 姚春亮,周口店野外地质实践教学讲座,RGMAP 数字填图方法简介。

第五节　地质图编制方法

在周口店实践教学过程中需要编制的图件包括实测地层剖面图、综合地层柱状图、实际材料图、构造纲要图和地质图。其中,实测地层剖面图和综合地层柱状图的编制方法已在第四章介绍。这里主要介绍实际材料图、构造纲要图和地质图的编制要求和方法。

一、实际材料图

地质实际材料图简称实际材料图,系指用线条、符号、花纹等在地形图上表示地质界线、地质观测点(含编号)、地质观测路线、各种样品的取样点(含编号)、山地工程和钻孔等位置的一种图件(图 5 - 5 - 1)。

实际材料图是检查和编制地质图和其他有关图件的基本资料,它可以反映区域地质填图中实际工作的详细程度、工作量的分布情况和各种地质体被控制的程度,也可以作为衡量填图工作质量、检查被划分出的各种地质界线可靠程度的一种依据。

实际材料图是根据野外地质草图编制而成的,内容要求准确、真实。一张正规的实际材料图,在结构上应由图名、图幅代号、比例尺、主图(实际材料图)、图例及责任表几部分组成,其具体位置参见地质图图式。

图件的主要内容应包括:① 地质界线及地质体代号;② 地质观测点及其编号;③ 地质观测路线;④ 取样点位及编号;⑤ 山地工程(探槽、竖井、平巷)和钻孔的位置及编号等;⑥ 地球物理、地球化学和水文地质等观测点;⑦ 实测剖面位置、各种产状实测位置。

主图清绘着墨时,应先绘制各种观测点、样品采集点、山地工程和钻孔的位置及编号,然后绘断层,再绘其他地质界线,各种界线不要穿过各种符号和编号。

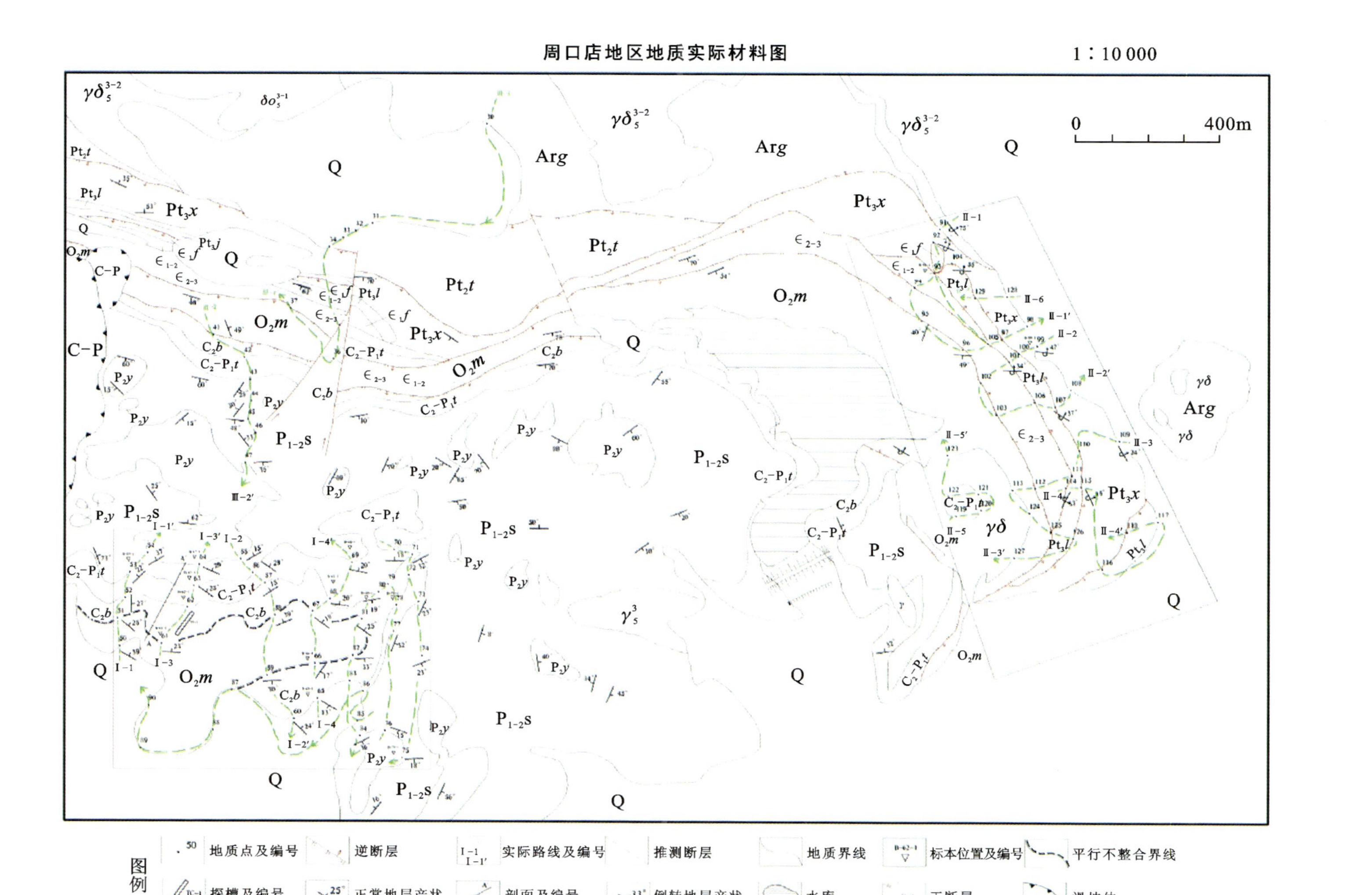

图5-5-1 周口店地区实际材料图实例

图例的内容只含实际材料部分，而不含地质体的图例。图例的排序，一般按上述主图的内容由②至⑦，自下而上或自左而右排列。实际材料图不需着色。

二、构造纲要图

构造纲要图是以地质图为基础编制的，以不同的线条、符号、颜色表示一个地区地质构造的一种图件（图 5-5-2）。

一张构造纲要图在结构上包括图名及国际分幅代号、比例尺、主图（构造纲要图）、图例、责任表等内容。由于它与地质图相配套，因而该图中不再附地质剖面图。

构造纲要图表示的内容主要有以下几点：

（1）构造层：系指一个地区、一个地质发展阶段、在一种构造环境下所形成的一套沉积建造、岩浆岩、变质岩、构造变形和矿产的组合。由于同一地区不同地质发展阶段大地构造环境各不相同，因而决定了各构造层的特征不同。构造层由角度不整合来划分，还可依据平行不整合划分亚构造层。作图时将划分各构造层、亚构造层的不整合画在图上，以划分出各构造层、亚构造层。构造层、亚构造层以地层时代代号表示。构造层、亚构造层没有统一规定的色谱，一般时代越老色调越深，越新色调越浅。

（2）标志层：系指岩性特殊、分布广泛而稳定的岩性层。在构造纲要图中运用它可以表示大型褶皱时的几何形态及其空间展布。不同构造层中的标志层，由于变形特征及构造线的方向不同，还可清楚地表示出变形的序次及其相互关系。

（3）各种构造要素：各种断层用规定符号表示，并注明名称和编号。如果区域范围很大，断层发育，则不同时代断层可以用不同颜色的符号表示。褶皱用轴迹线表示，轴迹线的宽窄反映核部或褶皱的宽度变化。褶皱的倾伏应用枢纽产状表示。代表性地层产状以及节理、面理、线理产状等也应标出。

（4）侵入体：绘出侵入体界线和单元、超单元界线，注明岩性代号及其时代，并标出原生构造产状。

（5）图例：构造纲要图的图例包括构造层及亚构造层、岩浆岩（侵入岩）、构造形迹及其他方面的内容，其排序与地质图图例类同。

三、地质图

地质图以实际材料图为基础编制，是用规定的符号（文字、颜色及线条）把某一地区的各种地质体和地质现象（如各时代地层、岩体、地质构造、矿床等的产状、分布和相互关系），按一定比例概括地投影到地形图上的一种图件。地质图是地质工作最重要的成果之一。

地质图在结构上应包括图名、图幅代号（以国际分隔为单位）、比例尺、主图（即地质图）、图例、综合地层柱状图、图切地质剖面图、图幅结合表和责任表等内容（图 5-5-3）。

1. 主图

主图（地质图）主要表示地质体界线和地质体代号，可根据需要用不同花纹表示不同类型的火山岩、侵入岩、侵入岩的不同岩相，以及变质带，还可用数字表示出侵入岩或变质岩的同位素年龄数据，对图切地质剖面的位置也应标记在图上。地质图是在实际材料图去掉实际材料这部分内容的基础上转绘出来的，所转绘的地质体的界线和地质体的代号，均应与实际材料图相吻合。

周口店地区构造纲要图

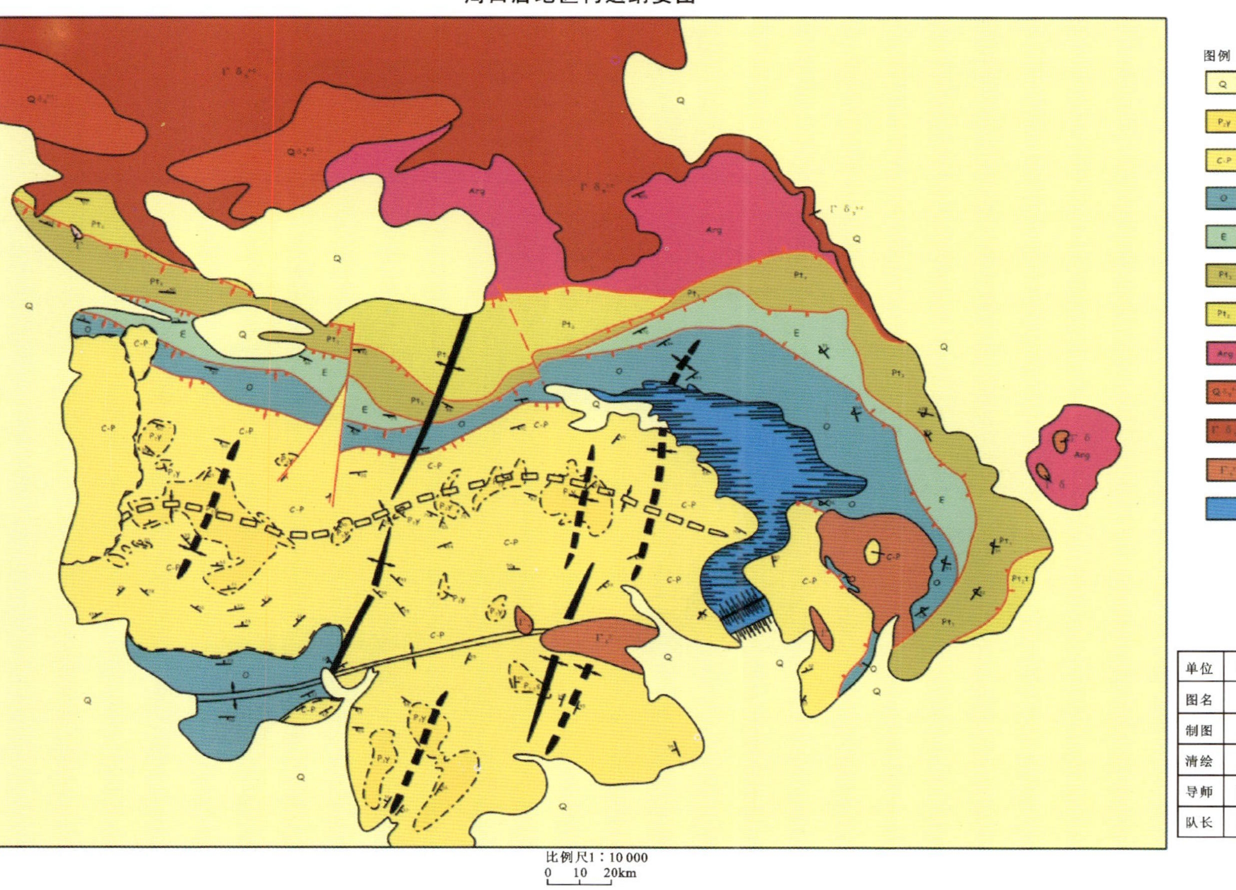

图例

- 第四纪 (Q)
- 标志层（杨家屯组）(P_1y)
- 上古生界 (C-P)
- 奥陶纪 (O)
- 寒武纪 (E)
- 新元古界 (Pt_3)
- 中元古界 (Pt_2)
- 官地杂岩 (Arg)
- 石英闪长岩
- 花岗闪长岩
- 花岗岩
- 牛峪口水库
- 地质界线
- 平行不整合界线
- 正常岩层产状
- 倒转地层产状
- 正断层
- 逆断层
- 平移断层
- 性质不明断层
- 推测断层
- 印支期背形及向形轴迹
- 燕山期背形及向形轴迹
- 滑坡体

单位	中国地质大学(武汉) 011051班		
图名	北京周口店地区地质图		
制图		图号	
清绘		比例尺	1：10 000
导师	秦松贤	日期	2007年8月13日
队长	彭晏明	资料来源	实测、实习指导书

图 5－5－2　周口店地区构造纲要图实例

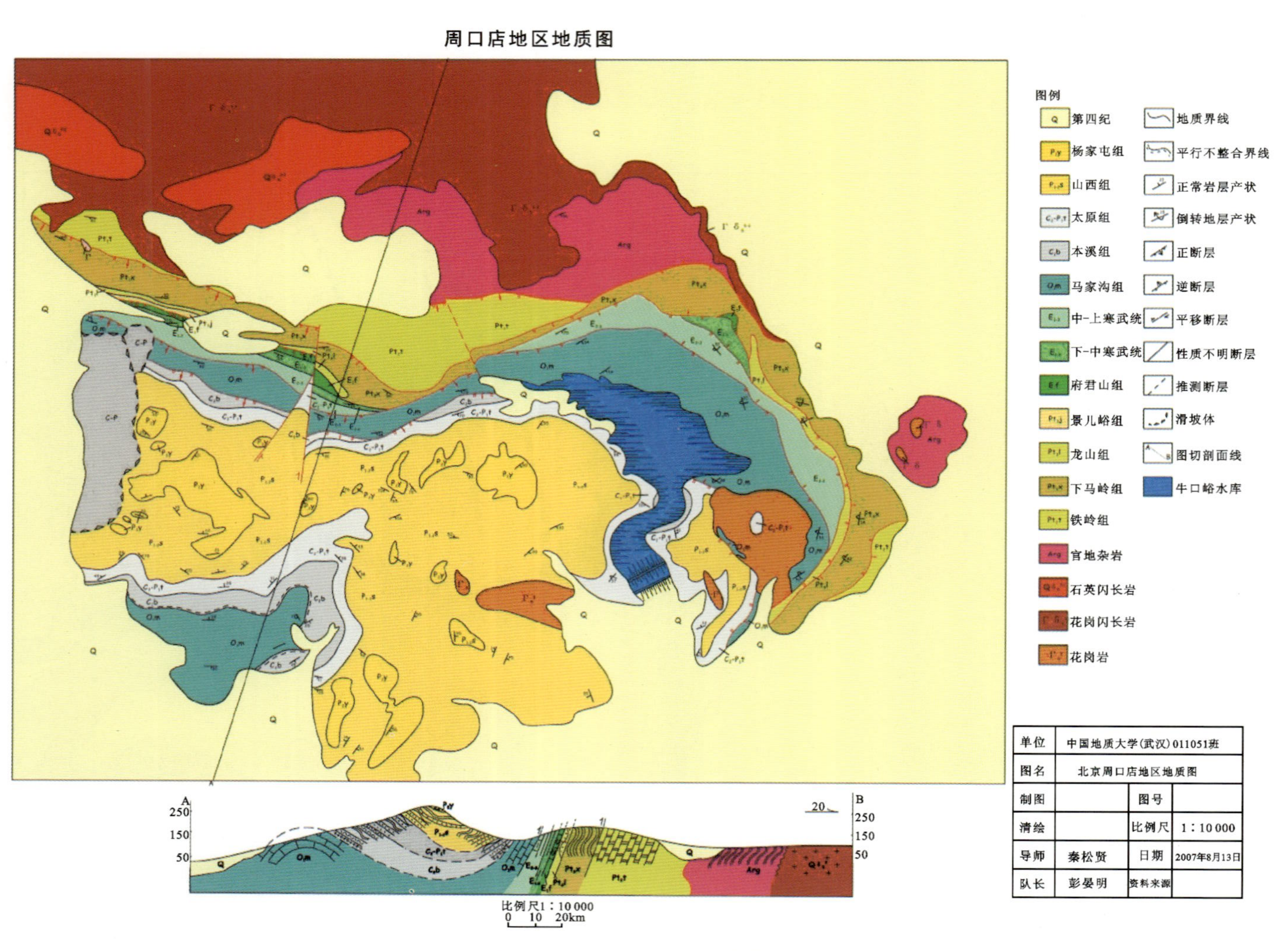

图5-5-3 周口店地区地质图实例

2. 综合地层柱状图

综合地层柱状图要表示的内容及编制方法详见第四章。这里需要说明的是该图位于地质图左侧，因此，图的大小必须与整个图面相协调。此外，当一个图幅包括两个或两个以上不同性质不同发展特征的大地构造单位，应分别绘制 2 个或 3 个综合地层柱状图。

3. 图切地质剖面图

图切地质剖面图主要用于补充说明全区主要地质构造的地下延伸情况。该图位于主图的下方，要求有图名、比例尺、剖面方位、图例等，绘制程序如下。

(1)确定剖面位置，该图应选择在通过全区地质构造发育最全、最典型的地区，同时也是地质调查中研究较好的路线或其附近地区，在方向上应尽可能与地层走向或主要构造线相垂直。当图幅地质构造十分复杂时亦可切绘两至三条剖面。图切剖面的垂直与水平比例应与地质图的比例尺相同。

(2)在方格纸上作图，作图时先选一水平基准线，剖面图的放置一般是北西和南西方位在左端，南东和北东方位在右端，两边用垂直线限制，垂直线上标注标高，标高应与地形的标高一致。再依剖面各地形拐折点的标高绘出地形剖面图，在水平基准线上画上各地质界线的位置，并将各地质界线点投影到地形剖面图上，按各点产状绘出地质界线，最后注记上各地质体的代号，加上岩性花纹(要与综合地层柱状图的岩性花纹图例相同)，将剖面所经过的主要山峰、河流、城镇名称注明在地形起伏线上面，标上剖面方向，图切剖面即可完成。

(3)将方格纸上的图切剖面转绘在地质图上。

4. 图例

放置在地质图的右侧，内容包括地层、岩浆岩(或侵入岩)、断层及其他几部分，具体排序如下。

(1)地层部分：地层排序自上而下由新到老依次列出地质图上各地层单位，在左侧注明地层单位的时代、方框内标上代号，在右侧用文字写出地层单位的名称和重要岩性。

(2)岩浆岩(侵入岩)部分：按由新到老排列，每一期内容又按岩类自上而下依次为碱性岩、中酸性岩、基性岩、超基性岩。其表示方法如地层，左侧注明期次、方框内注上代号、右侧写上岩性名称。

(3)构造：主要是断层及各种面理、线理及其产状，断层的排序先是正断层，然后依次为逆断层、逆掩断层、平移或走滑断层、深断裂、地缝合带等。

(4)其他部分：包括实测及推测地层界线，实测或推测不整合界线，特殊的变质带、火山岩等内容。

上述表示方法系指黑白图而言，若是颜色图则在图例格中还应标注与地质图、地质体相同的颜色。

5. 图幅结合表

一般置于图的右上角，用以表示所测图幅的位置。该表由九幅图组成，所测图幅位于中央，图廓中注有各幅图的名称及国际分幅代号。

6. 责任表

一般包含编图单位、单位的队长及技术负责人姓名、编图者的姓名、清绘者的姓名及编图日期等，该表一般置于地质图的右下方。

第六章 实习报告编写

根据多年来周口店及其他实践教学经验并遵循新型教学实习大纲要求，野外实习阶段结束，学生应根据现有资料和已发表文献，结合野外教学实践全部内容，编写《北京周口店地区地质调查报告》的实习报告。

第一节 目的和意义

本次实习是一次综合性的野外地质调查训练，旨在通过理论和实践相结合的教学活动，使学生系统掌握常规的野外地质调查和研究所具备的基本知识、基本方法和基本技能，同时在一定程度上对现代地球科学技术发展的新思想、新理论、新方法、新技术有所了解和训练。

此次野外实践教学的重点是培养学生的观察识别能力、动手能力、理论联系实际能力、综合分析和地质思维能力以及强化训练其语言-文字-图形的表达能力，同时也培养学生严谨求实、奋斗进取、团结协作、组织纪律和主动体验艰苦的精神，培养学生开拓创新和科学研究意识，为后续课程的教学及新型人才的健康成长奠定良好基础。

实习报告的编写是该次野外实习的总结性环节，是学习深化与升华的重要过程。它既培养学生对野外采集的各种地质数据、地质信息进行整理、归纳和处理的能力，又训练学生对各种标本、样品等实物进行鉴定化验以及对各种基本地质图件整饰、清绘的动手能力，同时也培养学生运用正确的地质思维分析解决地质问题的能力。编写实习报告，既是对学生学习、研究与实习的全面总结，又是对学生素质与能力的一次全面检验。通过撰写实习报告，对实习内容进行记录，能较详细地反映学生对实习内容的掌握情况、训练其运用所学专业知识分析和解决问题的能力，从而为进一步的学习奠定良好基础。

第二节 报告编写要求

为了进行全面训练和总结，依据大纲要求，每个学生必须独立完成一份地质报告并独立编绘相应的地质图件。地质报告不得以论文形式编写，文、图均应在教员审查合格并签字后方可定稿，文字部分抄袭和图件明显有误者重做。开展第二课堂教学活动的学生可将其成果体现在地质报告中，但不强调研究的深度和解决问题的程度。相应的地质图件及表如下。

1. 附图

(1)实际材料图(编号:01)。

(2)地质图(编号:02)。

(3)构造纲要图(编号:03)。

(4)实测剖面图(编号:04)。

(5)实测剖面柱状图(编号:05)。

(6)地层综合柱状图(编号:06)。

2. 附表

实测剖面记录表(编号:01)。

3. 各章节插图

该项包括交通位置图、各种素描图和信手剖面图等(编号:从01开始,按出现先后依次编排)。

第三节　报告格式和提纲

一、报告格式

实习报告基本格式如下,供大家参考。

(1)封面:写明系别、专业、班级、姓名、指导教师、实习报告题目等。

(2)摘要:作为实习报告部分的第一页,为中文摘要,字数一般为150字,是实习报告的中心思想。

(3)目录:应是实习报告的提纲,也是实习报告组成部分的小标题。

实习报告的封面和目录格式如下。

北京周口店地区地质概述
(二年级地质教学实习报告)

____________院(系)________班
学生________________________
导师________________________
队长________________________

中国地质大学(武汉)
年　月　日

目　录

第一章　绪言……………………………………×
第二章　地层……………………………………×
第三章　岩浆岩…………………………………×
第四章　变质岩…………………………………×
第五章　构造……………………………………×
第六章　地质演化历史…………………………×
第七章　经济地质与环境地质…………………×
第八章　结束语…………………………………×
主要参考文献……………………………………×
附图及附表………………………………………×

(4)正文:是实习报告的核心。写作内容可根据实习内容和性质而不同。本次正文即为上述目录中的主要内容。

二、报告提纲

下面根据本次实习的内容和性质,结合目录,各章节提纲分述如下。

第一章　绪言(约600字)

本章主要内容为实习区概况及本次实习概况。

(一)实习区位置及地理经济概况

实习区地理位置,行政区划,交通概况(附图);地形地貌植被情况,穿越条件,气候概况,工农业生产概况等。

(二)本次工作概况

1.实习目的、任务、内容。

2.起止时间、组队情况、指导教师。

3.完成的工作量(路线、填图面积、实测剖面长度、地质点数、样品数等,见表7-3-1)。

表7-3-1　周口店教学实习完成工作量统计表

工作内容	单位	数量	工作内容	单位	数量
路线数	条		素描图数	张	
路线长	m		照片数	张	
实测剖面数	条		标本数	个	
实测剖面长	m		填图面积	m^2	
地质点	个		地质图件	张	
信手剖面图	张		实习报告	份	

4.取得的主要工作成果。

第二章 地层(约3600字)

本章主要描述内容为分布地区(参照地质图),岩性,特征结构、构造,含化石情况(参考),厚度,地层接触关系,沉积环境等。描述时,应以自己的野外实际观察为主。需要描述的地层如下。

(一)太古宇官地杂岩(Arg)

(二)中、新元古界(Pt_{2-3})

1.中元古界(Pt_2)

(1)雾迷山组(Pt_2w)。

(2)洪水庄组(Pt_2h)。

(3)铁岭组(Pt_2t)。

(4)下马岭组(Pt_2x)。

2.新元古界(Pt_3)

(1)龙山组(Pt_3l)。

(2)景儿峪组(Pt_3j)。

(三)下古生界(∈—O)

1.寒武系(∈)

(1)府君山组($\in_1 f$)。

(2)馒头组($\in_{1+2} m$)。

(3)徐庄组($\in_3 x$)。

(4)张夏组($\in_3 z$)。

(5)炒米店组($\in_4 c$)。

2.中—下奥陶统(O_{1-2})

(1)冶里组(O_1y)。

(2)亮甲山组(O_1l)。

(3)马家沟组(O_2m)。

(四)上古生界(C—P)

1.上石炭统(C_2)

(1)本溪组(C_2b)。

(2)太原组(C_2P_1t)。

2.下二叠统(P_1)

(1)山西组(P_1s)。

(2)杨家屯组(P_1y)。

(五)中生界(Mz)

(六)新生界(Q)

第三章 岩浆岩(约1400字)

本章主要描述内容为岩体概况、岩石类型、活动期次、相带划分、接触关系、接触热变质作用、岩浆热动力变形和侵位机制等。

(一)房山复式岩体

1.规模、形态、产状

2.侵入期次、相带

3.岩性特征

4.成因初探

(二)其他小岩体及岩脉

第四章　变质岩(约600字)

本章主要描述内容为实习范围内观察到的区域变质岩、热触热变质岩以及动力变质岩。

(一)区域变质岩

1.官地杂岩

2.区域浅变质岩(千枚岩、板岩、大理岩等)

(二)热触热变质岩

1.接触热变质作用

2.接触变质岩

(三)动力变质岩

1.糜棱岩

2.构造角砾岩

3.碎裂岩

第五章　构造(约3000字)

(一)大地构造位置(参照实习指导书)

(二)褶皱

1.164背斜

2.太平山向斜

3.北北东向褶皱

4.层内紧闭褶皱、鞘褶皱

5.其他

(三)断裂

1.房山西断裂

2.羊屎沟断层

3.其他断层

(四)小构造

1.劈理

2.石香肠构造

3.火炬状节理

4.其他

第六章　地质演化史(约900字)

(一)演化阶段划分(参照实习指导书)

(二)各阶段演化特征

对工作区内地质构造发展阶段进行划分，由老到新分阶段进行描述。即从地层发育、构造特征、岩浆活动、变质作用等方面来具体说明各阶段形成与发展演化过程。

1. 基底阶段

2. 盖层发展阶段(3个平行不整合)

3. 板内造山阶段

第七章　经济地质与环境地质(约500字)

(一)经济地质(参照实习指导书)

1. 矿产资源

2. 旅游资源

(二)环境地质(参照实习指导书)

1. 灾害地质：山体滑坡、崩塌、地震

2. 环境污染与治理

第八章　结束语(约400字)

内容包括对整个地质教学实习阶段的总结与评价，肯定成绩，提出不足，并对今后的实习提出建议，同时给自己提出今后努力的方向，最后应对别人的支持和帮助表示感谢。

主要参考文献

实习过程中查阅过的，对实习过程和实习报告有直接作用或有影响的书籍与论文或实习报告范文。按照出版格式列出报告中所引用的主要参考文献。

附图附表说明

附图01　北京周口店地区地质实际材料图

附图02　北京周口店地区地质图

附图03　北京周口店地区地质构造纲要图

附图04　太平山南坡 O_2m—P_2y 实测剖面图

附图05　太平山南坡 O_2m—P_2y 实测剖面柱状图

附图06　北京周口店地区地层综合柱状图

附表01　太平山南坡 O_2m—P_2y 实测剖面记录

附录一 实习区交通位置图

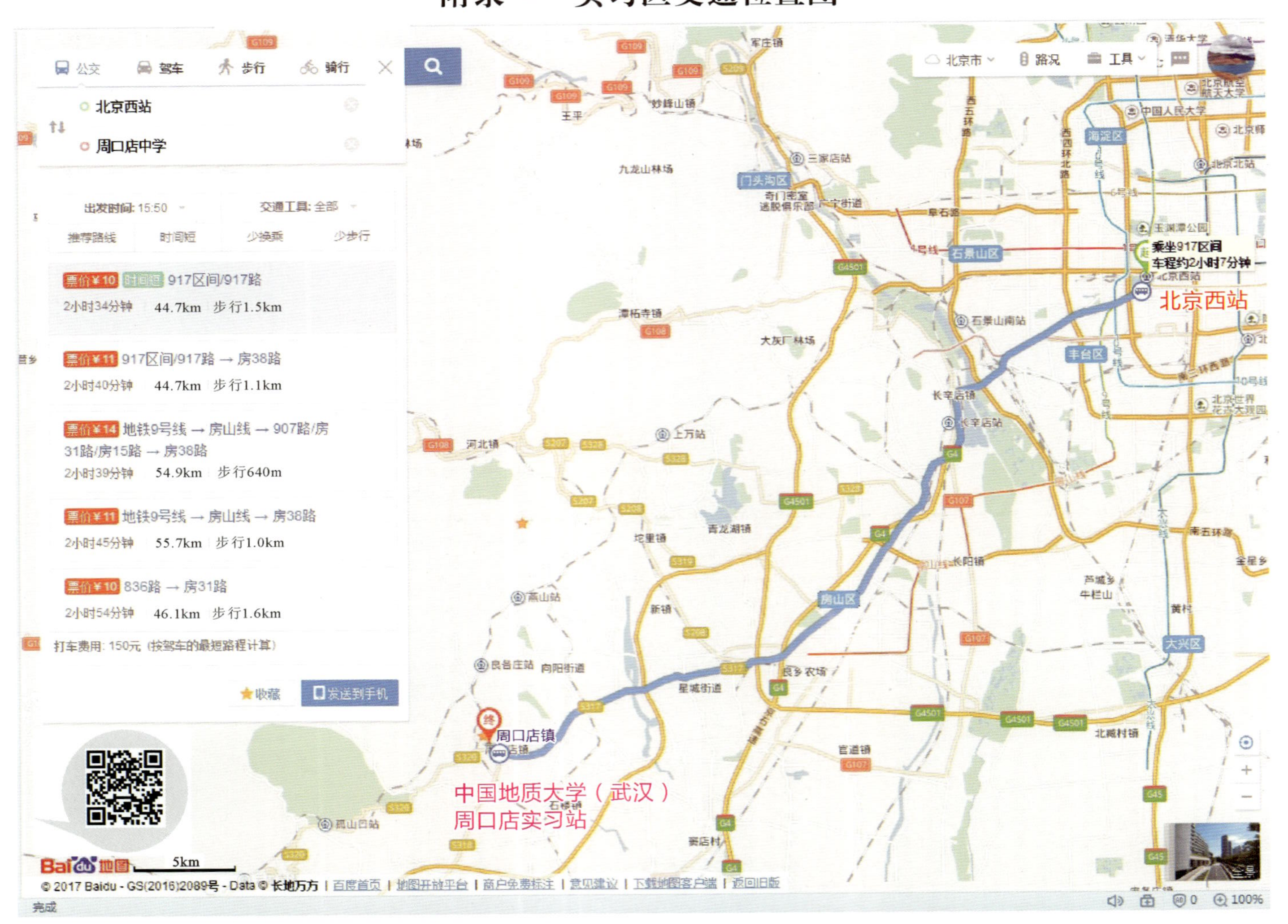

附录四　周口店地区综合地层柱状图(1)——元古界＋古生界

界	系	统	组	代号	岩芯照片	厚度(m)	岩性柱状及沉积构造	旋回分析	沉积体系（环境）	岩性描述	矿产资源
上古生界	二叠系	中统	石盒子组	P_2sh	豆腐块砾岩	70~120	豆腐块	273Ma	辫状河冲积平原	底部为深灰色角砾岩(豆腐块)，浅灰色厚层状含砾粗砂岩，上部为黑色碳质板岩、粉砂岩夹煤线	
		下统	山西组	P_1s	二砂岩	90	三煤 三板 三砂 二煤 二板 二砂		辫状河冲积平原-三角洲-湖泊沼泽	褐灰色中厚层中粗粒石英杂砂岩，黑色碳质板岩夹煤层（二板二煤），深灰色中厚层状中细粒含红柱石石英杂砂岩，黑色碳质板岩夹煤线（三板三煤）	煤
			太原组	P_1t	一砂岩	64	一煤 一板 一砂	299Ma	滨岸沙坝-潮坪-沼泽	灰白色中厚层中细粒石英杂砂岩，灰黑色板岩，细粒含红柱石石英杂砂岩，黑色板岩夹煤线（一板一煤），杂色薄层状板岩	煤
	石炭系	上统	本溪组	C_2b	奥陶系顶部风化壳	54	Al	323Ma	滨岸-潮坪-潟湖	灰绿色厚层状硬绿泥石角岩，灰色粗粒红柱石角岩，杂色粉砂质板岩；灰色生物碎屑灰岩；浅灰色压力影板岩，灰黑色细粒红柱石角岩	红柱石矿床 黏土矿
下古生界	奥陶系							467Ma		怀远运动	
		中统	马家沟组	O_2m	厚层结晶灰岩	200~300			滨浅海	青灰色厚层结晶灰岩，纹带状灰岩夹夹少量白云质灰岩，局部夹钙质板岩，产阿门角石	石灰岩
		下统	亮甲山组	O_1l	中-厚层状结晶白云岩	70	Si		蒸发潮坪	灰色中厚层结晶白云岩，夹2~3层灰色膏溶角砾岩，含少量燧石团块	
			冶里组	O_1y	岩溶角砾岩	67		485Ma	滨浅海	浅灰色中厚层状纹带状灰岩夹豹皮白云质灰岩及灰黄色板岩，产角石和古杯类	
	寒武系	芙蓉统	炒米店组	$\in_4ch$	泥质条带灰岩	123		497Ma	滨浅海	下部灰黄色薄层泥质条带灰岩夹薄层鲕粒灰岩和竹叶状灰岩，上部灰色薄—中层纹带状灰岩，产三叶虫、腕足	
		第三统	张夏组	$\in_3zh$		36			潮下-潮间带	灰绿色千枚状板岩、粉砂质板岩夹鲕粒灰岩和结晶灰岩，产三叶虫	石灰岩
			馒头组	$\in_{1\text{-}2}m$	薄层灰岩；细粒鲕状白云岩	41		509Ma	滨浅海	灰绿色千枚状板岩、粉砂质板岩(见孔雀石薄膜)夹鲕粒灰岩和泥质灰岩，产三叶虫	
		第二统			白云质大理岩	46			浅海	杂色页岩夹灰黄色大理岩透镜体，产三叶虫	
			昌平组	$\in_1ch$	豹皮灰岩；纹层状灰岩	25~45		514Ma	浅海	底部为灰色纹层状灰岩夹钙质板岩，下部深灰色中厚层豹皮(云斑)灰岩，上部纹带状灰岩，产三叶虫	石灰岩
		纽芬兰统									
新元古界	南华系							635Ma		蓟县运动	
	青白口系	上统?	景儿峪组	Pt_3j	薄层大理岩及钙质板岩	36~55			浅海	下部白色中薄层大理岩，上部灰色钙质板岩，产乔氏藻	建筑材料
			骆驼岭组	Pt_3l	骆驼岭组砂岩	>20		1000Ma	滨岸砂坝-浅海	下部为灰色中粗粒石英砂岩，上部为浅灰色千枚状板岩	
中元古界								1200Ma		蔚县上升运动	
	未建系		下马岭组	Pt_3x	古风化壳；下马岭组1-2段界限	120~170	Fe	1400Ma	潟湖-潮坪	下部为褐绿色含磁铁矿千枚状板岩，中部为灰褐色含砂质板岩；上部为灰黑色含砂质板岩	红柱石矿床
	蓟县系									芹峪运动	
			铁岭组	Pt_2t	双向交错层理；叠层石	186	Mn		潮下-浅海-潮间带	下部浅灰色厚层结晶白云岩；中部灰黑色白云岩夹板岩；上部为浅灰色中厚层结晶白云岩	
			洪水庄组	Pt_2h		38	Mn		浅海	灰黑色含锰质板岩，顶底夹锰质白云岩透镜体	
			雾迷山组	Pt_2w	岩溶角砾岩；A型拉伸线理	>500	Si		潮坪沉积 潮下-潮间-潮上	灰色中厚层硅质条带白云岩、泥质白云岩夹藻团白云岩，局部含砾白云岩	

资料来源：赵温霞等，2003；袁晏明，徐冉等，2008—2012；整理和编图：周江羽，2017；仅供参考。

附录四 周口店地区综合地层柱状图(2)——中生界

界	系	统	组	代号	厚度(m)	岩性柱状及沉积构造	旋回分析	沉积体系（环境）	岩性描述	矿产资源
中生界	侏罗系	中统	龙门组	J_2l	20			辫状河冲积平原	含砾细砂岩，细砂岩，向上覆盖	
					35				含砾细砂岩，平行层理，上部细砂岩、粉砂岩、含碳千枚岩	
					200			滨浅湖泊体系	粉砂岩夹细砂岩、含砾细砂岩	
							174Ma	辫状河冲积平原 辫状河道、辫状砂坝	灰白色巨厚层细砂岩夹细砾岩，砾石分布极不均匀。含砾中细砂岩发育大型槽状交错层理，砾石为次棱角—圆状，分选差，节理发育，沿节理充填石英脉，向上砾石减少夹薄层泥岩	
		下统	窑坡组	J_1y	160			滨浅湖泊体系	下部为灰白色细砂岩,底部见多个透镜状砂体的侧向叠置, 60m；上部覆盖泥岩、粉砂岩,厚度100m	
						四砂		三角洲体系 分流河道		
					120	三砂		扇三角洲-滨浅湖泊	底部为一套细砂岩夹含砾细砂岩，砾石次圆—圆，分选好，粒径2~5cm，向上为粉砂岩、泥岩夹粉砂岩薄层，组成正粒序。砂岩底部见有弱冲刷构造。厚度60m	
						二砂		扇三角洲或 水下扇体系-湖泊-沼泽	下部为灰色细砂岩夹含砾砂岩薄层，石英脉垂直侵入，节理发育。向上主要为碳质泥岩夹粉砂岩和细砂岩薄层，发育波状交错层理，局部夹煤线和煤层，含红柱石矿物，见植物碎片化石，厚度60m	煤线和薄煤层
					46.5	一砂	201Ma	滨浅湖泊-沼泽	底部为灰色细砂岩，深灰色含红柱石碳质泥岩；下部细砾岩，过渡为含砾砂岩正粒序，上部主要为粉砂岩和含碳质泥岩，局部夹煤层，含红柱石	煤线和薄煤层
	三叠系	上统					237Ma			
		中下统？	双泉组	Ts	228			滨浅湖泊体系	上部为黑色泥岩夹深灰色粉砂岩（覆盖）；中部为含砾砂岩,正粒序,大型槽状交错层理；下部为灰色粉砂岩、泥岩，压力影板岩夹细砂岩；底部为灰白色中粗粒长石石英砂岩，变质风化，含有大量绢云母，岩层近于直立，发育平行层理	
							252Ma	三角洲体系		
	二叠系	上统	红庙岭组	P_3h	160			滨浅湖泊体系	上部为黑色千枚岩、绿泥石片岩，深灰色粉砂岩；中部为灰色粉砂质泥岩，砂泥岩互层；底部为深灰色含砾石英粗砂岩、中粗砂岩、灰色中砂岩	
								三角洲体系		
		中统	石盒子组	P_2sh	120	豆腐块砾岩；豆腐块	300Ma	辫状河冲积平原-三角洲-湖泊-沼泽	上部为黑色碳质板岩、粉砂岩夹煤线；中部为灰色细砂岩；底部为深灰色角砾岩（豆腐块），浅灰色厚层状含砾粗砂岩	煤线和薄煤层

资料来源：资源学院周口店教学项目组实测，2016；整理和编图：周江羽，2016；仅供参考。

附录五　碎屑岩和碳酸盐岩结构、典型沉积构造照片

5－1:碎屑岩结构

5－2:碳酸盐岩结构

5－3:典型沉积构造照片

附录六　典型露头观察点介绍

附录七　常见矿物鉴定特征

附录八　常用地质图图例

附录九 地质年代表(1)

宙	代	纪		世	期	Ma	构造旋回及代表性地壳运动		国际对比	演化进程
显生宙(宇)	新生代(界) K_2	第四纪(系) Q		全新世(统) Q_4 Holocene			喜马拉雅			印度-欧亚大陆碰撞，青藏高原生成，西太平洋沟-弧-盆系出现
				更新世(统) Fleistocene 晚 Q_3		0.01				
				更新世(统) Fleistocene 中 Q_2						
				更新世(统) Fleistocene 早 Q_1					Wallchina	
		晚近纪(系) Tertiary R	新近纪 N	上新世(统) N_2 Pliocene		2.60		晚喜马拉雅		
				中新世(统) N_1 Miocene		5.3				
			古近纪 E	渐新世(统) E_3 Oligocene		23.3		早喜马拉雅	Savian	
				始新世(统) E_2 Eocene		32				
				古新世(统) E_1 Palcocene		56.5				
	中生代(界) Mz	白垩纪(系) Cretaceous K		晚白垩世(统) K_2	马斯特里赫特期(阶)	65	燕山	燕山运动Ⅴ	Austrian	滇藏褶皱系自北向南发育，闽浙等大陆边缘火山-深成岩带生成，乌苏里褶皱封闭
					坎潘期(阶)					
					三冬期(阶)					
					康尼亚克期(阶)					
					土仑期(阶)					
					赛诺曼期(阶)					
				早白垩世(统) K_1	阿尔比期(阶)	96		燕山运动Ⅳ		
					巴列姆期(阶)					
					欧特里期(阶)					
					凡来吟期(阶)					
					贝里阿斯期(阶)					
					提塘期(阶)					
		侏罗纪(系) Jurassic J		晚侏罗世(统) J_3	基墨里期(阶)	137		燕山运动Ⅲ		
					牛津期(阶)					
					卡洛期(阶)					
				中侏罗世(统) J_2	巴通期(阶)	157.1		燕山运动Ⅱ		
					巴柔期(阶)					
					托尔期(阶)			燕山运动Ⅰ		
				早侏罗世(统) J_1	普林斯巴期(阶)	178				
					辛涅缪尔期(阶)					
					赫塘期(阶)					
					瑞替期(阶)					
		三叠纪(系) Triassic T		晚三叠世(统) T_3	诺利期(阶)	205	印支	印支运动Ⅱ	Kimmeridian	秦岭褶皱带封闭，统一的中国大陆生成，华北地台解体，亚洲东部活动大陆边缘出现
					卡尼期(阶)					
					拉丁期(阶)					
				中三叠世(统) T_2	安尼期(阶)	227		印支运动Ⅰ		
					斯帕斯期(阶)					
				早三叠世(统) T_1	那马尔期(阶)	241				
					哥里斯巴赫期(阶)					
					长兴期(阶)	250				

附录九 地质年代表(2)

代		纪	世	期	Ma	构造旋回及代表性地壳运动		国际对比	演化进程
显生宙(宇) PH	古生代(界) Pz	二叠纪(系) Permain P	晚二叠世(统)P_2	长兴期(阶)		海西			天山-兴蒙褶皱系封闭，华北、塔里木和西伯利亚连成一片。新生的华南地台进入早期裂解阶段
				龙潭期(阶)	257				
			早二叠世(统)P_1	茅口期(阶)			东吴运动	Salarian	
				栖霞期(阶)					
				未名	295				
		石炭纪(系) Carboniferous C	晚石炭世(统)C_2	马平期(阶)					
				达拉期(阶)					
				滑石板期(阶)	320		天山运动	Sudetic	
			早石炭世(统)C_1	德坞期(阶)					
				大塘期(阶)					
				岩关期(阶)					
				未名	354				
		泥盆纪(系) Devonian D	晚泥盆世(统)D_3	锡矿山期(阶)					
				余田桥期(阶)	372				
			中泥盆世(统)D_2	东岗岭期(阶)					
				应堂期(阶)	386				
			早泥盆世(统)D_1	四排期(阶)					
				郁江期(阶)					
				那高岭期(阶)					
				莲花山期(阶)	410				
		志留纪(系) Silurian S	晚志留世(统)S_3	妙高期(阶)		加里东	广西运动(祁连运动)	Caledonian	扬子、华夏地块对接，华南褶皱带闭合。华北地台因祁连山褶皱带的闭合而向南增生
				关底期(阶)	423				
			中志留世(统)S_2	秀山期(阶)	428				
			早志留世(统)S_1	白沙期(阶)					
				石牛栏期(阶)					
				龙马溪期(阶)	438				
		奥陶纪(系) Ordovician O	晚奥陶世(统)O_3	钱塘江期(阶)					
				艾家山期(阶)	458				
			中奥陶世(统)O_2	大湾期(阶)					
				达瑞威尔期(阶)	470		崇余运动	Taconian	
			早奥陶世(统)O_1	道保湾期(阶)					
				新厂期(阶)	490				
		寒武纪(系) Cambrian ∈	晚寒武世(统)$\in_3$	风山期(阶)			郁南运动		
				长山期(阶)					
				固山期(阶)	500				
			中寒武世(统)$\in_2$	张夏期(阶)					
				徐庄期(阶)					
				毛庄期(阶)	513				
			早寒武世(统)$\in_1$	龙王庙期(阶)			兴凯运动	Saalian	
				沧浪铺期(阶)					
				筇竹寺期(阶)					
				梅树村期(阶)	543				
元古宙(宇) PT	新元古代(界) Pt_3	震旦纪(系) Z	晚震旦世(统)Z_2	灯影峡期(阶)					
				陡山沱期(阶)	630				
			早震旦世(统)Z_1	南沱期(阶)			澄江运动		
				莲沱期(阶)	680				
		南华纪(系) Nh	晚南华世(统)Nh_2			晋宁	晋宁运动(扬子)		扬子、塔里木地台生成，华北地台进入早期裂解阶段，一次新的大陆离散幕开始
			早南华世(统)Nh_1		800				
		青白口纪(系) Qb	晚青白口世(统)Qb_2				四堡运动	Grenvillian	
			早青白口世(统)Qb_1		1000				
	中元古代(界) Pt_2	蓟县纪(系) Jx	晚蓟县世(统)Jx_2						
			早蓟县世(统)Jx_1		1400				
		长城纪(系) Chc	晚长城世(统)Ch_2			吕梁	吕梁运动(中条)	Hudsonian	华北、西伯利亚、印度成熟大陆壳生成
			早长城世(统)Ch_1		1800				
	古元古代(界) Pt_1	滹沱纪(系) Ht			2500		五台运动		
太古宙(宇) AR	新太古代(界) Ar_2	五台纪(系) Wt				阜平(迁西)	阜平运动	Kenorian	大陆型地壳开始发育内硅铝质活动带
		阜平纪(系) Fp			2800				
	古太古代(界) Ar_1	迁西纪(系) Qx			3600				
冥古宙(宇) HD									

附录九　2017 版国际地质年代表(3)

INTERNATIONAL CHRONOSTRATIGRAPHIC CHART

IUGS　www.stratigraphy.org　International Commission on Stratigraphy　v 2017/02

Eonothem / Eon	Erathem / Era	System / Period	Series / Epoch	Stage / Age	numerical age (Ma)
					present
Phanerozoic	Cenozoic	Quaternary	Holocene		0.0117
			Pleistocene	Upper	0.126
				Middle	0.781
				Calabrian	1.80
				Gelasian	2.58
		Neogene	Pliocene	Piacenzian	3.600
				Zanclean	5.333
			Miocene	Messinian	7.246
				Tortonian	11.63
				Serravallian	13.82
				Langhian	15.97
				Burdigalian	20.44
				Aquitanian	23.03
		Paleogene	Oligocene	Chattian	27.82
				Rupelian	33.9
			Eocene	Priabonian	37.8
				Bartonian	41.2
				Lutetian	47.8
				Ypresian	56.0
			Paleocene	Thanetian	59.2
				Selandian	61.6
				Danian	66.0
	Mesozoic	Cretaceous	Upper	Maastrichtian	72.1 ±0.2
				Campanian	83.6 ±0.2
				Santonian	86.3 ±0.5
				Coniacian	89.8 ±0.3
				Turonian	93.9
				Cenomanian	100.5
			Lower	Albian	~ 113.0
				Aptian	~ 125.0
				Barremian	~ 129.4
				Hauterivian	~ 132.9
				Valanginian	~ 139.8
				Berriasian	~ 145.0

Eonothem / Eon	Erathem / Era	System / Period	Series / Epoch	Stage / Age	numerical age (Ma)
					~ 145.0
Phanerozoic	Mesozoic	Jurassic	Upper	Tithonian	152.1 ±0.9
				Kimmeridgian	157.3 ±1.0
				Oxfordian	163.5 ±1.0
			Middle	Callovian	166.1 ±1.2
				Bathonian	168.3 ±1.3
				Bajocian	170.3 ±1.4
				Aalenian	174.1 ±1.0
			Lower	Toarcian	182.7 ±0.7
				Pliensbachian	190.8 ±1.0
				Sinemurian	199.3 ±0.3
				Hettangian	201.3 ±0.2
		Triassic	Upper	Rhaetian	~ 208.5
				Norian	~ 227
				Carnian	~ 237
			Middle	Ladinian	~ 242
				Anisian	247.2
			Lower	Olenekian	251.2
				Induan	251.902 ±0.024
	Paleozoic	Permian	Lopingian	Changhsingian	254.14 ±0.07
				Wuchiapingian	259.1 ±0.5
			Guadalupian	Capitanian	265.1 ±0.4
				Wordian	268.8 ±0.5
				Roadian	272.95 ±0.11
			Cisuralian	Kungurian	283.5 ±0.6
				Artinskian	290.1 ±0.26
				Sakmarian	295.0 ±0.18
				Asselian	298.9 ±0.15
		Carboniferous — Pennsylvanian	Upper	Gzhelian	303.7 ±0.1
				Kasimovian	307.0 ±0.1
			Middle	Moscovian	315.2 ±0.2
			Lower	Bashkirian	323.2 ±0.4
		Carboniferous — Mississippian	Upper	Serpukhovian	330.9 ±0.2
			Middle	Visean	346.7 ±0.4
			Lower	Tournaisian	358.9 ±0.4

Eonothem / Eon	Erathem / Era	System / Period	Series / Epoch	Stage / Age	numerical age (Ma)
					358.9 ± 0.4
Phanerozoic	Paleozoic	Devonian	Upper	Famennian	372.2 ±1.6
				Frasnian	382.7 ±1.6
			Middle	Givetian	387.7 ±0.8
				Eifelian	393.3 ±1.2
			Lower	Emsian	407.6 ±2.6
				Pragian	410.8 ±2.8
				Lochkovian	419.2 ±3.2
		Silurian	Pridoli		423.0 ±2.3
			Ludlow	Ludfordian	425.6 ±0.9
				Gorstian	427.4 ±0.5
			Wenlock	Homerian	430.5 ±0.7
				Sheinwoodian	433.4 ±0.8
			Llandovery	Telychian	438.5 ±1.1
				Aeronian	440.8 ±1.2
				Rhuddanian	443.8 ±1.5
		Ordovician	Upper	Hirnantian	445.2 ±1.4
				Katian	453.0 ±0.7
				Sandbian	458.4 ±0.9
			Middle	Darriwilian	467.3 ±1.1
				Dapingian	470.0 ±1.4
			Lower	Floian	477.7 ±1.4
				Tremadocian	485.4 ±1.9
		Cambrian	Furongian	*Stage 10*	~ 489.5
				Jiangshanian	~ 494
				Paibian	~ 497
			Series 3	Guzhangian	~ 500.5
				Drumian	~ 504.5
				Stage 5	~ 509
			Series 2	*Stage 4*	~ 514
				Stage 3	~ 521
			Terreneuvian	*Stage 2*	~ 529
				Fortunian	541.0 ±1.0

Eonothem / Eon		Erathem / Era	System / Period	numerical age (Ma)
				541.0 ±1.0
Precambrian	Proterozoic	Neo-proterozoic	Ediacaran	~ 635
			Cryogenian	~ 720
			Tonian	1000
		Meso-proterozoic	Stenian	1200
			Ectasian	1400
			Calymmian	1600
		Paleo-proterozoic	Statherian	1800
			Orosirian	2050
			Rhyacian	2300
			Siderian	2500
	Archean	Neo-archean		2800
		Meso-archean		3200
		Paleo-archean		3600
		Eo-archean		4000
	Hadean			~ 4600

Units of all ranks are in the process of being defined by Global Boundary Stratotype Section and Points (GSSP) for their lower boundaries, including those of the Archean and Proterozoic, long defined by Global Standard Stratigraphic Ages (GSSA). Charts and detailed information on ratified GSSPs are available at the website http://www.stratigraphy.org. The URL to this chart is found below.

Numerical ages are subject to revision and do not define units in the Phanerozoic and the Ediacaran; only GSSPs do. For boundaries in the Phanerozoic without ratified GSSPs or without constrained numerical ages, an approximate numerical age (~) is provided.

Numerical ages for all systems except Lower Pleistocene, Upper Paleogene, Cretaceous, Triassic, Permian and Precambrian are taken from 'A Geologic Time Scale 2012' by Gradstein et al. (2012); those for the Lower Pleistocene, Upper Paleogene, Cretaceous, Triassic, Permian and Precambrian were provided by the relevant ICS subcommissions.

Colouring follows the Commission for the Geological Map of the World (http://www.ccgm.org)

CCGM CGMW

Chart drafted by K.M. Cohen, D.A.T. Harper, P.L. Gibbard

To cite: Cohen, K.M., Finney, S.C., Gibbard, P.L. & Fan, J.-X. (2013; updated) The ICS International Chronostratigraphic Chart. Episodes 36: 199-204.

URL: http://www.stratigraphy.org/ICSchart/ChronostratChart2017-02.pdf

附录十 野外生存和安全基本知识

为了能够顺利、安全地开展野外工作，有必要了解和掌握基本的野外生存和安全知识。

一、防热防中暑

如果工作区地处热带，气候炎热，由于太阳的强烈照射，造成地面温度较高，在这种环境下工作容易使人疲劳，体温上升，大量出汗，从而使人体温失调，体内水分、盐分减少导致中暑。

预防措施：①配备防晒宽边帽和隔热登山鞋、运动鞋；②携带足量饮用水（可根据爱好加少量食盐、茶叶、甘草等）、十滴水、人丹、风油精等防暑药品、墨镜和防晒霜；③调整作息时间，尽量避免中午在太阳直照下工作。

一旦发生中暑，需进行野外急救，办法是：迅速把人转移到通风阴凉处，灌喝凉开水，并采取各种降温手段，使人体体温下降，严重的还需进行强心、解痉等处理。

二、防洪防汛

由于降雨而造成的灾害主要有山洪暴发、崩塌、滑坡、泥石流、江河涨水、山路泥滑等。

防范措施有：①合理安排工作，尽量错开雨季；②注意收听、收看天气预报，野外尽量避开雨天作业；③了解工作区的地形、地貌、气候、地质水文等条件，大致掌握雨季易发生的自然灾害；④野外作业时突然下雨，应提高警惕，拟定应变措施，严禁强行涉水及在不安全的坡、坎下避雨。

三、防雷电

雷电产生之后往往会降至暴雨，通常称之为雷雨，雷雨季节往往是降水较多且集中的季节。导致雷电击打的通常有以下几种情形：具不同电阻率岩石的衔接地段，高压电线底下，相对高差较大且位于高海拔处（如山脊、孤峰顶等）的人、动物或独立树，金属等低电阻率物体附近，相距较近的两峭壁之面的地段（俗称一线天处）。

野外作业期间采取的防雷电措施有：①雷雨季节外出作业，应根据天气情况，随身携带雨衣、雨伞及胶底鞋，非工作必需，尽量少带金属器物；②当在野外遇到雷雨时，要尽快寻找有利处所（如山洞、山丘土岗坡下）躲避，不要冒雨或穿着湿衣服与赤足继续野外作业，也不要在山脊或孤峰顶处走动，更不能在独立大树、旗杆等下面避雨或停留，如一时找不到合适的避雷地点，又感到情况比较严重时，应尽快就近找一处较低、电阻率较大的岩体上或比较干燥的地方蹲下，等雷电过后再走，随身携带的条状金属器械应平放，不能竖在地上，更不能拿在手中来回晃动；③雷雨季节，在室内也要注意防雷，打雷时，应拔掉电视机天线，关闭电源，也不要开收音机，尽量远离各种导线、电器设备，关闭门窗，以免穿堂风引入球雷。

四、防病

野外作业时要根据气候特点，合理安排工作，避免劳累过度导致疾病发生。各人也要根据自身身体状况及气候变化，注意饮食及睡眠，及时增减衣服。应注意饮食卫生，尽量做到不购买过期或变质的食品，防止食物中毒。另外，还应注意防治地方疾病。常备感冒药、消炎药、创可贴等药品。

五、防毒蛇、猛兽

如果遇到地势相对较高,植被茂盛的地方,要注意毒蛇出没,要防其袭击:①除配备蛇药外,在草丛中穿行时要注意“打草惊蛇”;②遇到毒蛇时,尽量绕道通过,不与其正面相遇;③在深山老林作业时要大声说话或吹口哨,以吓走猛兽;④野外作业不巧碰到阴雨天气或天黑未能下山时,要提高警惕,尽可能取一段木棍在手或点燃自制火把。

六、防火、防盗、防丢失

俗话说“水火无情”,可见防火的重要性。

野外作业时应注意以下几个方面:①学生宿舍要检查室内电线是否安全可靠,杜绝私拉、乱接电线、电灯泡;②打雷时应切断电源,以免雷电击坏电器或引起火灾;③野外工作时,由于山林树多,严禁抽烟、使用明火。一旦发生火灾,要及时、尽快扑灭。

地形图、记录本(表)等资料及各种工具(相机、罗盘、GPS定位仪、放大镜、地质锤等)是野外工作的宝贵财产,也是野外工作的必需品,应注意妥善保管,离开每一个观察点时,都要仔细检查各种装备,以免丢失在野外。同时,要防止不法分子偷抢,个人携带的财物也应自我保管好,以免经济受损或影响生活。

参考文献

鲍亦冈.北京市岩石地层[M].武汉:中国地质大学出版社,1996.

蔡剑辉,阎国翰,牟保磊,等.北京房山岩体锆石 U-Pb 年龄和 Sr、Nd、Pb 同位素与微量元素特征及成因探讨[J].岩石学报,2005,21(3):776-788.

曹云兴.北京周口店地区晚古生代煤系煤层变质变形机制研究[J].焦作矿业学院学报,1994,13(6):81-87.

陈践发,孙省利.华北新元古界下马岭组富有机质层段的地球化学特征及成因初探[J].天然气地球科学,2004,15(2):110-114.

陈能松,王方正.北京西山周口店官地杂岩蒸发法锆石年龄 U-Pb 年龄:太古宙成因和克拉通化事件证据[J].地质科技情报,2006,25(3):41-44.

陈荣坤,孟祥化.华北地台早古生代沉积建造及台地演化[J].岩相古地理,1993,13(4):46-55.

陈世悦.华北石炭二叠纪海平面变化对聚煤作用的控制[J].煤田地质与勘探,2000,28(5):8-11.

陈云峰,吴淦国,王根厚.北京周口店豹皮灰岩的变形特征[J].地质通报,2007,26(6):769-775.

陈兆棉.建立北京岩溶世界地质公园//中国地质学会旅游地学与国家地质公园研究分会成立大会暨第20届旅游地学与地质公园学术年会论文集[C].2005.

丁俊,肖渊甫.区域地质调查基础教程[M].北京:地质出版社,2014.

杜旭东,李洪革,陆克政,等.华北地台东部及邻区中生代(J—K)原型盆地分布及成盆模式探讨[J].石油勘探与开发,1999,26(4):5-9.

范文博.华北克拉通中元古代下马岭组地质特征及研究进展[J].地质论评,2015,61(6):1383-1406.

高林志,张传恒,史晓颖,等.华北古陆下马岭组归属中元古界的锆石 SHRIMP 年龄新证据[J].科学通报,2008,53(21):2617-2623.

耿玉环,吕途,邱蕾.房山十渡景区旅游资源开发的对策[J].安徽农业科学,2015,43(32):310-313.

龚一鸣,张克信.地层学基础与前沿(第二版)[M].武汉:中国地质大学出版社,2016.

郭沪祺.北京房山岩体北侧“片麻岩”的岩石学特征及其成因[J].中国地质科学院地质研究所所刊,1985,13:105-130.

韩征,何镜宇,王英华,等.华北地区下古生界沉积相和层序地层分析[J].地球科学——中国地质大学学报,1997,22(3):293-299.

何斌,徐义刚,王雅玫,等.北京西山房山岩体岩浆底辟构造及其地质意义[J].地球科学,2005,30(3):298-308.

黎彤.华北元古界的沉积演变和成矿背景问题[J].矿床地质,1991,10(1):52-58.

李洪颜.华北克拉通原型盆地及岩浆活动时空演化对克拉通破坏的制约[J].中国科学(地球科学),2013,43(9):1396-1409.

李江海,牛向龙,程素华,等.大陆克拉通早期构造演化历史探讨:以华北为例[J].地球科学(中国地质大学学报),2006,31(3):285-293.

李儒峰.华北中、新元古界层序地层分析及其应用[J].石油大学学报(自然科学版),1998,22(1):8-13.

李向平,陈刚,章辉若,等.鄂尔多斯盆地中生代构造事件及其沉积响应特点[J].西安石油大学学报(自然科学版),2006,21(3):1-4.

李增学,魏久传,李守春,等.内陆表海含煤盆地Ⅲ级层序的划分原则及基本构成特点[J].地质科学,1996,31(2):186-192.

林玉祥,李晓凤,闫晓霞,等.华北地台东西部中新元古界生烃条件比较研究[J].石油实验地质,2014,36(5):618-625.

刘兵,巴金,张璐,等.北京周口店官地杂岩变质-深熔作用的锆石 LA-ICP-MS U-Pb 定年[J].地质科技情报,2008,27(6):37-42.

刘国惠,伍家善.北京房山地区的变质带[J].中国地质科学院院报,1987,16:113-136.

吕大炜,李增学,刘海燕,等.华北晚古生代海平面变化及其层序地层响应[J].中国地质,2009,36(5):1079-1086.

马昌前.北京周口店岩株侵位和成分分带的岩浆动力学机理[J].地质学报,1988,62(4):329-341.

马杏垣,吴正文,谭应佳,等.华北地台基底构造[J].地质学报,1979,4:293-304.

马学平.华北地区冶里期——亮甲山期层序地层及其岩相古地理[J].地质科学,1998,33(2):166-179.

马元,曾云川,陈智佳.周口店太平山地区本溪组沉积环境及意义[J].科技资讯,2011,14:244-247.

梅冥相,马永生.华北北部晚寒武世层序地层及海平面变化研究——兼论与北美晚寒武世海平面变化的对比[J].地层学杂志,2001,25(3):201-206.

牛露,朱如凯,王莉森,等.华北地区北部中-上元古界泥页岩储层特征及页岩气资源潜力[J].石油学报,2015,36(6):664-698.

曲永强,孟庆任,马收先,等.华北地块北缘中元古界几个重要不整合面的地质特征及构造意义[J].地学前缘,2010,17(4):112-126.

单文琅,宋鸿林,傅照仁,等.构造变形分析的理论、方法与实践[M].武汉:中国地质大学出版社,1991.

邵龙义,董大啸,李明培,等.华北石炭纪—二叠纪层序-古地理及聚煤规律[J].煤炭学报,2013,39(8):1725-1734.

宋鸿林,葛梦春.从构造特征论北京西山的印支运动[J].地质论评,1984,30:77-80.

宋鸿林,朱宁.北京西山南部中生代早期的构造变形相和古地热异常[J].现代地质,1998,12:302-310.

宋鸿林.北京房山变质核杂岩的基本特征及其成因探讨[J].现代地质,1996,10(2):147-158.

谭应佳,叶俊林.北京周口店地区地质及地质教学实习指导书[M].武汉:武汉地质学院出版社,1987.

童金南,徐冉,袁晏明.北京周口店地区岩石地层及沉积序列和沉积环境恢复[J].地球科学与环境学报,2013,35(1):15-23.

王根厚,颜丹平,王果胜,等.周口店地区地质实习指导书[M].北京:中国地质大学(北京),2010.

王桂梁,刘桂建,邹海,等.华北地台北缘中生代盆-山的耦合、转移及其动力学分析[J].煤田地质与勘探,1999,27(6):14-17.

王杰,陈践发,窦启龙.华北北部中、上元古界生烃潜力特征研究[J].石油实验地质,2004,26(2):206-211.

王敏芳,宫勇军,何谋春,等.周口店野外地质教学实习中高新技术的应用[J].中国地质教育,2008,3:31-33.

王志农.十渡风景名胜区的景观资源[J].园林科技,2006,1:30-33.

王作栋,梁明亮,郑建京,等.华北中—上元古界下马岭组烃源岩分子指纹特征[J].天然气地球科学,2013,24(3):599-603.

邢裕盛,高振家,王自强,等.中国地层典:新元古界[M].北京:地质出版社,1996.

颜丹平,周美夫,宋鸿林,等.北京西山官地杂岩的形成时代及构造意义[J].地学前缘,2005,12(2):332-337.

燕滨,何斌,徐义刚,等.北京西山房山岩体西北部强变形带的成因新解[J].大地构造与成矿学,2003,32(4):521-527.

杨俊杰,裴锡古.中国天然气地质学(第四卷),鄂尔多斯盆地[M].北京:石油工业出版社,1996.

尤继元.鄂尔多斯盆地北缘野外地质教程[M].西安:陕西师范大学出版社,2015.

翟明国.华北克拉通的形成演化与成矿作用[J].矿床地质,2010,29(1):24-36.

翟明国.华北克拉通的形成以及早期板块构造[J].地质学报,2012,86(9):1335-1349.

张吉顺,李志忠.北京房山花岗闪长岩体的侵位变形构造及气球膨胀式侵位机制//张吉顺,单文琅编.北京西山地质研究[M].武汉:中国地质大学出版社,1990,48-63.

张金阳,马昌前,王人镜,等.周口店岩体矿物学、年代学、地球化学特征及其岩浆起源与演化[J].地球科学——中国地质大学学报.2013,38(1):68-86.

张丽芬,曾夏生,张树明.北京周口店岩体地球化学特征及物源分析[J].岩石矿物学杂志,2005,25(6):480-486.

赵俊明.周口店野外实践教学基地经典地质现象图册[M].武汉:中国地质大学出版社,2011.

赵温霞,李方林,周汉文,等.周口店地质及野外地质工作方法与高新技术应用[M].武汉:中国地质大学出版社,2003.

赵温霞,曾克峰.北京西郊十渡地学旅游资源内涵[J].地质科技情报,2000,76.

赵温霞,章泽军,曾广策,等.周口店野外实践教学体系研究——兼经典地质遗迹评述[M].武汉:中国地质大学出版社,2004.

赵温霞.周口店地质及野外地质工作方法与高新技术应用[M].武汉:中国地质大学出版社,2003.

甄春阳，王峰. 北京周口店地区三好砾岩沉积环境初探[J]. 中国科技信息，2014，6：43－45.

郑贵洲，王琪. 地质图图面设计——以 1∶5 万周口店幅为例[J]. 地矿测绘，1997，3：38－40.

周瑞华，刘传正. 野外地质工作实用手册[M]. 长沙：中南大学出版社，2013.

Stow, Dorrik A V. Sedimentary Rocks in the Field: A Color Guide[M]. London NW11 7DL, UK: Manson Publishing Ltd., 2010.

Sun J F, Yang J H, Wu F Y, et al. Magma mixing controlling the origin of the Early Cretaceous Fangshan granitic pluton, North China Craton: In situ U－Pb age and Sr－, Nd－, Hf－and O－isotope evidence[J]. Lithos, 2010, 120: 421－438.

Tucker M E. Sedimentary Rocks in the Field[M]. John Wiley & Sons Ltd., West Sussex PO19 8SQ, England, 2003.

Xu H, Song Y, Ye K, et al. Petrogenesis of mafic dykes and high－Mg adakitic enclaves in the Late Mesozoic Fangshan low－Mg adakitic pluton, North China Craton[J]. Journal of Asian Earth Sciences, 2012, 54－55: 143－161.

Yan D P, Zhou M F, Zhao D, et al. Origin, ascent and oblique emplacement of magmas in a thickened crust: An example from the Cretaceous Fangshan adakitic pluton, Beijing[J]. Lithos, 2010, 123: 102－120.